奇异摄动丛书　4

奇异摄动问题中的空间对照结构理论

倪明康　林武忠　著

科学出版社

北京

内 容 简 介

本书共分 4 章. 第 1 章主要介绍奇异摄动理论的一些基本概念,以及奇异摄动微分方程初边值问题形式渐近解的构造和余项估计,这些都为引入空间对照结构理论打下了基础. 第 2 章主要介绍二阶奇异摄动常微分方程的内部层问题,即阶梯状空间对照结构,其中包括了阶梯状解的形式渐近解的构造,转移点的确定,并用微分不等式方法证明了解的存在性和给出了余项估计. 第 3 章主要介绍奇异摄动常微分方程组的阶梯状空间对照结构,其中包括了各种类型的奇异摄动微分方程组,从二阶奇异摄动微分方程组着手一直到高阶奇异摄动微分方程组为止,不但构造了渐近解,而且用缝接法证明了解的存在性. 第 4 章主要介绍奇异摄动抛物型方程中的转移型空间对照结构,这里的内容更丰富,所得到的许多结果都是以数值计算为基础的,还留下了许多目前尚未解决的问题.

本书可作为高等院校数学系学生的教材,也可供数学、力学和物理学等相关专业工作者参考.

图书在版编目(CIP)数据

奇异摄动问题中的空间对照结构理论/倪明康,林武忠著. —北京: 科学出版社, 2013.11

(奇异摄动丛书 4/张伟江主编)

ISBN 978-7-03-039077-6

Ⅰ.①奇… Ⅱ.①倪… ②林… Ⅲ.①奇摄动-空间结构-研究 Ⅳ.①O177

中国版本图书馆 CIP 数据核字(2013) 第 263450 号

责任编辑: 王丽平 / 责任校对: 彭 涛
责任印制: 徐晓晨 / 封面设计: 耕者设计工作室

科 学 出 版 社 出版

北京东黄城根北街 16 号
邮政编码: 100717
http://www.sciencep.com

北京厚诚则铭印刷科技有限公司印刷
科学出版社发行 各地新华书店经销

*

2014 年 1 月第 一 版 开本: 720×1000 1/16
2024 年 8 月第四次印刷 印张: 9 1/2
字数: 200 000

定价: 78.00 元
(如有印装质量问题,我社负责调换)

《奇异摄动丛书》序言

科学家之所以受到世人的尊敬, 除了因为世人都享受到了科学发明的恩惠之外, 还因为人们为科学家追求真理的执着精神而感动. 而数学家又更为世人所折服, 能在如此深奥、复杂、抽象的数学天地里遨游的人着实难能可贵, 抽象的符号、公式、推理和运算已成了当今所有学科不可缺少的内核了, 人们在享受各种科学成果时, 同样也在享受内在的数学原理与演绎的恩泽. 奇异摄动理论与应用是数学和工程融合的一个奇葩, 它出人意料地涉足许多无法想象的奇观, 处理人们原来常常忽略却又无法预测的奇特. 于是其名字也另有一问, 为 "奇异摄动"(Singular Perturbation).

20 世纪 40 年代, 科学先驱钱伟长等已对奇异摄动作了许多研究, 并成功地应用于力学等方面. 20 世纪 50 年代后, 中国出现了一大批专攻奇异摄动理论和应用的学者, 如著名的学者郭永怀, 在空间技术方面作出了巨大贡献, 苏煜城教授留苏回国后开创我国奇异摄动问题的数值计算研究, 美国柯朗研究所、美籍华裔丁汝教授在 1980 年间奔波上海、西安、北京, 讲授奇异摄动理论及应用 ⋯⋯ 1979 年, 钱伟长教授发起并组织在上海召开了 "全国第一次奇异摄动讨论会".

可贵的是坚韧. 此后, 虽然起起伏伏, 但是开拓依旧. 2005 年 8 月在上海交通大学、华东师范大学、上海大学组织下, 我们又召开了 "全国奇异摄动学术研讨会", 并且一发而不可止. 此后每年都召开全国性学术会议, 汇集国内各方学者研究讨论. 2010 年 6 月在中国数学会、上海市教委 E-研究院和上海交通大学支持下, 在上海召开了世界上第一次 "奇异摄动理论及其应用国际学术大会". 该领域国际权威人士 Robert O'Malley(华盛顿大学), John J H Miller(爱尔兰 Trinity 学院) 等都临会, 并作学术报告.

更可喜的是经过学者们的努力, 在 2007 年 10 月, 中国数学会批准成立中国数学会奇异摄动专业委员会, 学术研究与合作的旗帜终于在华夏大地飘起.

难得的是慧眼识英雄. 科学出版社王丽平同志敏锐地觉察到了奇异摄动方向的成就和作用, 将出版奇异摄动丛书一事提到了议事日程, 并立刻得到学者们的赞同. 于是, 本丛书中的各卷将陆续呈现于读者面前.

作序除了简要介绍一下来历之外, 更是想表达对近七十年来中国学者们在奇异摄动理论和应用方面所作出巨大贡献的敬意. 中国科技创新与攀登少不了基础理论的支持, 更少不了坚持不懈精神的支撑.

　　但愿成功!

张伟江博士

中国数学会奇异摄动专业委员会理事长

2011 年 11 月

前　　言

　　进入 21 世纪之后, 奇异摄动理论和方法已渗透到自然科学的各个领域, 成为求解非线性问题的重要近似方法, 而奇异摄动问题中的空间对照结构理论一直是该领域的热点问题之一. 空间对照结构这一概念最早是由前苏联著名数学家 A. Vasil'eva 和 B. Butuzov 在 20 世纪 90 年代初提出的. 它是指奇异摄动方程的退化系统存在多个孤立根, 并且解在这些不同孤立根之间产生跳跃而产生的复杂结构. 在自然科学研究的各个领域, 当我们处理带有小参数的奇异摄动问题时常常碰到空间对照结构和转点的困难. 目前我们仅认识到下面两种形式: 第一种是阶梯状空间对照结构, 它的存在性依赖于辅助系统的相空间存在异宿轨道; 第二种是脉冲状空间对照结构, 它的存在性依赖于辅助系统的相空间存在同宿轨道. 它们的一个共同特点就是在很短时间内解的结构会发生剧烈的变化. 空间对照结构解的存在性和转点附近解的渐近展开已成为近代奇异摄动理论中复杂动力学行为的重要源头之一. 目前, 对空间对照结构的研究仅停留在低维奇异摄动系统, 对高维奇异摄动系统或者 Tikhonov 系统研究还不多见, 因为这里面所涉及的高维相空间里同 (异) 宿环的存在性问题本身就很困难.

　　空间对照结构理论从 20 世纪 90 年代开始发展至今已获得了丰富的成果, 并已形成了一整套理论体系, 我们希望能将对这一理论感兴趣的读者从初学引到科研前沿.

　　本书的前身是作者在华东师范大学数学系多次讲授的 "奇异摄动问题中的空间对照结构理论" 讲义. 它包括了国内外有关研究资料和作者近几年的研究成果. 基本内容由浅到深, 通俗易懂, 而且也向读者介绍一些比较深入的内容, 展示该领域科研的前沿.

　　全书共分 4 章. 第 1 章主要介绍奇异摄动理论的基础知识, 为初学读者进入专题学习奠定基础; 后 3 章分别就奇异摄动常微分方程的阶梯状空间对照结构、奇异摄动常微分方程组的空间对照结构、奇异摄动抛物型方程中的转移型空间对照结构等内容作比较系统、深入的专题介绍.

　　在本书的编写过程中, 我的同事和研究生们提出了宝贵的意见. 其中林苏蓉和王爱峰仔细校对了书稿, 陆海波、武利猛以娴熟的技术打印了部分书稿, 胡绪超、周燕对全书的排版做了大量工作, 借此机会对他们一并表示感谢.

　　本书的出版得到了国家自然科学基金委员会专项科研基金的资助以及浙江师范大学李继彬教授的关心和帮助, 特致谢意.

　　本书可作为综合性大学、高等师范院校和工科院校有关专业的研究生教材, 也可供有关教师和科技工作者进行科研时参考.

　　由于时间以及作者水平有限, 书中的疏漏以及不足之处在所难免, 希望读者们批评与指正.

　　　　　　　　　　　　　　　　　　　　　　　　　　　作　者

　　　　　　　　　　　　　　　　　　　　　　　　　　　2012 年 7 月

目　　录

第1章 空间对照结构理论基础

1.1 奇异摄动理论的基本概念

奇异摄动理论最早是由前苏联数学家吉洪诺夫所创立的, 发展至今已七十余年. 在这期间由于解决实际问题的需要, 又发展出了各种各样的方法, 其中, Vasil'eva 的边界层函数法是本书所介绍的空间对照结构理论的基础.

考虑最简单的初值问题

$$\frac{\mathrm{d}y}{\mathrm{d}t} = f(y, t, \epsilon), \quad y(0, \epsilon) = y_0, \tag{1.1}$$

这里 ϵ 是正的小参数, 函数 $f(y, t, \epsilon)$ 足够光滑. 初值问题(1.1) 称为正则摄动问题, 在许多常微分方程教材中都有介绍.

如果在 (1.1) 中令 $\epsilon = 0$, 就得到所谓的退化问题

$$\frac{\mathrm{d}\bar{y}}{\mathrm{d}t} = f(\bar{y}, t, 0), \quad y(0) = y^0. \tag{1.2}$$

正则摄动一般具有下面性质: 假设初值问题 (1.1) 的解 $y(t, \epsilon)$ 和 (1.2) 的解 $\bar{y}(t)$ 在区间 $[0, T]$ 上有定义, T 是某个常数, 那么, 当 $\epsilon \to 0$ 时, 它们差的绝对值

$$|y(t, \epsilon) - \bar{y}(t)| \to 0$$

关于 t 在 $[0, T]$ 上一致成立. 这样, 在实际问题中就可以 "丢掉" 小项以得到近似解. 函数 $\bar{y}(t)$ 称为 $y(t, \epsilon)$ 的近似, 或者渐近近似. 通常对函数 $\bar{y}(t)$ 的研究总比对 $y(t, \epsilon)$ 要简单.

再看下面初值问题:

$$\epsilon \frac{\mathrm{d}y}{\mathrm{d}t} = F(y, t), \quad y(0, \epsilon) = y^0. \tag{1.3}$$

虽然问题 (1.1) 和问题 (1.3) 同样含有小参数, 但属于不同的类型. 如果把 (1.3) 写成 (1.1) 的形式, 则小参数 ϵ 含在右端分母里. 当 $\epsilon \to 0$ 时, 方程右端就不满足连续性条件, 于是就会产生这样的问题: 在方程 (1.3) 中令 $\epsilon = 0$ 时能否得到类似于问题 (1.1) 的近似解. 在方程 (1.3) 中令 $\epsilon = 0$ 同样得到退化方程 (它已不是微分方程).

$$F(\bar{y}, t) = 0, \tag{1.4}$$

它可能有若干个解 $\bar{y} = \varphi_i(t)$, $i = 1, 2, \cdots$. 一般而言, 它们都不满足初值条件, 这就同正则摄动产生了本质差异: 即 $y(t, \epsilon)$ 和 $\bar{y}(t)$ 在 $t = 0$ 是不相等的. 取方程 (1.4) 的一个解, 记为 $\bar{y} = \varphi(t)$, 并假设它在 $[0, T]$ 上是孤立的. 而方程 (1.4) 的其他解记为 $\varphi_1(t)$, $\varphi_2(t)$ 等, 不妨认为 $\varphi_1(t) < \varphi(t) < \varphi_2(t)$. 初值 y^0 不同于 $\varphi(0)$, 也不妨认为 $y^0 < \varphi(0)$ 或者 $y^0 > \varphi(0)$.

再假设

$$F(y, t) \begin{cases} > 0, & \varphi_1(t) < y < \varphi(t), \\ < 0, & \varphi(t) < y < \varphi_2(t). \end{cases} \tag{1.5}$$

在向量场上不难发现, 从 $(0, y^0)$ 出发的积分曲线很快进入曲线 $y = \varphi(t)$ 的 η 邻域, 直到 $t = T$ 也不离开, 因为不管 η 取多么小, 只要取足够小的 ϵ, 积分曲线的切向量总是向着该邻域内部.

当 $\epsilon \to 0$ 时, 在 $0 < t \leqslant T$ 上, 因为有 $y(t, \epsilon) \to \varphi(t)$, 所以 $\varphi(t)$ 在 $0 < t \leqslant T$ 上可作为 $y(t, \epsilon)$ 的近似解. 这里重要的是满足条件 (1.5) 以及在 $\varphi_1(0) < y^0 < \varphi_2(0)$. 但是极限转移式 $y(t, \epsilon) \to \varphi(t)$ 在 $0 < t \leqslant T$ 上不是一致的, 因为在点 $t = 0$ 不成立. 在初值 $t = 0$ 的邻域内有一区域, 那里 $y(t, \epsilon)$ 完全不同于 $\varphi(t)$, 这个区域称为边界层.

由此可以得出结论: 在 $t_0 \leqslant t \leqslant T$ 上, $\varphi(t)$ 是 $y(t, \epsilon)$ 的渐近近似, 其中无论 t_0 多么小, 但它不依赖于 ϵ.

为了得到 $y(t, \epsilon)$ 在整个区间 $[0, T]$ 上的渐近近似, 除了 $\varphi(t)$ 外, 在渐近近似中应增加表达式 $\tilde{y}(t, \epsilon) - \varphi(0)$, 其中 $\tilde{y}(t, \epsilon)$ 是由 (1.3) 右端令 $t = 0$ 初值仍为 $y(0, \epsilon) = y^0$ 所构成新问题的解. 这样, 在边界层外, 当 $\epsilon \to 0$ 时 $\tilde{y}(t, \epsilon) \to \varphi(0)$. 表达式 $\bar{Y}(t, \epsilon) = \varphi(t) + \tilde{y}(t, \epsilon) - \varphi(0)$ 满足初值是 $y(t, \epsilon)$ 在 $[0, T]$ 上的一致有效渐近近似. 事实上, $|y(t, \epsilon) - \bar{Y}(t, \epsilon)| = |y(t, \epsilon) - \varphi(t) - \tilde{y}(t, \epsilon) + \varphi(0)|$ 在边界层外很小, 因为 $y(t, \epsilon) \to \varphi(t)$, $\tilde{y}(t, \epsilon) \to \varphi(0)$. 在边界层内它也很小, 因为 $\tilde{y}(t, \epsilon)$ 趋近于 $y(t, \epsilon)$, 而 $\varphi(t)$ 趋近于 $\varphi(0)$. 这里增量 $\tilde{y}(t, \epsilon) - \varphi(0)$ 称为边界函数.

上面的讨论并不严格, 我们的目的在于让读者对奇异摄动问题有个初步了解, 这些问题都将在本书中进行严格阐述.

考虑二阶微分方程边值问题

$$\begin{cases} \epsilon^2 \dfrac{\mathrm{d}^2 y}{\mathrm{d} t^2} = F(y, t), & 0 < t < 1, \\ \end{cases} \tag{1.6}$$

$$\begin{cases} y(0, \epsilon) = y^0, & y(1, \epsilon) = y^1. \end{cases} \tag{1.7}$$

它的退化方程就是 (1.4), 设 (1.4) 有解 $y = \varphi(t)$. 一般而言, 该解不满足边值条件 (1.7), 所以无论在 $t = 0$ 的邻域还是在 $t = 1$ 的邻域都会产生边界层.

类似于对初值问题 (1.1) 的讨论, 对边值问题 (1.6), (1.7) 也应加若干条件, 这些条件在本书的正文中将详细论述.

如果退化方程 (1.4) 有两个根 $y = \varphi(t)$ 和 $y = \psi(t)$, 那么边值问题 (1.6), (1.7) 除了在 $t = 0$ 和 $t = 1$ 的邻域存在有边界层外, 还可能在某个内点 t_0 附近存在快速变化的区域, 在该区域上解从一个根 $\varphi(t)$ 的邻域快速转移到另一根 $\psi(t)$ 的邻域. 当然, 解的转移也可能是从 $\psi(t)$ 向 $\varphi(t)$ 相反的过程, 这个区域称为内部层, 具有这种内部层的解称为阶梯状空间对照结构.

除了阶梯状空间对照结构, 还可能有其他类型的空间对照结构, 如脉冲状空间对照结构: 存在区域内某点 t_0 的邻域, 只在该邻域之外解处处接近于 $\varphi(t)$, 即在点 t_0 迅速远离 $\varphi(t_0)$, 然后又迅速回到 $\varphi(t)$. 空间对照结构也可以产生于偏微分方程中, 例如下面给出的边值问题:

$$\begin{cases} \epsilon^2 \Delta u = F(u, t, y), & (t, y) \in D, \\ u \mid_{\partial D} = g(t, y). \end{cases} \tag{1.8}$$

如果退化方程 $F(u, t, y) = 0$ 只有孤立根 $u = \varphi(t, y)$, 那么在给定条件下问题 (1.8) 存在解 $u(t, y, \epsilon)$, 当 $\epsilon \to 0$ 时, 在 D 内 $u(t, y, \epsilon)$ 趋近于 $\varphi(t, y)$, 而在边界 ∂D 的小邻域内会产生边界层. 如果退化方程有两个根 $\varphi(t, y)$ 和 $\psi(t, y)$, 那么可能存在下面类型的解: 对充分小的 ϵ, 在 D 的内部区域 Ω (并且 $\bar{\Omega} \subset D$) 上解 $u(t, y, \epsilon)$ 任意接近于 $\varphi(t, y)$, 而在 $D/\bar{\Omega}$ 上任意接近于 $\psi(t, y)$, 在 ∂D 的区域产生内部层. 在空间 (t, y, u) 里具有内部层的曲面 $u = u(t, y, \epsilon)$ 形如 "礼帽".

问题 (1.8) 同样可以存在脉冲解, 即在闭曲线 $\partial \bar{\Omega}$ 的某个邻域里, 解 $u(t, y, \epsilon)$ 迅速远离 $\varphi(t, y)$ 到某值, 又马上重新回到 $\varphi(t, y)$.

1.2 第一类边值问题

考虑二阶半线性奇异摄动方程

$$\begin{cases} \epsilon^2 \dfrac{\mathrm{d}^2 y}{\mathrm{d} t^2} = F(y, t), & 0 < t < 1, \\ y(0, \epsilon) = y^0, & y(1, \epsilon) = y^1, \end{cases} \tag{1.9} \tag{1.10}$$

其中 $0 < \epsilon \ll 1$. 假设退化方程 $F(y, t) = 0$ 有解 $y = \varphi(t)$, $0 \leqslant t \leqslant 1$.

我们的目的是证明在一定条件下问题 (1.9), (1.10) 的解 $y(t, \epsilon)$ 存在, 并得到它的 n 阶渐近表达式, 即构造函数 $Y_n(t, \epsilon)$ 满足不等式

$$|y(t, \epsilon) - Y_n(t, \epsilon)| < C \epsilon^{n+1}, \quad 0 \leqslant t \leqslant 1, \tag{1.11}$$

这里 C 是不依赖于 ϵ 的常数, 但它依赖于 n. 当 ϵ 很小时, $Y_n(t,\epsilon)$ 是 (1.9),(1.10) 解 $y(t,\epsilon)$ 的很好近似, 然而求解 $Y_n(t,\epsilon)$ 比求 $y(t,\epsilon)$ 简单得多, 而 $y(t,\epsilon)$ 只是在某些特定的情况下才能求得.

给出下面的假设:

H 1.1　　函数 $F(y,t)$ 在 $D = \{a < t < b, A < y < B\}$ 上无限次可微 $(a < 0, b > 1, y^i \in (A,B), i = 0,1, \varphi(t) \in (A,B), 0 \leqslant t \leqslant 1)$, 往下该条件可以削弱.

H 1.2　　当 $0 \leqslant t \leqslant 1$ 时, $F_y(\varphi(t),t) > 0$.

其他条件将在讨论过程中给出, 下面将用边界层函数法来构造 $Y_n(t,\epsilon)$, 使得 $Y_n(t,\epsilon)$ 满足 (1.11). 该方法已在许多工作中有详细介绍.

往下为了讨论简单起见, 所有不依赖 ϵ 的常数, 除特殊情况外都记作 C, 常数 C 可能依赖于 n, 但这不重要, 因为我们只讨论有限项和, n 总是固定的整数.

这里被构造的形式渐近解为

$$y(t,\epsilon) = \bar{y}(t,\epsilon) + L(\tau_0,\epsilon) + R(\tau_1,\epsilon),$$

其中

$$\bar{y}(t,\epsilon) = \bar{y}_0(t) + \epsilon\bar{y}_1(t) + \cdots + \epsilon^k\bar{y}_k(t) + \cdots \tag{1.12}$$

为正则级数;

$$L(\tau_0,\epsilon) = L_0(\tau_0) + \epsilon L_1(\tau_0) + \cdots + \epsilon^k L_k(\tau_0) + \cdots \tag{1.13}$$

为左边界级数;

$$R(\tau_1,\epsilon) = R_0(\tau_1) + \epsilon R_1(\tau_1) + \cdots + \epsilon^k R_k(\tau_1) + \cdots \tag{1.14}$$

为右边界级数.

考虑到把正则级数 (1.12) 的 n 项和代入方程后误差为 $O(\epsilon^{n+1})$, 并且它不满足边值条件, 所以需要引进边界级数来纠正这一误差, 使得左边界级数加上正则项满足左边值条件, 但在离开左边界点 $t = 0$ 时, 左边界级数迅速消失, 右边界级数在 $t = 1$ 处也起着同样作用.

为了求出左边界级数 (1.13) 中的各项 $L_k(\tau_0)$, 需要把它与 (1.12) 的和用同一变量 $\tau_0 = t/\epsilon$ 形式地代入方程

$$\frac{\mathrm{d}^2}{\mathrm{d}\tau_0^2}[\bar{y}(\tau_0\epsilon,\epsilon) + L(\tau_0,\epsilon)] = F(\bar{y}(\tau_0\epsilon,\epsilon) + L(\tau_0,\epsilon), \tau_0\epsilon), \tag{1.15}$$

写成下面形式:

$$\frac{\mathrm{d}^2}{\mathrm{d}\tau_0^2}L(\tau_0,\epsilon) = F(\bar{y}(\tau_0\epsilon,\epsilon) + L(\tau_0,\epsilon), \tau_0\epsilon) - F(\bar{y}(\tau_0\epsilon,\epsilon), \tau_0\epsilon).$$

在比较 ϵ 同次幂之后就可以得到确定 $L_k(\tau_0)$ 的微分方程, 零次近似 $L_0(\tau_0)$ 由下面的方程确定:

$$\frac{\mathrm{d}^2}{\mathrm{d}\tau_0^2}L_0 = F(\bar{y}_0(0) + L_0, 0) - F(\bar{y}_0, 0) = F(\bar{y}_0(0) + L_0, 0). \tag{1.16}$$

因为 L_k 都是由微分方程确定, 求解微分方程还需要初边值条件, 因此需要把 $\bar{y}(\tau_0\epsilon, \epsilon) + L(\tau_0, \epsilon)$ 代入 (1.10) 中令 $t = 0$, 比较 ϵ 同次幂后有

$$\bar{y}_0(0) + L_0(0) = y^0, \quad L_k(0) = -\bar{y}_k(0), \quad k \geqslant 1. \tag{1.17}$$

等式 (1.17) 只给出了一个条件, 另一个条件必须根据 L_k 的性态给出, 即

$$L_k(\infty) = 0, \quad k = 0, 1, \cdots. \tag{1.18}$$

引进新变量 $\tilde{y} = \bar{y}_0(0) + L_0$, 则 (1.16)$\sim$(1.18) 可写成

$$\begin{cases} \dfrac{\mathrm{d}^2\tilde{y}}{\mathrm{d}\tau^2} = F(\tilde{y}, 0), \\ \tilde{y}(0) = y^0, \quad \tilde{y}(\infty) = \bar{y}_0(0). \end{cases} \tag{1.19}$$

对 (1.19) 中的方程进行积分, 可得首次积分

$$\frac{1}{2}\tilde{z}^2 = \int_{\bar{y}_0(0)}^{\tilde{y}} F(y, 0)\mathrm{d}y + C. \tag{1.20}$$

在相平面 $(\tilde{y}, \tilde{z})$ 上, 由条件 H1.2 可知 $M(\bar{y}_0(0), 0)$ 是鞍点. 在鞍点处两条分界轨道的斜率是

$$\left(\frac{\mathrm{d}\tilde{z}}{\mathrm{d}\tilde{y}}\right)_1 = [2F_y(\bar{y}_0(0), 0)]^{\frac{1}{2}}, \quad \left(\frac{\mathrm{d}\tilde{z}}{\mathrm{d}\tilde{y}}\right)_2 = -[2F_y(\bar{y}_0(0), 0)]^{\frac{1}{2}}.$$

不妨认为斜率为 $\left(\dfrac{\mathrm{d}\tilde{z}}{\mathrm{d}\tilde{y}}\right)_2$ 的分界轨道当 $\tau \to +\infty$ 时进入鞍点, 为了使边值问题 (1.19) 有解必须给出下面条件:

H 1.3 假设在 (1.19) 的相平面 $(\tilde{y}, \tilde{z})$ 上, 直线 $\tilde{y} = y^0$ 与当 $\tau \to +\infty$ 时进入鞍点 $M(\bar{y}_0(0), 0)$ 的分界线相交.

H 1.4 假设当 $y^0 \leqslant y \leqslant \bar{y}_0(0)$ 时, $\displaystyle\int_{\bar{y}_0(0)}^{\tilde{y}} F(y, 0)\mathrm{d}y > 0$.

当然, 也可能出现分界线不与垂线相交或多次相交的情况. 如果不相交, 则 (1.19) 无解; 如果交于多个点, 则至少有两个解.

在 (1.16) 中, 令 $C = 0$, 取正半支可得关于 $\tilde{y}$ 的一阶方程

$$\frac{\mathrm{d}\tilde{y}}{\mathrm{d}\tau_0} = \left[2\int_{\bar{y}_0(0)}^{\tilde{y}} F(y, 0)\mathrm{d}y\right]^{\frac{1}{2}}, \quad y^0 \leqslant \tilde{y} \leqslant \bar{y}_0(0), \tag{1.21}$$

为确定起见, 不妨设 $y^0 < \bar{y}_0(0)$.

从方程 (1.21) 和初值 $\tilde{y}(0) = y^0$ 可以确定 $\tilde{y}(\tau_0)$, 然后就可以求得 $L_0(\tau_0) = \tilde{y}(\tau_0) - \bar{y}_0(0)$. 完全类似地可求得 $R_0(\tau_1)$.

注释 1.1   如果 $y^0 > \bar{y}_0(0)$, 只要对所说的作相应的变形即可.

我们把在 $t = 1$ 处求 $R_0(\tau_1)$ 所需满足的条件记为 H1.3′, H1.4′ 它们类似于条件 H1.3, H1.4.

往下将给出 L_0 的一个重要估计式, 从 (1.21) 可得

$$\frac{\mathrm{d}L_0}{\mathrm{d}\tau_0} = [(F_y(\bar{y}_0(0),0) + \theta L_0)(\tilde{y} - \bar{y}_0(0))^2]^{\frac{1}{2}}$$
$$= -(F_y(\bar{y}(0),0) + \theta L_0)^{\frac{1}{2}}L_0, \quad 0 < \theta < 1. \tag{1.22}$$

当 $\tau > \tau^*$ 时, L_0 可很小, 从 (1.22) 可得

$$|L_0(\tau)| < |L_0(\tau^*)|\mathrm{e}^{-(F_y(\bar{y}(0),0) + \theta L_0)^{\frac{1}{2}}(\tau-\tau^*)}.$$

因为从 0 到 τ^* 时函数 L_0 有界, 所以

$$|L_0(\tau)| < C\mathrm{e}^{-\kappa_0(\tau-\tau^*)} < \overline{\overline{C}}\mathrm{e}^{-\kappa_0\tau}, \tag{1.23}$$

其中 $0 < \kappa_0 < F_y(\bar{y}_0(0),0)$.

同样也可以得到下界估计式:

$$|L_0(\tau)| > \underline{C}\mathrm{e}^{-\kappa_0\tau}. \tag{1.24}$$

这是因为, 当 $0 \leqslant \tau_0 \leqslant \tau^*$ 时, $\tilde{y} \neq \bar{y}_0(0)$, 即 $L_0(\tau_0) \neq 0$.

把 (1.23) 和 (1.24) 合在一起可写成

$$\overline{\overline{C}}\mathrm{e}^{-\kappa_0\tau} < L_0(\tau) < \underline{C}\mathrm{e}^{-\kappa_0\tau}.$$

函数 $L_1(\tau)$ 满足下面问题:

$$\begin{cases} \dfrac{\mathrm{d}^2}{\mathrm{d}\tau^2}L_1 = \tilde{F}_y L_1 + \Delta F_y \bar{y}_0'(0)\tau + \Delta F_t \tau, \\ L_1(0) = -\bar{y}_1(0) = 0, \quad L_1(\infty) = 0, \end{cases} \tag{1.25}$$

其中 $\tilde{F}$ 表示在 $(\bar{y}_0(0) + L_0, 0)$ 的取值. 记

$$h_1(\tau) = (\tilde{F}_y - \bar{F}_y)\bar{y}_0'(0)\tau + (\tilde{F}_t - \bar{F}_t)\tau = \tilde{F}_y\bar{y}_0'(0)\tau + \tilde{F}_t\tau,$$

这里 $h_1(\tau)$ 有两种表示法, 因为从 $F(\bar{y}_0(t),t) \equiv 0$ 可导可得

$$F_y(\bar{y}_0(t),t)\bar{y}_0'(t) + F_t(\bar{y}_0(t),t) = 0,$$

在不同的场合可取不同的形式.

考虑到

$$\max\{|\tilde{F}_y - \bar{F}_y|, |\tilde{F}_t - \bar{F}_t|\} < CL_0$$

和估计式 (1.23), 可得

$$|h_1(\tau)| < Ce^{-\kappa_1 \tau}, \quad \kappa_1 < \kappa_0. \tag{1.26}$$

这里用到了 $\tau e^{-\kappa_0 \tau} = \tau e^{-(\kappa_0 - \delta)\tau} e^{-\delta \tau} = Ce^{-\kappa_1 \tau}$, 其中 $\kappa_1 = \kappa_0 - \delta$, 且 δ 很小又不依赖于 ϵ.

线性边值问题 (1.25) 的解可表示成下面形式:

$$L_1(\tau) = L_1(0)\frac{\phi(\tau)}{\phi(0)} + \phi(\tau)\int_0^\tau \phi^{-2}(\eta)\int_\infty^\eta \phi(\sigma)h_1(\sigma)\mathrm{d}\sigma\mathrm{d}\eta, \tag{1.27}$$

其中 $\phi(\tau) = \dfrac{\mathrm{d}\tilde{y}}{\mathrm{d}\tau} = \dfrac{\mathrm{d}L_0}{\mathrm{d}\tau}$.

从 (1.22), (1.23) 可得对 $\phi(\tau)$ 的估计

$$|\phi| = \left|\frac{\mathrm{d}L_0}{\mathrm{d}\tau}\right| < C|L_0| < \underline{C}e^{-\kappa_0 \tau}$$

和

$$|\phi| > \overline{\overline{C}}e^{-\kappa_0 \tau}.$$

进而从 (1.27) 很容易得到对 L_1 的估计

$$|L_1| < Ce^{-\kappa_1 \tau}, \quad \kappa_1 < \kappa_0.$$

显然, 对 $L_1(\tau)$ 的估计比 $L_0(\tau)$ 要差.

对任意阶边界层项 $L_n(\tau)$ 有下面结论.

引理 1.1 展开式 (1.13) 中的边界层函数有下面的估计:

$$|L_n(\tau)| < Ce^{-\kappa_n \tau}, \quad \kappa_n < \kappa_{n-1}.$$

证明 往下用数学归纳法进行证明. 当 $n = 0, 1$ 时已经证明了, 倘若当 $k = 0, 1, \cdots, n-1$ 时, L_k 具有指数衰减.

先来看确定 L_n 方程右端的结构, 它是比较 ϵ^n 后得到的. 把 $\bar{y}(\tau\epsilon, \epsilon)$ 展开成 ϵ 幂级数

$$\bar{y}(\tau\epsilon, \epsilon) = \bar{y}_0(0) + \bar{y_0}'(0)\epsilon\tau + \cdots = M_0 + \cdots + \epsilon^k M_k + \cdots,$$

其中 M_k 是 τ 的 k 次多项式, 且具有估计式

$$|M_k| < C(1 + \tau + \cdots + \tau^k).$$

再看

$$\bar{y}(\tau\epsilon,\epsilon) + L_0 = M_0 + L_0 + \epsilon M_1 + \cdots + \epsilon^k M_k = \bar{M}_0 + \epsilon M_1 + \cdots$$

和

$$\bar{y}(\tau\epsilon,\epsilon) + \theta L_0 = M_0 + \theta L_0 + \epsilon M_1 + \cdots + \epsilon^k M_k = \bar{M}_0 + \epsilon M_1 + \cdots, \quad 0 \leqslant \theta \leqslant 1.$$

由此可见, $F(\bar{y}(\tau\epsilon,\epsilon) + L_0, \tau\epsilon)$, $F(\bar{y}(\tau\epsilon,\epsilon) + \theta L_0, \tau\epsilon)$ 以及任意阶导数 $F_y^{(k)}(\bar{y} + L_0, \tau\epsilon)$, $F_y^{(k)}(\bar{y} + \theta L_0, \tau\epsilon)$ 关于 ϵ 的展开式中系数 P_k 具有和 M_k 相同的估计式.

把方程 (1.15) 的右端表示成下面形式:

$$\begin{aligned}
\Delta F &= F(\bar{y}(\tau\epsilon,\epsilon) + L(\tau,\epsilon), \tau\epsilon) - F(\bar{y}(\tau\epsilon,\epsilon), \tau\epsilon) \\
&= F(\bar{y}(\tau\epsilon,\epsilon) + L_0, \tau\epsilon) - F(\bar{y}(\tau\epsilon,\epsilon), \tau\epsilon) \\
&\quad + F_y'(\bar{y}(\tau\epsilon,\epsilon) + L_0, \tau\epsilon)(\epsilon L_1 + \cdots + \epsilon^k L_k + \cdots) + \cdots \\
&\quad + \frac{1}{n!} F_y^{(n)}(\bar{y}(\tau\epsilon,\epsilon) + L_0, \tau\epsilon)(\epsilon L_1 + \cdots + \epsilon^k L_k)^n + \cdots.
\end{aligned} \tag{1.28}$$

从该表达式中可见含有 L_n 的项就是 $\tilde{F}_y L_n$, 而余项依赖于 L_k $(k < n)$, 即

$$\frac{\mathrm{d}^2}{\mathrm{d}\tau^2} L_n = \tilde{F}_y L_n + h_n(L_0, \cdots, L_{n-1}, \tau).$$

由 (1.17), (1.18) 可得边值为

$$L_n(0) = -\bar{y}_n(0), \quad L_n(\infty) = 0.$$

根据展开式 (1.28) 可知, 从一次项 $(F_y'(\bar{y}(\tau\varepsilon,\varepsilon) + L_0, \tau\varepsilon)(\varepsilon L_1 + \cdots + \varepsilon^k L_k + \cdots)$ 开始, h_n 是 $L_i^\alpha L_k^\beta P_l$ 类型的乘积和, 其中 $i\alpha + k\beta + l = n$, 并且每一项和都有估计式

$$C(1 + \tau + \cdots + \tau^l) \mathrm{e}^{-\alpha\kappa_i\tau} \mathrm{e}^{-\beta\kappa_k\tau} < C\mathrm{e}^{-\gamma\tau}.$$

至于 (1.28) 中的零次项可写成

$$(\Delta F)_0 = F(\bar{y}(\tau\epsilon,\epsilon) + L_0, \tau\epsilon) - F(\bar{y}(\tau\epsilon,\epsilon), \tau\epsilon) = F_y(\bar{y}(\tau\epsilon,\epsilon) + \theta L_0, \tau\epsilon) L_0,$$

所以 $(\Delta F)_0$ 展开式中 ϵ^n 前系数有估计

$$C(1 + \tau + \cdots + \tau^n)|L_0| < C(1 + \tau + \cdots + \tau^n)\mathrm{e}^{-\gamma_0\tau}, \quad \gamma_0 < \kappa_0.$$

记 $\kappa_n = \min\{\gamma, \gamma_0\}$, 有估计式

$$|h_n| < C\mathrm{e}^{-\kappa_n\tau}. \tag{1.29}$$

显然, $\kappa_n < \kappa_{n-1}$, 这从 h_n 的结构可以看得出, 如 h_n 中第 1 项 $P_1 L_{n-1}$, 它的上界估计为

$$C(1+\tau)\mathrm{e}^{-\kappa_{n-1}\tau} < C\mathrm{e}^{-(\kappa_{n-1}-\delta)\tau} < C\mathrm{e}^{-\kappa_n\tau}.$$

根据类似于 (1.27) 的公式可以得到关于 L_n 的指数估计

$$|L_n| < C\mathrm{e}^{-\kappa_n\tau}.$$

引理 1.1 证毕.

注释 1.2 因为我们只求渐近级数的部分和, 所以除了特殊情况以外, 均记 κ_n 为 κ. 还有, 不利用公式 (1.27), 而靠其他方法也可得到对 L_n 的估计.

同样, 在条件 H1.3′, H1.4′ 之下, (1.14) 中的 R_n 不但存在, 而且有下面估计式:

$$|R_n(\tau_1)| < C\mathrm{e}^{\kappa_n\tau_1},$$

这样我们构造了问题 (1.12)~(1.14) 的形式渐近展开式.

1.3 第二类边值问题

仍考虑方程 (1.9), 但给出下面第二类边值条件

$$\frac{\mathrm{d}y}{\mathrm{d}t}(0,\epsilon) = y^{01}, \quad \frac{\mathrm{d}y}{\mathrm{d}t}(1,\epsilon) = y^{11}. \tag{1.30}$$

在构造形式渐近解时, 正则项仍由公式 (1.12) 确定, 虽然确定边界函数的方程和原来一样, 但边值条件变了. 把 $y = \bar{y}(t,\epsilon) + L(\tau,\epsilon)$ 代入 (1.30) 的左边,

$$\epsilon\bar{y}_{0t}(0) + \epsilon^2\bar{y}_{1t}(0) + \cdots + \frac{\mathrm{d}}{\mathrm{d}\tau}L_0(0) + \epsilon\frac{\mathrm{d}}{\mathrm{d}\tau}L_1(0) + \cdots = \epsilon y^{01}.$$

可得

$$\frac{\mathrm{d}}{\mathrm{d}\tau}L_0(0) = 0, \quad \frac{\mathrm{d}}{\mathrm{d}\tau}L_1(0) = -\bar{y}_{0t}(0) + y^{01}, \quad \cdots.$$

边界函数 $L_0(\tau)$ 是下面边值问题的解:

$$\begin{cases} \dfrac{\mathrm{d}^2}{\mathrm{d}\tau^2}L_0 = F(\bar{y}_0(0) + L_0, 0), \\ \dfrac{\mathrm{d}}{\mathrm{d}\tau}L_0(0) = 0, \quad L_0(+\infty) = 0. \end{cases} \tag{1.31}$$

显然, 问题 (1.31) 有零解 $L_0(\tau) \equiv 0$.

注释 1.3 在某些情况下该问题还可以有其他的非零解, 我们将在其他章节中进行讨论.

如果不考虑注释 1.3 的情况, 那么可按照 1.2 节的方法求出 L_k. 针对第二类边值问题求 L_k 会更简单. 例如,

$$\frac{\mathrm{d}^2}{\mathrm{d}\tau^2}L_1 = \bar{F}_y L_1,$$

其中 $h_1 = 0$, 因为

$$\tilde{F}_y \bar{y}_{0t}\tau + \tilde{F}_t\tau = \bar{F}_y \bar{y}_{0t}\tau + \bar{F}_t\tau = 0.$$

因此

$$L_1(\tau) = (y^{01} - \bar{y}_{0t}(0))\mathrm{e}^{-\sqrt{\bar{F}_y}\tau},$$

可得 $L_1(\tau)$ 的估计式 $|L_1(\tau)| < C\mathrm{e}^{-\kappa_1\tau}$.

写出求 $L_n(\tau)$ 的方程

$$\frac{\mathrm{d}^2}{\mathrm{d}\tau^2}L_n = \bar{F}_y L_n + h_n, \tag{1.32}$$

当 $n \geqslant 2$ 时, $h_n \neq 0$. 例如

$$h_2 = L_1\tau(\bar{F}_{yy}\bar{y}_{0t}(0) + \bar{F}_{yt}) + \frac{1}{2}\bar{F}_{yy}L_1^2.$$

$L_2(\tau)$ 也可以用显式表示出来, 因为 h_2 含有 $\tau L_1(\tau)$ 这一项, 所以得到的对 $L_2(\tau)$ 的估计比 $L_1(\tau)$ 要差一些,

$$|L_2(\tau)| < C\mathrm{e}^{-\kappa_2\tau}, \quad \kappa_2 < \kappa_1.$$

因为 (1.32) 中的非齐次项 h_n 是 L_k $(k < n)$ 之间的相乘或者与 τ 的多项式相乘的有限和, 所以 $L_n(\tau)$ 都有显式表达式.

这里的讨论也适合边界函数 $R_n(\tau_1)$, 并且对 $R_n(\tau_1)$ 有类似于引理 1.1 的结论.

假设已构造了渐近解的部分和

$$\begin{aligned}
\bar{Y}_n(t,\epsilon) = {} & \bar{y}_0(t) + \epsilon\bar{y}_1(t) + \cdots + \epsilon^n\bar{y}_n(t) \\
& + L_0(\tau_0) + \epsilon L_1(\tau_0) + \cdots + \epsilon^n L_n(\tau_0) \\
& + R_0(\tau_1) + \epsilon R_1(\tau_1) + \cdots + \epsilon^n R_n(\tau_1).
\end{aligned} \tag{1.33}$$

引理 1.2　部分和函数 $\bar{Y}_n(t,\epsilon)$ 满足方程 (1.9) 的误差为 $O(\epsilon^{n+1})$, 而满足边值 (1.10) 的误差指数小.

证明　把 $\bar{Y}_n(t,\epsilon)$ 代入方程, 左端为

$$\epsilon^2\frac{\mathrm{d}^2}{\mathrm{d}t^2}(\bar{y}_0 + \cdots + \epsilon^n\bar{y}_n) + \frac{\mathrm{d}^2}{\mathrm{d}\tau_0^2}(L_0 + \cdots + \epsilon^n L_n) + \frac{\mathrm{d}^2}{\mathrm{d}\tau_1^2}(R_0 + \cdots + \epsilon^n R_n),$$

而右端为

$$F(\bar{Y}_n(t,\epsilon),t) = F(\bar{y}_0 + \cdots + \epsilon^n \bar{y}_n + L_0 + \cdots + \epsilon^n L_n + R_0 + \cdots + \epsilon^n R_n, t).$$

在区间 $[0, 1/2]$ 上 $F(\bar{Y}_n(t,\epsilon),t)$ 可写成

$$F(\bar{Y}_n(t,\epsilon),t) = F(\bar{y}_0 + \cdots + \epsilon^n \bar{y}_n + L_0 + \cdots + \epsilon^n L_n, t) + (e.m.)$$

因为考虑到在 $[0, 1/2]$ 上,

$$|R_k| < Ce^{\kappa_k(1-t)/\epsilon} = Ce^{(-\kappa_k/2\epsilon)}.$$

$(e.m.)$ 表示上界为 $C\epsilon^{-\alpha\epsilon}$ $(\alpha > 0)$ 的指数小函数, 而 C 与 ϵ 无关, 往下把 τ_0 简写成 τ.

$$F(\bar{y}_0(t) + \cdots + \epsilon^n \bar{y}_n(t) + L_0 + \cdots + \epsilon^n L_n, t)$$
$$= F(\bar{y}_0(\tau\epsilon) + \cdots + \epsilon^n \bar{y}_n(\tau\epsilon) + L_0 + \cdots + \epsilon^n L_n)$$
$$-F(\bar{y}_0(\tau\epsilon) + \cdots + \epsilon^n \bar{y}_n(\tau\epsilon), \tau\epsilon) + F(\bar{y}_0(t) + \cdots + \epsilon^n \bar{y}_n(t), t).$$

由渐近解的构造过程可知

$$\epsilon^2 \frac{\mathrm{d}^2}{\mathrm{d}t^2}(\bar{y}_0(t) + \cdots + \epsilon^n \bar{y}_n(t)) = F(\bar{y}_0(t) + \cdots + \epsilon^n \bar{y}_n(t), t) + O(\epsilon^{n+1}),$$

$$F(\bar{y}_0(\tau\epsilon) + \cdots + \epsilon^n \bar{y}_n(\tau\epsilon) + L_0 + \cdots + \epsilon^n L_n, \tau\epsilon) - F(\bar{y}_0(\tau\epsilon) + \cdots + \epsilon^n \bar{y}_n(\tau\epsilon), \tau\epsilon)$$
$$= \frac{\mathrm{d}^2}{\mathrm{d}\tau^2}(L_0 + \cdots + \epsilon^n L_n) + O(\epsilon^{n+1}).$$

这样就得到了在 $[0, 1/2]$ 上 $\bar{Y}_n(t,\epsilon)$ 满足方程 (1.9) 带有误差 $O(\epsilon^{n+1})$. 在 $[1/2, 1]$ 上也有同样结论, 这时左边界层级数的部分和为指数小.

在忽略了指数小量 $R_0(-1/\epsilon) + \cdots + \epsilon^n R_n(-1/\epsilon)$ 之后, 左边值条件可写成

$$\bar{y}_0(0) + \cdots + \epsilon^n \bar{y}_n(0) + L_0(0) + \cdots + \epsilon^n L_n(0) = y^0.$$

同样在忽略了指数小影响 $L_0(1/\epsilon) + \cdots + \epsilon^n L_n(1/\epsilon)$ 之后, 右边值条件可写成

$$\bar{y}_0(1) + \cdots + \epsilon^n \bar{y}_n(1) + R_0(0) + \cdots + \epsilon^n R_n(0) = y^1.$$

这样引理 1.2 证毕.

在写出本节基本定理之前先减弱条件 H1.1. 引进 $L_0 = L_{01} \cup L_{02} \cup L_{03}$, 其中

$$L_{01} = \{(y,t): y^0 \leqslant y \leqslant \varphi(0),\ t = 0\},$$
$$L_{02} = \{(y,t): y = \varphi(t),\ 0 \leqslant t \leqslant 1\},$$
$$L_{03} = \{(y,t): y^1 \leqslant y \leqslant \varphi(1),\ t = 1\}.$$

减弱后的条件 H1.1 记成 H1.7.

H 1.5　　假设在 L_0 的某个 δ 邻域内 $F(y,t)$ 具有 $n+2$ 阶连续导数, 其中 δ 可充分小, 但当 $\epsilon \to 0$ 时是固定常数.

定理 1.1　　如果满足条件 H1.2~H1.5, 则存在 $\epsilon_0 > 0$, $C > 0$, 当 $\epsilon \leqslant \epsilon_0$ 时, 在 L_0 的 δ 邻域中问题 (1.9), (1.10) 有唯一解 $y(t,\epsilon)$, 且有下面余项估计:

$$|y(t,\epsilon) - \bar{Y}_n(t,\epsilon)| < C\epsilon^{n+1}, \quad 0 \leqslant t \leqslant 1,$$

其中 $\bar{Y}_n(t,\epsilon)$ 是渐近解的部分和.

定理 1.1 的证明主要是借用格林函数转化成等价的积分方程来完成的, 往下只介绍证明思路, 不作详细叙述. 在下一节中我们将采用微分不等式方法来证明定理 1.1.

在 (1.9) 中作变量替换 $y = \bar{Y}_n + \Delta$:

$$\begin{cases} \epsilon^2 \dfrac{\mathrm{d}^2 \Delta}{\mathrm{d}t^2} = F(\bar{Y}_n + \Delta, t) - \epsilon^2 \dfrac{\mathrm{d}^2}{\mathrm{d}t^2}\bar{Y}_n, \\ \Delta(0,\epsilon) = (e.m.), \quad \Delta(1,\epsilon) = (e.m.). \end{cases} \tag{1.34}$$

把 (1.34) 中的 $F(\bar{Y}_n + \Delta, t)$ 表示成下面形式:

$$F(\bar{Y}_n + \Delta, t) = F_y(t,\epsilon)\Delta + H(\Delta, t, \epsilon),$$

其中 $F_y(t,\epsilon) = F_y(\bar{y}_0(t) + L_0(\tau_0) + R_0(\tau_1), t)$, $H(\Delta,t,\epsilon) = F(\bar{Y}_n + \Delta, t) - \epsilon^2 \dfrac{\mathrm{d}^2}{\mathrm{d}t^2}\bar{Y}_n - F_y(t,\epsilon)\Delta$.

这里 H 具有下面两个重要性质:

(1) $H(0,t,\epsilon) \leqslant C\epsilon^{n+1}$;

(2) 对任意 $\eta > 0$, 存在 $\delta(\eta) > 0$, 使得当 $|\Delta_1| < \delta$, $|\Delta_2| < \delta$ 时, 有下面不等式:

$$|H(\Delta_1, t, \epsilon) - H(\Delta_2, t, \epsilon)| < \eta|\Delta_1 - \Delta_2|.$$

性质 (2) 大致可认为: 对任意小量 Δ, H 是比 $|\Delta|$ 更高阶的小量.

对 (1.34) 的边值引入变量替换 $\tilde{\Delta} = \Delta - [(\Delta(1,\epsilon) - \Delta(0,\epsilon))t + \Delta(0,\epsilon)]$ 之后可化成齐次边值问题

$$\begin{cases} \epsilon^2 \dfrac{\mathrm{d}^2 \tilde{\Delta}}{\mathrm{d}t^2} = F_y(t,\epsilon)\tilde{\Delta} + \tilde{H}(\tilde{\Delta}, t, \epsilon), & (1.35) \\ \tilde{\Delta}(0,\epsilon) = \tilde{\Delta}(1,\epsilon) = 0. & (1.36) \end{cases}$$

显然, $\tilde{H}$ 与 H 仅相差指数小量, 所以 $\tilde{H}$ 仍有性质 (1), (2).

我们不加证明先给出一条引理:

引理 1.3 边值问题 (1.35), (1.36) 存在满足下面不等式的格林函数:

$$|G(t, \xi, \epsilon)| < \frac{C}{\epsilon} e^{-\kappa(t-\xi)/\epsilon}.$$

其中条件 H1.2 非常重要, 它导致了齐次问题

$$\frac{\mathrm{d}^2 \tilde{\Delta}}{\mathrm{d}\tau^2} = F_y(\tilde{y}, 0)\tilde{\Delta}, \quad \tilde{\Delta}(0) = \tilde{\Delta}(+\infty) = 0$$

只有零解. 如果 $F_y = \mathrm{const} > 0$, 那么对 $\tilde{\Delta}$ 的估计很容易得到, 当 F_y 含有 t 和边界函数时, 对 $\tilde{\Delta}$ 的估计仍成立, 但作起来却复杂了很多.

利用格林函数可以把边值问题 (1.35), (1.36) 化成等价的积分方程

$$\tilde{\Delta}(t, \epsilon) = \int_0^1 G(t, \xi, \epsilon)\tilde{H}(\tilde{\Delta}(\xi, \epsilon), \xi, \epsilon)\mathrm{d}\xi.$$

考虑到性质 (1), (2), 可以证明方程的右端是压缩算子, 因此在 $\tilde{\Delta} = 0$ 的邻域内解 $\tilde{\Delta}(t, \epsilon)$ 存在唯一, 且有估计式 $|\tilde{\Delta}(t, \epsilon)| < C\epsilon^{n+1}$, 这样我们就证明了定理 1.1. 甚至可以把该问题推广到更一般的边值条件.

同样可以证明针对第二类边值问题的定理 1.1, 考虑到 $L_0 = R_0 = 0$, 在定理 1.1 中应去掉条件 H1.3~H1.4′, 且把 H1.1 换成 H1.5.

1.4 微分不等式方法的应用

这个方法最早是恰帕莱金在讨论初值问题时引进的, 后来 Nagumo 把它用到了两点边值问题, 随后许多工作者又把它推广到了更复杂的情况.

微分不等式方法的基础在于构造上下解, 在上下解之间应该包含所要的解. 如果上下解非常接近, 那么就在很窄的区域里得到所要的解.

首先讨论第一类型两点边值问题

$$\begin{cases} Ly = y'' - F(y, t) = 0, & a < t < b, \\ y(a) = y^0, \quad y(b) = y^1. \end{cases} \tag{1.37}$$

定理 1.2 (Nagumo 定理) 如果存在满足下面性质的上下解 $\beta(t)$, $\alpha(t)$:

(1) $L\beta \leqslant 0$, $L\alpha \geqslant 0$, $a \leqslant t \leqslant b$;

(2) $\beta(a) \geqslant y^0$, $\alpha(a) \leqslant y^0$,

$\beta(b) \geqslant y^1$, $\alpha(b) \leqslant y^1$;

(3) $\alpha(t) \leqslant \beta(t)$, $a \leqslant t \leqslant b$.

那么问题 (1.37) 的解 $y(t)$ 存在, 且满足不等式

$$\alpha(t) \leqslant y(t) \leqslant \beta(t).$$

注释 1.4　定理 1.2 不保证解的唯一性, 并且也没给出上下解的结构.

回到奇异摄动问题 (1.9), (1.10), 写成下面形式:

$$\begin{cases} Ly = \epsilon^2 \dfrac{\mathrm{d}^2 y}{\mathrm{d}t^2} - F(y,t), \\ y(0,\epsilon) = y^0, \quad y(1,\epsilon) = y^1. \end{cases} \tag{1.38}$$

我们将利用渐近级数 (1.12)~(1.14) 的项构造上下解 $\beta(t)$, $\alpha(t)$, $\beta(t) - \alpha(t)$ 差的量级为 $O(\epsilon^{n+1})$. 这样, 利用定理 1.2 不仅可以证明问题 (1.9), (1.10) 解的存在性, 而且可以构造余项为 $O(\epsilon^{n+1})$ 的渐近解.

对问题 (1.38) 取上解为

$$\beta_0(t,\epsilon) = \bar{y}_0(t) + \epsilon(\bar{y}_1(t) + 1) + L_0(\tau_0) + \epsilon L_{1\beta}(\tau_0) + R_0(\tau_1) + \epsilon R_{1\beta}(\tau_1).$$

它与部分和 $\bar{Y}_1$ 的不同在于 $\bar{y}_1(t)$ 加上了 1 $(\bar{y}_1(t) = 0)$, 并且用 $L_{1\beta}$, $R_{1\beta}$ 代替了 L_1 和 R_1, 这里 $L_{1\beta}$, $R_{1\beta}$ 都是 L_1, R_1 的变形. 例如函数 $L_{1\beta}$ 满足

$$\begin{cases} \dfrac{\mathrm{d}^2}{\mathrm{d}\tau_0^2} L_{1\beta} = F_y(\bar{y}_0(0) + L_0, 0)L_{1\beta} + h_1^{(-)} + \psi_1^{(-)}(\tau_0), \\ L_{1\beta}(0) = -\bar{y}_1(0) = 0, \quad L_{1\beta}(\infty) = 0, \end{cases} \tag{1.39}$$

其中 $h_1^{(-)} = h_1$, 即

$$h_1(\tau) = (\tilde{F}_y - \bar{F}_y)\bar{y}_{0t}(0)\tau_0 + (\tilde{F}_t - \bar{F}_t)\tau_0 \equiv \tilde{F}_y y_{0t}(0)\tau_0 + \tilde{F}_t\tau_0,$$

$\psi_1^{(-)}(\tau_0) = -\omega e^{-\kappa_0 \tau_0}$, 其中常数 ω 通常按需要选择. 同样地有

$$\begin{cases} \dfrac{\mathrm{d}^2}{\mathrm{d}\tau_0^2} R_{1\beta} = F_y(\bar{y}_0(1) + R_0, 0) + h_1^{(+)} + \psi_1^{(+)}(\tau_1), \\ R_{1\beta}(0) = -\bar{y}_1(1) = 0, \quad R_{1\beta}(-\infty) = 0, \end{cases} \tag{1.40}$$

其中 $\psi_1^{(+)}(\tau_1) = -\omega e^{\kappa_0 \tau_1}$.

我们将区间 $[0,1]$ 分成两部分 $[0,1/2]$ 和 $[1/2,1]$, 将在每个子区间上分别验证 Nagumo 条件. 因为在 $[0,1/2]$ 上 R_0, $R_{1\beta}$ 以及它们的乘积是指数小, 所以在估计 $L\beta_0$ 时可不考虑 R_0, $R_{1\beta}$. 因此有

$$\begin{aligned} L\beta_0 &= \epsilon^2 \frac{\mathrm{d}^2}{\mathrm{d}t^2}\beta_0 - F(\beta_0, t) \\ &= \epsilon^2 \frac{\mathrm{d}^2}{\mathrm{d}t^2}(\bar{y}_0 + \epsilon) + \frac{\mathrm{d}^2}{\mathrm{d}\tau_0^2}L_0 + \epsilon\frac{\mathrm{d}^2}{\mathrm{d}\tau_0^2}L_{1\beta} - F(\bar{y}_0(t) + \epsilon + L_0 + \epsilon L_{1\beta}, t) + (e.m.) \\ &= O(\epsilon^2) + \frac{\mathrm{d}^2}{\mathrm{d}\tau_0^2}L_0 + \epsilon\frac{\mathrm{d}^2}{\mathrm{d}\tau_0^2}L_{1\beta} - [F(y_0(\tau_0\epsilon) + \epsilon + L_0 + \epsilon L_{1\beta}, \tau_0\epsilon) \\ &\quad - F(\bar{y}_0(\tau_0\epsilon) + \epsilon, \tau_0\epsilon) + F(\bar{y}_0(t) + \epsilon, t)]. \end{aligned} \tag{1.41}$$

方括号中的最后一项可以写成

$$F(\bar{y}_0(t) + \epsilon, t) = F(\bar{y}_0(t), t) + F_y(\bar{y}_0(t), t) + O(\epsilon^2)$$
$$= F_y(\bar{y}_0(t), t) + O(\epsilon^2). \tag{1.42}$$

在方括号中剩下的差可以表示成

$$F(y_0(\tau_0\epsilon) + \epsilon + L_0 + \epsilon L_{1\beta}, \tau_0\epsilon) - F(\bar{y}_0(\tau_0\epsilon) + \epsilon, \tau_0\epsilon)$$
$$= F(y_0(0) + L_0, 0) + \epsilon\tilde{F}_y L_{1\beta} + (\tilde{F}_y - \bar{F}_y)(\bar{y}_{0t}(0)\tau_0 + 1)\epsilon$$
$$+ (\tilde{F}_t - \bar{F}_t)\tau_0\epsilon + O(\epsilon^2), \tag{1.43}$$

其中 $\tilde{F} = F(y_0(0) + L_0, 0)$, $\bar{F} = F(y_0(0), 0)$.

把 (1.42), (1.43) 代入 (1.41),

$$L\beta_0 = -\epsilon F_y(\bar{y}_0(t), t) + \epsilon\left[\frac{\mathrm{d}^2}{\mathrm{d}\tau^2}L_{1\beta} - \tilde{F}_y L_{1\beta} - h_1^{(-)} - (\tilde{F}_y - \bar{F}_y)\right] + O(\epsilon^2)$$
$$= -\epsilon F_y(\bar{y}_0(t), t) + \epsilon[\tilde{F}_y L_{1\beta} + h_1^{(-)} + \psi_1^{(-)} - \tilde{F}_y L_{1\beta} - h_1^{(-)} - (\tilde{F}_y - \bar{F}_y)] + O(\epsilon^2)$$
$$= -\epsilon F_y(\bar{y}_0(t), t) + \epsilon[\psi_1^{(-)} + (\tilde{F}_y - \bar{F}_y)] + O(\epsilon^2),$$

考虑到 $|\tilde{F}_y - \bar{F}_y| < Ce^{-\kappa_0\tau}$, 所以总可以选择充分大的 ω, 使得满足不等式

$$\psi_1^{(-)} + (\tilde{F}_y - \bar{F}_y) = -\omega e^{-\kappa_0\tau_0} + Ce^{-\kappa_0\tau_0} < 0,$$

使得 Nagumo 条件 (1) 成立. 在 $[1/2, 1]$ 上类似地可验证 (1) 成立.

验证 Nagumo 条件 (2)

$$\beta_0(0, \epsilon) = \bar{y}_0(0) + \epsilon + L_0(0) + \epsilon L_{1\beta}(0) + (e.m.) = y^0 + \epsilon + (e.m.) > y^0,$$

同理

$$\beta_0(1, \epsilon) = y^1 + \epsilon + (e.m.) > y^1.$$

我们构造这样的下解 $\alpha_0(t, \epsilon)$:

$$\alpha_0(t, \epsilon) = \bar{y}_0(t) + \epsilon(\bar{y}_1(t) - 1) + L_0(\tau_0) + \epsilon L_{1\alpha}(\tau_0) + R_0(\tau_1) + \epsilon R_{1\alpha}(\tau_1).$$

下解 α_0 不同于上解 β_0 在于向 $\bar{y}_1(t)$ 添加了 -1, 而 $L_{1\alpha}$ 满足的方程不同于 (1.39) 在于把 $\psi_1^{(-)}(\tau_0)$ 换成 $-\psi_1^{(-)}(\tau_0)$. 对下解 $\alpha_0(t, \epsilon)$ 验证 Nagumo 条件 (1), (2) 完全类同与对 $\beta_0(t, \epsilon)$ 的做法. 最后只要验证条件 (3) 即可. 在 $[0, 1/2]$ 上, 利用对 $L_{1\beta}$ 和 $L_{1\alpha}$ 的表达式有

$$\beta_0 - \alpha_0 = 2\epsilon + \epsilon(L_{1\beta} - L_{1\alpha}) + (e.m.)$$
$$= 2\epsilon + 2\epsilon\Phi(\tau)\int_0^\tau \Phi^{-2}(\eta)\int_\infty^\eta \Phi(\xi)\psi_1^{(-)}(\xi)\mathrm{d}\eta\mathrm{d}\xi + (e.m.),$$

这里 $\Phi(\tau) = \dfrac{\mathrm{d}\tilde{y}}{\mathrm{d}\tau} > 0$, 所以在 $[0, 1/2]$ 上 $\beta_0 - \alpha_0 > 0$. 类似的估计在 $[1/2, 1]$ 上也成立. 根据定理 1.2, 问题 (1.9), (1.10) 的解 $y(t, \epsilon)$ 存在, 且有 $\alpha_0 \leqslant y(t, \epsilon) \leqslant \beta_0$. 考虑到 α_0 和 β_0 与 $\bar{Y}_0 = \bar{y}_0(t) + L_0 + R_0$ 相差 $O(\epsilon)$ 量级, 所以

$$\bar{y}_0(t) + L_0 + R_0 + O(\epsilon) \leqslant y(t, \epsilon) \leqslant \bar{y}_0(t) + L_0 + R_0 + O(\epsilon),$$

即

$$y(t, \epsilon) - [y_0(t) + L_0(\tau_0) + R_0(\tau_1)] = O(\epsilon).$$

这样我们就证明了定理 1.1 中当 $n = 0$ 时的结论.

为了证明对任意 n 定理 1.1 的结论, 需要取上解为

$$\beta_n = \bar{y}_0(t) + \cdots + \epsilon^n \bar{y}_n(t) + \epsilon^{n+1}(\bar{y}_{n+1}(t) + 1) + L_0(\tau_0) + \cdots + \epsilon^n L_n(\tau_0)$$
$$+ \epsilon^{n+1} L_{n+1, \beta}(\tau_0) + R_0(\tau_1) + \cdots + \epsilon^n R_n(\tau_1) + \epsilon^{n+1} R_{n+1, \beta}(\tau_1),$$

其中 $L_{n+1, \beta}(\tau)$ 满足

$$\begin{cases} \dfrac{\mathrm{d}^2}{\mathrm{d}\tau^2} L_{n+1, \beta} = \tilde{F}_y L_{n+1, \beta} + h_{n+1}^{(-)} + \psi_{n+1}^{(-)}(\tau_0), \\ L_{n+1, \beta}(0) = -\bar{y}_{n+1}(0), \quad L_{n+1, \beta}(\infty) = 0, \end{cases}$$

这里 $\psi_{n+1}^{(-)} = -\omega \mathrm{e}^{-\kappa_0 \tau_0}$.

类似于对 β_0 的讨论, 在 $[0, 1/2]$ 上,

$$L\beta_n = -\epsilon^{n+1} F_y(\bar{y}_0(t), t) + \epsilon^{n+1}[\psi_{n+1}^{(-)} - (\tilde{F}_y - \bar{F}_y)] + O(\epsilon^{n+2}),$$

只要 ω 取的充分大, 就能保证 $L\beta_n < 0$. 对 $\beta_n(t, \epsilon)$ 很容易验证 Nagumo 条件 (2) 成立.

我们要构造的下解 $\alpha_n(t, \epsilon)$ 为

$$\alpha_n = \bar{y}_0(t) + \cdots + \epsilon^n \bar{y}_n(t) + \epsilon^{n+1}(\bar{y}_{n+1}(t) - 1) + L_0(\tau_0) + \cdots + \epsilon^n L_n(\tau_0)$$
$$+ \epsilon^{n+1} L_{n+1, \alpha}(\tau_0) + R_0(\tau_1) + \cdots + \epsilon^n R_n(\tau_1) + \epsilon^{n+1} R_{n+1, \alpha}(\tau_1),$$

其中在 $L_{n+1, \alpha}$, $R_{n+1, \alpha}$ 满足的方程中取 $\psi_{n+1}^{(\mp)} = \omega \mathrm{e}^{-\kappa_0 \tau_{0,1}}$. 对 $\alpha_n(t, \epsilon)$ 的验证完全类似于 $\beta_n(t, \epsilon)$.

根据定理 1.2 可确定问题 (1.9), (1.10) 的解 $y(t, \epsilon)$ 存在, 且满足不等式

$$\bar{y}_0(t) + \cdots + \epsilon^n \bar{y}_n(t) + L_0 + \cdots + \epsilon^n L_n + R_0 + \cdots + \epsilon^n R_n + O(\epsilon^{n+1})$$
$$\leqslant y(t, \epsilon) \leqslant \bar{y}_0(t) + \cdots + \epsilon^n \bar{y}_n(t) + L_0 + \cdots + \epsilon^n L_n + R_0 + \cdots + \epsilon^n R_n + O(\epsilon^{n+1}),$$

即

$$y(t,\epsilon) - [\bar{y}_0 + \cdots + \epsilon^n \bar{y}_n + L_0 + \cdots + \epsilon^n L_n + R_0 + \cdots + \epsilon^n . R_n+] = O(\epsilon^{n+1}).$$

这样就证明了对任意 n 定理 1.1 的结论.

往下考虑第二类边值问题

$$\begin{cases} Ly = y'' - F(y,t), & 0 < t < 1, \\ y'_t(0) = y^{01}, & y'_t(1) = y^{11}, \end{cases} \tag{1.44}$$

对第二类边值问题的 Nagumo 定理可这样叙述:

定理 1.3 假设存在满足下面性质的上下解 $\beta(t), \alpha(t)$:

(1) $L\beta \leqslant 0, L\alpha \geqslant 0, 0 \leqslant t \leqslant 1$;

(2) $\beta_t(0) \leqslant y^{01}, \alpha_t(0) \geqslant y^{01}$,

$\quad\;\; \beta_t(1) \geqslant y^{11}, \alpha_t(1) \leqslant y^{11}$;

(3) $\alpha(t) \leqslant \beta(t)$,

则问题 (1.44) 的解 $y(t)$ 存在, 且有 $\alpha(t) \leqslant y(t) \leqslant \beta(t)$.

针对下面奇异摄动边值问题:

$$\begin{cases} \epsilon^2 \dfrac{\mathrm{d}^2 y}{\mathrm{d}t^2} = F(y,t), \\ y'_t(0) = y^{01}, \quad y'_t(1) = y^{11}, \end{cases} \tag{1.45}$$

当 $n = 0$ 时可这样构造上解 β_0 ($L_0 = R_0 = 0$):

$$\beta_0 = \bar{y}_0(t) + \epsilon + \epsilon L_1 + \epsilon R_1 + \epsilon^2 (\mathrm{e}^{-\kappa_0 \tau_0} + \mathrm{e}^{\kappa_0 \tau_1}).$$

容易验证定理 1.3 的条件 (2) 满足, 因为

$$\beta_{0t} = \bar{y}_{0t}(t) - \epsilon \kappa_0 \mathrm{e}^{-\kappa_0 \tau_0} + \epsilon \kappa_0 \mathrm{e}^{\kappa_0 \tau_1} + \frac{\mathrm{d}L_1}{\mathrm{d}\tau} + \frac{\mathrm{d}R_1}{\mathrm{d}\tau} + (e.m.),$$
$$\beta_{0t}(0,\epsilon) = \bar{y}_{0t}(0) - \epsilon + y^{01} - \bar{y}_{0t}(0) + (e.m.) < y^{01},$$
$$\beta_{1t}(1,\epsilon) = \bar{y}_{0t}(1) + \epsilon + y^{11} - \bar{y}_{01}(1) + (e.m.) > y^{11}.$$

类似于定理 1.2 的做法可验证条件 (1) 也满足

$$L\beta_0 = \epsilon^2 \frac{\mathrm{d}^2 \beta_0}{\mathrm{d}t^2} - F(\beta_0, t) = -\epsilon F_y(\bar{y}_0(t), t) + O(\epsilon^2) < 0. \tag{1.46}$$

请注意在 (1.46) 中没有 $\psi_1^{(-)} - (\tilde{F}_y - \bar{F}_y)$ 是因为 $L_0 = 0, \psi_1^{(-)} = 0$ 和 $\tilde{F}_y - \bar{F}_y = 0$.
下解 α_0 不同于上解 β_0 在于第二项和 ϵ^2 前负号, 即

$$\alpha_0 = \bar{y}_0(t) - \epsilon + \epsilon L_1 + \epsilon R_1 - \epsilon^2 (\mathrm{e}^{-\kappa_0 \tau_0} + \mathrm{e}^{\kappa_0 \tau_1}),$$

不难验证满足条件 (1)~(3). 由此可得问题 (1.45) 的解 $y(t, \epsilon)$ 存在, 并有零阶渐近表达式 $y(t, \epsilon) = \bar{y}_0(t) + O(\epsilon)$.

对任意 n 构造上下解如下:

$$\begin{aligned}
\beta_n &= \bar{y}_0 + \cdots + \epsilon^n \bar{y}_n + \epsilon^{n+1}(\bar{y}_{n+1} + 1) \\
&\quad + \epsilon L_1 + \cdots + \epsilon^n L_n + \epsilon R_1 + \cdots + \epsilon^n R_n \\
&\quad + \epsilon^{n+2}(e^{-\kappa_0 \tau_0} + e^{\kappa_0 \tau_1}), \\
\alpha_n &= \bar{y}_0 + \cdots + \epsilon^n \bar{y}_n + \epsilon^{n+1}(\bar{y}_{n+1} - 1) \\
&\quad + \epsilon L_1 + \cdots + \epsilon^n L_n + \epsilon R_1 + \cdots + \epsilon^n R_n \\
&\quad - \epsilon^{n+2}(e^{-\kappa_0 \tau_0} + e^{\kappa_0 \tau_1}).
\end{aligned}$$

对条件 (1)~(3) 的验证完全类似于 $n = 0$ 时的情形, 由此可证明解的存在性并得到 n 阶渐近解:

$$y(t, \epsilon) = \bar{y}_0(t) + \cdots + \epsilon^n \bar{y}_n(t) + \epsilon L_1 + \cdots + \epsilon^n L_n + \epsilon R_1 + \cdots + \epsilon^n R_n + O(\epsilon^{n+1}).$$

1.5   第一边值问题解的唯一性

利用 1.4 节的上下解定理不能得出解的唯一性结论, 本节将单独证明解的唯一性. 这里所提到的唯一性是指局部唯一性, 即在解的某个小邻域内唯一.

引进函数 $\Delta = \beta_0 - \alpha_0$. 从 β_0, α_0 满足的方程可得

$$\begin{cases}
L\Delta - \lambda_0 \Delta = \epsilon^2 \dfrac{d^2 \Delta}{dt^2} - A(t, \epsilon)\Delta - \lambda_0 \Delta = \sigma(t, \epsilon), \\
\Delta(0, \epsilon) = 2\epsilon + (e.m.) > 0, \quad \Delta(1, \epsilon) = 2\epsilon + (e.m.) > 0,
\end{cases}$$

其中

$$A = \int_0^1 F_y(\alpha_0 + s(\beta_0 - \alpha_0), t)ds, \qquad \sigma = -2\epsilon F_y(\bar{y}_0(t), t) + O(\epsilon^2) - \lambda_0 \Delta,$$

参数 λ_0 将在后面证明时选择.

根据在 1.4 节中的证明可知, $\Delta > 0$ 并且 $\Delta = O(\epsilon)$, 因为 $-2\epsilon F_y(\bar{y}_0(t), t) < 0$, 所以存在常数 $a > 0$, 当 $\lambda_0 \geqslant -a$ 时有 $\sigma(t, \epsilon) < 0$. 把 Δ 写成 $\Delta = \Delta_1 + \Delta_2$, 其中 Δ_1, Δ_2 分别满足下面边值问题:

$$\begin{cases}
\epsilon^2 \dfrac{d^2 \Delta_1}{dt^2} - A(t, \epsilon)\Delta_1 - \lambda_0 \Delta_1 - m\Delta_1 = 0, \\
\Delta_1(0, \epsilon) = \Delta(0, \epsilon), \quad \Delta_1(1, \epsilon) = \Delta(1, \epsilon),
\end{cases}$$

$$\begin{cases} \epsilon^2 \dfrac{\mathrm{d}^2 \Delta_2}{\mathrm{d}t^2} - A(t,\epsilon)\Delta_2 - \lambda_0 \Delta_2 = \sigma(t,\epsilon) - m\Delta_2 = \tilde{\sigma}, \\ \Delta_2(0,\epsilon) = 0, \quad \Delta_2(1,\epsilon) = 0, \end{cases} \qquad (1.47)$$

这里 m 是参数, 可选择充分大, 使得 $A(t,\epsilon)+\lambda_0+m>0$. 由最大值原理可知 $\Delta_1 \geqslant 0$ 并且 (1.47) 的右端是负的. 讨论下面刘维尔–施图姆问题:

$$\begin{cases} \epsilon^2 \dfrac{\mathrm{d}^2 v}{\mathrm{d}t^2} - A(t,\epsilon)v = \lambda v, \quad 0 < t < 1, \\ v(0,\epsilon) = v(1,\epsilon). \end{cases} \qquad (1.48)$$

假设 $\lambda = \Lambda_0$ 是 (1.48) 最大特征值, v_0 是相应的特征函数, 并且在 $(0,1)$ 上满足不等式 $v_0 > 0$. 因为问题 (1.47) 的解 Δ_2 存在, 所以有下面正交性条件成立:

$$\int_0^1 v_0(0,\epsilon)\tilde{\sigma}(t,\epsilon)\mathrm{d}t = 0. \qquad (1.49)$$

因为在 $(0,1)$ 上 $v_0 > 0$ 和 $\tilde{\sigma} < 0$, 所以当 $\Lambda_0 = \lambda_0 \geqslant -a$ 时该不等式不能成立. 由此得出结论 $\Lambda_0 < -a$, 并且 $\Lambda_k < -a (k = 1, 2, \cdots)$.

有了上面准备工作, 现在可以来证明在 $\bar{Y}_0(t,\epsilon)$ 的 ϵ 邻域中问题 (1.9), (1.10) 的解 $y(t,\epsilon)$ 的唯一性. 假设, 存在另一个解 $\tilde{y}(t,\epsilon)$, 并且 $u(t,\epsilon) = y - \tilde{y}$ 不恒等于零, 则函数 $u(t,\epsilon)$ 满足齐次边值问题

$$\begin{cases} \epsilon^2 \dfrac{\mathrm{d}^2 u}{\mathrm{d}t^2} - B(t,\epsilon)u = 0, \\ u(0,\epsilon) = u(1,\epsilon) = 0, \end{cases}$$

其中

$$B(t,\epsilon) = \int_0^1 F_y(\tilde{y} + s(y - \tilde{y}), t)\mathrm{d}s.$$

函数 $u(t,\epsilon)$ 是算子 $L_B = \epsilon^2 \dfrac{\mathrm{d}^2}{\mathrm{d}t^2} - B(t,\epsilon)$ 的特征函数, 相应的特征值为 0. 考虑到 $\mid B(t,\epsilon) - A(t,\epsilon) \mid = \mid O(\epsilon) \mid < C\epsilon$, 所以算子 $L_A = \epsilon^2 \dfrac{\mathrm{d}^2}{\mathrm{d}t^2} - A(t,\epsilon)$ 的特征值都在算子 L_B 特征值的 ϵ 邻域中, 由此可知算子 L_A 的特征值量级为 $O(\epsilon)$, 这与 $\Lambda_k < -a \ (k = 0, 1, \cdots)$ 矛盾. 这就意味着 $u \equiv 0$, 即 $y(t,\epsilon) \equiv \tilde{y}(t,\epsilon)$, 由此说明问题 (1.9), (1.10) 的解在 $\bar{Y}_0$ 的 ϵ 邻域是唯一的.

第2章　奇异摄动方程的阶梯状空间对照结构

2.1　二阶半线性奇异摄动微分方程的空间对照结构

考虑下面半线性奇异摄动微分方程两点边值问题:

$$\begin{cases} \epsilon^2 \dfrac{\mathrm{d}^2 y}{\mathrm{d}t^2} - F(y,t) = 0, \\ y(0,\epsilon) = y^0, \quad y(1,\epsilon) = y^1. \end{cases} \tag{2.1}$$

H 2.1　假设函数 $F(y,t)$ 在平面区域 $D = \{(t,y) \mid a \leqslant t \leqslant b, A \leqslant y \leqslant B\}$ 上无限次可微.

H 2.2　假设退化方程 $F(y,t) = 0$ 在平面区域 D 中仅有三个孤立的根 $\varphi_i(t)$, $i = 1,2,3$. 不妨认为

(1) $A < \varphi_1(t) < \varphi_2(t) < \varphi_3(t) < B$, $0 \leqslant t \leqslant 1$;

(2) $F_y|_{y=\varphi_1,\varphi_3} > 0, F_y|_{y=\varphi_2} < 0, 0 \leqslant t \leqslant 1$.

注释 2.1　方程 $F(y,t) = 0$ 可能有其他的根, 但在构造渐近解时只涉及上述三个根.

在方程 $\dfrac{\mathrm{d}^2 y}{\mathrm{d}\tau^2} = F(y,t)$ 的相平面 $\left(y, \dfrac{\mathrm{d}y}{\mathrm{d}\tau}\right)$ 上, 当 t 固定时, 平衡点 $A_i(\varphi_i, 0)(i = 1,3)$ 是鞍点, $A_2(\varphi_2, 0)$ 是中心. 如果记 $S_1 = \displaystyle\int_{\varphi_1(t)}^{\varphi_2(t)} F(y,t)\mathrm{d}y$, $S_2 = \displaystyle\int_{\varphi_3(t)}^{\varphi_2(t)} F(y,t)\mathrm{d}y$, 则 $S_i \ (i = 1,2)$ 对参数 t 的依赖性表现为下面三种情形:

$$\int_{\varphi_1(t)}^{\varphi_2(t)} F(y,t)\mathrm{d}y > \int_{\varphi_3(t)}^{\varphi_2(t)} F(y,t)\mathrm{d}y, \quad S_1 > S_2, \tag{2.2}$$

$$\int_{\varphi_1(t)}^{\varphi_2(t)} F(y,t)\mathrm{d}y < \int_{\varphi_3(t)}^{\varphi_2(t)} F(y,t)\mathrm{d}y, \quad S_1 < S_2, \tag{2.3}$$

$$\int_{\varphi_1(t)}^{\varphi_2(t)} F(y,t)\mathrm{d}y = \int_{\varphi_3(t)}^{\varphi_2(t)} F(y,t)\mathrm{d}y, \quad S_1 = S_2. \tag{2.4}$$

等式 (2.4) 可写成

$$\int_{\varphi_1(t)}^{\varphi_3(t)} F(y,t)\mathrm{d}y = 0, \tag{2.5}$$

这时鞍点 M_1 和 M_3 由两条相轨线相连接, 构成胞腔.

如果方程 (2.5) 有解 $t = t_0 \in (0,1)$, 那么问题 (2.1) 可能存在这样的解: 它除了在 $t = 0$ 和 $t = 1$ 处有边界层之外, 在点 $t = t_0$ 的邻域内还存在内部层. 从根 φ_1 转移到根 φ_3, 或者从 φ_3 转移到 φ_1 的解称为阶梯状空间对照结构.

注释 2.2 方程 (2.5) 可能有多个解, 这就意味着有多个内部层.

往下先构造形式渐近解, 然后证明解的存在性, 最后给出渐近解的余项估计.

2.1.1 渐近解的形式构造

为了方便起见, 我们将讨论只有一个内部层的情况, 并且是从 φ_1 转移到 φ_3. 记 $t^*(\epsilon)$ 为 $y(t,\epsilon)$ 和 $y = \varphi_2(t)$ 的交点, 称为转移点, $t^*(\epsilon)$ 的值事先是未知的. 引进两个辅助问题 $P^{(-)}$ 和 $P^{(+)}$.

问题 $P^{(-)}, 0 \leqslant t \leqslant t^*$:

$$\begin{cases} \epsilon^2 \dfrac{\mathrm{d}^2}{\mathrm{d}t^2} y^{(-)} = F(y^{(-)}, t), \\ y^{(-)}(0, \epsilon) = y^0, \quad y^{(-)}(t^*, \epsilon) = \varphi_2(t^*); \end{cases} \tag{2.6}$$

问题 $P^{(+)}, t^* \leqslant t \leqslant 1$:

$$\begin{cases} \epsilon^2 \dfrac{\mathrm{d}^2}{\mathrm{d}t^2} y^{(+)} = F(y^{(+)}, t), \\ y^{(+)}(t^*, \epsilon) = \varphi_2(t^*), \quad y^{(+)}(1, \epsilon) = y^1. \end{cases} \tag{2.7}$$

我们将构造具有如下性质的解: 它在 $t = 0$ 和 $t = t^*$ 有边界层且在 $0 < t < t^*$ 上趋向于 $\varphi_1(t)$, 在 $t = t^*$ 和 $t = 1$ 有边界层且在 $t^* < t < 1$ 上趋向于 $\varphi_3(t)$.

这种解在第 1 章中已经研究过了, 现在只需要选择 t^*, 使得解 $y^{(-)}$ 和 $y^{(+)}$ 光滑地连接起来成为问题 (2.1) 的解并具有空间对照结构. 根据 (2.6), (2.7) 边值的给法, 在点 t^* 处 $y^{(-)}$ 和 $y^{(+)}$ 是连续的, 为了使它们光滑地连接起来只需要满足条件

$$\frac{\mathrm{d}}{\mathrm{d}t} y^{(-)}(t^*, \epsilon) = \frac{\mathrm{d}}{\mathrm{d}t} y^{(+)}(t^*, \epsilon) \tag{2.8}$$

即可, 这正是确定 t^* 的方程.

我们将用边界层函数法来求问题 $P^{(\mp)}$ 解的渐近表达式, 并使其满足条件 (2.8). 现将 t^* 展开成下面形式:

$$t^* = t_0 + \epsilon t_1 + \cdots. \tag{2.9}$$

问题 $P^{(-)}$ 的解为

$$y^{(-)} = \bar{y}^{(-)}(t, \epsilon) + L(\tau_0, \epsilon) + Q^{(-)} y(\tau, \epsilon), \tag{2.10}$$

其中

$$\bar{y}^{(-)}(t, \epsilon) = \bar{y}_0^{(-)}(t) + \epsilon \bar{y}_1^{(-)}(t) + \cdots \tag{2.11}$$

是正则级数;

$$L(\tau_0, \epsilon) = L_0(\tau_0) + \epsilon L_1(\tau_0) + \cdots, \quad \tau_0 = t/\epsilon \tag{2.12}$$

是左边界级数 (在 $t = 0$ 邻域);

$$Q^{(-)}y(\tau, \epsilon) = Q_0^{(-)}y(\tau) + \epsilon Q_1^{(-)}y(\tau) + \cdots, \quad \tau = (t - t^*)/\epsilon \tag{2.13}$$

是右边界级数(在 $t = t^*$ 邻域).

而问题 $P^{(+)}$ 的解为

$$y^{(+)} = \bar{y}^{(+)}(t, \epsilon) + Q^{(+)}y(\tau, \epsilon) + R(\tau_1, \epsilon), \tag{2.14}$$

其中

$$\bar{y}^{(+)}(t, \epsilon) = \bar{y_0}^{(+)}(t) + \epsilon \bar{y_1}^{(+)}(t) + \cdots \tag{2.15}$$

是正则级数;

$$Q^{(+)}y(\tau, \epsilon) = Q_0^{(+)}y(\tau) + \epsilon Q_1^{(+)}y(\tau) + \cdots, \quad \tau = (t - t^*)/\epsilon \tag{2.16}$$

是左边界级数 (在 $t = t^*$ 邻域);

$$Ry(\tau_1, \epsilon) = R_0 y(\tau_1) + \epsilon R_1 y(\tau_1) + \cdots, \quad \tau_1 = (t - 1)/\epsilon \tag{2.17}$$

是右边界级数 (在 $t = 1$ 邻域).

展开式 (2.10)~(2.17) 中的系数类似于第 1 章中的做法来确定, 所不同的在于当构造 L_i 时依赖于展开式 $\bar{y}^{(-)}(t, \epsilon)$ 的系数, 而在构造 R_i 时依赖于 $\bar{y}^{(+)}(t, \epsilon)$ 的系数. 正则级数 (2.11) 和 (2.15) 的系数由下面方程确定:

$$\epsilon^2 \frac{\mathrm{d}^2 y}{\mathrm{d}t^2} = F(y^{(\mp)}(t, \epsilon), t), \tag{2.18}$$

而边界层函数 $Q_i^{(\mp)}y(\tau)$ 由下面方程确定:

$$\begin{aligned}
\frac{\mathrm{d}^2}{\mathrm{d}\tau^2} Q^{(\mp)}y &= F(\bar{y}^{(\mp)}(t^* + \tau\epsilon, \epsilon) + Q^{(\mp)}y(\tau, \epsilon), t^* + \tau\epsilon) \\
&\quad - F(\bar{y}^{(\mp)}(t^* + \tau\epsilon, \epsilon), t^* + \tau\epsilon),
\end{aligned} \tag{2.19}$$

其中, 在 $Q^{(-)}y(\tau)$ 中 $\tau < 0$, 而在 $Q^{(+)}y(\tau)$ 中 $\tau > 0$. 按 ϵ 展开后, 比较 ϵ 同次幂系数得到:

$$\frac{\mathrm{d}^2}{\mathrm{d}\tau^2} Q_0^{(\mp)}y = F(\varphi_{1,3}(t_0) + Q_0^{(\mp)}y, t_0),$$

$$\frac{\mathrm{d}^2}{\mathrm{d}\tau^2} Q_1^{(\mp)}y = F_y(\varphi_{1,3}(t_0) + Q_0^{(\mp)}y, t_0)Q_1^{(\mp)}y + h_1^{(\mp)},$$

$$\cdots\cdots$$

从 (2.6), (2.7) 可得 $\tau = 0$ 时的边值条件:

$$\bar{y}_0^{(-)}(t^*, \epsilon) + Q^{(-)}y(0, \epsilon) = \bar{y}_0^{(+)}(t^*, \epsilon) + Q^{(+)}y(0, \epsilon) = \varphi_2(t^*),$$

边界条件从下面关系式可得:

$$\bar{y}_0^{(-)}(t_0 + \epsilon t_1 + \cdots) + \epsilon \bar{y}_1^{(-)}(t_0 + \epsilon t_1 + \cdots) + Q_0^{(-)}y(0) + \epsilon Q_1^{(-)}y(0) + \cdots$$
$$= \bar{y}_0^{(+)}(t_0 + \epsilon t_1 + \cdots) + \epsilon \bar{y}_1^{(+)}(t_0 + \epsilon t_1 + \cdots) + Q_0^{(+)}y(0) + \epsilon Q_1^{(+)}y(0) + \cdots$$
$$= \varphi_2(t_0 + \epsilon t_1 + \cdots). \tag{2.20}$$

$Q_i^{(\mp)}y$ 在 $\pm\infty$ 应满足条件

$$Q^{(-)}y(-\infty, \epsilon) = 0, \quad Q^{(+)}y(+\infty, \epsilon) = 0. \tag{2.21}$$

把条件 (2.8) 写成下面形式:

$$\epsilon \frac{\mathrm{d}}{\mathrm{d}t} \bar{y}^{(-)}(t^*, \epsilon) + \frac{\mathrm{d}}{\mathrm{d}\tau} Q^{(-)}y(0, \epsilon) = \epsilon \frac{\mathrm{d}}{\mathrm{d}t} \bar{y}^{(+)}(t^*, \epsilon) + \frac{\mathrm{d}}{\mathrm{d}\tau} Q^{(+)}y(0, \epsilon),$$

或者

$$\epsilon \bar{y}_{0t}^{(-)}(t_0 + \epsilon t_1 + \cdots) + \epsilon^2 \bar{y}_{1t}^{(-)}(t_0 + \epsilon t_1 + \cdots) + \frac{\mathrm{d}}{\mathrm{d}\tau} Q_0^{(-)}y(0) + \epsilon \frac{\mathrm{d}}{\mathrm{d}\tau} Q_1^{(-)}y(0) + \cdots$$
$$= \epsilon \bar{y}_{0t}^{(+)}(t_0 + \epsilon t_1 + \cdots) + \epsilon^2 \bar{y}_{1t}^{(+)}(t_0 + \epsilon t_1 + \cdots)$$
$$+ \frac{\mathrm{d}}{\mathrm{d}\tau} Q_0^{(+)}y(0) + \epsilon \frac{\mathrm{d}}{\mathrm{d}\tau} Q_1^{(+)}y(0) + \cdots. \tag{2.22}$$

函数 $L_i, R_i (i \geqslant 1)$ 在这些等式中没有出现, 是因为在转移层附近它们为指数小. 而在 $t = 0$ 和 $t = 1$ 附近, 它们的求法与第 1 章中类似, 这里不再讨论.

从 (2.18)~(2.20) 的零次近似可得

$$\bar{y}_0^{(-)}(t) = \varphi_1(t), \quad \bar{y}_0^{(+)}(t) = \varphi_3(t). \tag{2.23}$$

$$\begin{cases} \dfrac{\mathrm{d}^2}{\mathrm{d}\tau^2} Q_0^{(\mp)}y = F(\bar{y}_0^{(\mp)}(t_0) + Q^{(\mp)}y, t_0), \\ Q_0^{(\mp)}y(0) = \varphi_2(t_0) - \bar{y}_0^{(\mp)}(t_0), \quad Q_0^{(\mp)}y(\mp\infty) = 0. \end{cases} \tag{2.24}$$

从 (2.22) 得

$$\frac{\mathrm{d}}{\mathrm{d}\tau} Q_0^{(-)}y(0) = \frac{\mathrm{d}}{\mathrm{d}\tau} Q_0^{(+)}y(0). \tag{2.25}$$

作变量变换

$$\tilde{y}_0^{(-)} = \bar{y}_0^{(-)}(t_0) + Q_0^{(-)}y(\tau), \quad \tau \leqslant 0, \quad \tilde{y}_0^{(+)} = \bar{y}_0^{(+)}(t_0) + Q_0^{(+)}y(\tau), \quad \tau \geqslant 0. \tag{2.26}$$

方程 (2.24) 和边值可写成

$$\begin{cases} \dfrac{\mathrm{d}^2}{\mathrm{d}\tau^2}\tilde{y}^{(\mp)} = F(\tilde{y}^{(\mp)}, t_0), \\ \tilde{y}^{(\mp)}(0) = \varphi_2(t_0), \quad \tilde{y}^{(\mp)}(\mp\infty) = \varphi_{1,3}(t_0). \end{cases} \tag{2.27}$$

条件 (2.25) 在新变量下为

$$\frac{\mathrm{d}}{\mathrm{d}\tau}\tilde{y}^{(-)}(0) = \frac{\mathrm{d}}{\mathrm{d}\tau}\tilde{y}^{(+)}(0). \tag{2.28}$$

从 (2.27) 可得

$$\left[\frac{\mathrm{d}}{\mathrm{d}\tau}\tilde{y}^{(\mp)}\right]^2 = 2\int_{\varphi_{1,3}(t_0)}^{\tilde{y}^{(\mp)}} F(y, t_0)\mathrm{d}y, \tag{2.29}$$

代入 (2.28)

$$\int_{\bar{y}_0^{(-)}(t_0)}^{\varphi_2(t_0)} F(y, t_0)\mathrm{d}y = \int_{\bar{y}_0^{(+)}(t_0)}^{\varphi_2(t_0)} F(y, t_0)\mathrm{d}y,$$

即

$$\int_{\varphi_1(t_0)}^{\varphi_3(t_0)} F(y, t_0)\mathrm{d}y = 0,$$

或者写成

$$I(t_0) = 0,$$

其中

$$I(t) = \int_{\varphi_1(t)}^{\varphi_3(t)} F(y, t)\mathrm{d}y.$$

这就是方程 (2.5) 存在胞腔的条件.

H 2.3　假设方程

$$I(t) = \int_{\varphi_1(t)}^{\varphi_3(t)} F(y, t)\mathrm{d}y = 0 \tag{2.30}$$

有解 $t_0 \in (0, 1)$, 并且

$$I'(t_0) = \int_{\varphi_1(t_0)}^{\varphi_3(t_0)} F_t(y, t_0)\mathrm{d}y \neq 0. \tag{2.31}$$

条件 (2.31) 意味着方程 (2.30) 的根是单根, 本节只讨论这种情况, 为了在后面的讨论中便于应用微分不等式方法, 不妨令 $I'(t_0) < 0$. 后面还将单独讨论 $I'(t_0) = 0$ 情

况, 它称为临界情况. 这样, 我们就确定了转向点 t^* 的主项. 再回到 (2.29),

$$\frac{\mathrm{d}}{\mathrm{d}\tau}\bar{y}^{(-)} = \left[2\int_{\bar{y}_0^{(-)}(t_0)}^{\bar{y}^{(-)}} F(y,t_0)\mathrm{d}y\right]^{\frac{1}{2}}, \quad \bar{y}_0^{(-)}(t_0) = \varphi_1(t_0), \quad \varphi_1(t_0) \leqslant \varphi_2(t_0);$$

$$\frac{\mathrm{d}}{\mathrm{d}\tau}\bar{y}^{(+)} = \left[2\int_{\bar{y}_0^{(+)}(t_0)}^{\bar{y}^{(+)}} F(y,t_0)\mathrm{d}y\right]^{\frac{1}{2}}, \quad \bar{y}_0^{(+)}(t_0) = \varphi_3(t_0), \quad \varphi_3(t_0) \geqslant \varphi_2(t_0).$$

这样 $Q_0^{(\mp)}y(\tau)$ 就完全确定了.

往下确定渐近解的一阶近似,

$$\bar{y}_1^{(-)} = 0, \quad \bar{y}_1^{(+)} = 0.$$

$$\begin{cases} \dfrac{\mathrm{d}^2}{\mathrm{d}\tau^2}Q_1^{(\mp)}y = \tilde{F}_y Q_1^{(\mp)}y + h_1^{(\mp)}, \\ Q_1^{(\mp)}y(0) = [\varphi_{2t}(t_0) - \bar{y}_{0t}^{(\mp)}(t_0)]t_1, \quad Q^{(\mp)}y(\mp\infty) = 0, \end{cases} \tag{2.32}$$

其中

$$h_1 = \tilde{F}_y^{(\mp)}\bar{y}_0^{(\mp)}(t_1 + \tau) + \tilde{F}_t^{(\mp)}(t_1 + \tau),$$

而 $\tilde{F}_y$, $\tilde{F}_t$ 在点 $(\bar{y}_0(t_0) + Q_0 y, t_0)$ 处取值. 从 (2.20) 得光滑连接条件的一次近似:

$$\bar{y}_{0t}^{(-)}(t_0) + \frac{\mathrm{d}}{\mathrm{d}\tau}Q_1^{(-)}y(0) = \bar{y}_{0t}^{(+)}(t_0) + \frac{\mathrm{d}}{\mathrm{d}\tau}Q_1^{(+)}y(0). \tag{2.33}$$

往下将推导出确定 t_1 的方程. 用 $\varphi = \dfrac{\mathrm{d}\tilde{y}}{\mathrm{d}\tau}$ 乘以方程 (2.32) 两边并对左边进行分部积分. 先看对 $Q_1^{(-)}y(\tau)$ 方程的左边:

$$\int_{-\infty}^0 \frac{\mathrm{d}\tilde{y}}{\mathrm{d}\tau}\frac{\mathrm{d}^2}{\mathrm{d}\tau^2}Q_1^{(-)}y\mathrm{d}\tau = \frac{\mathrm{d}}{\mathrm{d}\tau}Q_1^{(-)}y(\tau)\frac{\mathrm{d}\tilde{y}}{\mathrm{d}\tau}\bigg|_{-\infty}^0 - \int_{-\infty}^0 \frac{\mathrm{d}}{\mathrm{d}\tau}Q_1^{(-)}y\frac{\mathrm{d}\tilde{y}^2}{\mathrm{d}\tau^2}\mathrm{d}\tau$$

$$= \frac{\mathrm{d}}{\mathrm{d}\tau}Q_1^{(-)}y(0)\varphi(0) - Q_1^{(-)}y(\tau)\frac{\mathrm{d}\tilde{y}^2}{\mathrm{d}\tau^2}\bigg|_{-\infty}^0 + \int_{-\infty}^0 Q_1^{(-)}y(\tau)\frac{\mathrm{d}\tilde{y}^3}{\mathrm{d}\tau^3}\mathrm{d}\tau$$

$$= \frac{\mathrm{d}}{\mathrm{d}\tau}Q_1^{(-)}y(0)\varphi(0) + \int_{-\infty}^0 Q_1^{(-)}y(\tau)\tilde{F}_y\frac{\mathrm{d}\tilde{y}}{\mathrm{d}\tau}\mathrm{d}\tau.$$

再看对 $Q_1^{(-)}y(\tau)$ 方程的右边部分:

$$= \int_{-\infty}^0 Q_1^{(-)}y\tilde{F}_y\frac{\mathrm{d}\tilde{y}}{\mathrm{d}\tau}\mathrm{d}\tau + \int_{-\infty}^0 h_1^{(-)}\varphi\mathrm{d}\tau.$$

结果得到

$$\frac{\mathrm{d}}{\mathrm{d}\tau}Q_1^{(-)}y(0)\varphi(0) = \int_{-\infty}^0 h_1^{(-)}\varphi\mathrm{d}\tau. \tag{2.34}$$

对 $Q_1^{(+)}y(\tau)$ 的方程同样也有

$$\frac{\mathrm{d}}{\mathrm{d}\tau}Q_1^{(+)}y(0)\varphi(0) = \int_{+\infty}^0 h_1^{(+)}\varphi\mathrm{d}\tau. \tag{2.35}$$

由 (2.34) 减去 (2.35):

$$\varphi(0)\left[\frac{\mathrm{d}}{\mathrm{d}\tau}Q_1^{(-)}y(0) - \frac{\mathrm{d}}{\mathrm{d}\tau}Q_1^{(+)}y(0)\right] = \int_{-\infty}^0 h_1^{(-)}\varphi\mathrm{d}\tau - \int_{+\infty}^0 h_1^{(+)}\varphi\mathrm{d}\tau. \tag{2.36}$$

对 (2.36) 右边进行化简. 考虑到 $h_1^{(\mp)}$ 的表达式

$$\int_{\mp\infty}^0 \tilde{F}_y \bar{y}_{0t}^{(\mp)}(t_0)(t_1+\tau)\varphi\mathrm{d}\tau$$

$$= \int_{\mp\infty}^0 \tilde{F}_y \bar{y}_{0t}^{(\mp)}(t_0)t_1\varphi\mathrm{d}\tau + \int_{\mp\infty}^0 \tilde{F}_y \bar{y}_{0t}^{(\mp)}(t_0)\tau\varphi\mathrm{d}\tau$$

$$= t_1 \bar{y}_{0t}^{(\mp)} \int_{\bar{y}_0^{(\mp)}(t_0)}^{\varphi_2(t_0)} F_y\mathrm{d}y + \bar{y}_{0t}^{(\mp)}\int_{\mp\infty}^0 \tau\frac{\mathrm{d}^2\varphi}{\mathrm{d}\tau^2}\mathrm{d}\tau,$$

而

$$\bar{y}_{0t}^{(\mp)}\int_{\mp\infty}^0 \tau\frac{\mathrm{d}^2\varphi}{\mathrm{d}\tau^2}\mathrm{d}\tau = \bar{y}_{0t}^{(\mp)}\frac{\mathrm{d}\varphi}{\mathrm{d}\tau}\tau\Big|_{\mp\infty}^0 - \bar{y}_{0t}^{(\mp)}\int_{\mp\infty}^0 \frac{\mathrm{d}\varphi}{\mathrm{d}\tau}\mathrm{d}\tau = -\bar{y}_{0t}^{(\mp)}\varphi(0),$$

所以

$$\int_{\mp\infty}^0 \tilde{F}_t(t_1+\tau)\varphi\mathrm{d}\tau = t_1\int_{\bar{y}_0^{(\mp)}(t_0)}^{\varphi_2(t_0)} F_t(y,t_0)\mathrm{d}y + \int_{\mp\infty}^0 F_t\tau\varphi\mathrm{d}\tau.$$

把 (2.36) 写成

$$\varphi(0)\left[\frac{\mathrm{d}}{\mathrm{d}\tau}Q^{(-)}y - \frac{\mathrm{d}}{\mathrm{d}\tau}Q^{(+)}y\right]$$

$$= [-\bar{y}_{0t}^{(-)}+\bar{y}_{0t}^{(+)}]\varphi(0) + t_1\int_{\bar{y}_{0t}^{(-)}}^{\bar{y}_{0t}^{(+)}} F_t(y,t)\mathrm{d}y + \int_{-\infty}^{+\infty} \tilde{F}_t\tau\varphi\mathrm{d}\tau. \tag{2.37}$$

考虑到关系式 (2.33), 有

$$t_1\int_{\varphi_2(t_0)}^{\varphi_3(t_0)} F_t(y,t_0)\mathrm{d}y + \int_{-\infty}^{+\infty} \tilde{F}_t\tau\varphi\mathrm{d}\tau = 0. \tag{2.38}$$

这就是求 t_1 的方程. 因为 $\tilde{y}^{(\mp)}(\tau)$ 满足的方程 $\frac{\mathrm{d}\tilde{y}}{\mathrm{d}\tau} = \left[2\int_{\bar{y}_0^{(\mp)}(t_0)}^{\tilde{y}} F(y,t_0)\mathrm{d}y\right]^{\frac{1}{2}}$, 所以

$$\tau = \int_{\varphi_2(t_0)}^{\tilde{y}} \left[2 \int_{\bar{y}_0^{(\mp)}(t_0)}^{\tilde{y}} F(y, t_0) \mathrm{d}y \right]^{-\frac{1}{2}} \mathrm{d}\tilde{y}.$$

这样方程 (2.38) 可写成

$$t_1 \int_{\varphi_1(t_0)}^{\varphi_3(t_0)} F_t(y, t_0) \mathrm{d}y + \int_{\varphi_1(t_0)}^{\varphi_3(t_0)} \left[\tilde{F}_t \int_{\varphi_2(t_0)}^{\tilde{y}} \left(2 \int_{\bar{y}_0^{(\mp)}(t_0)}^{\tilde{y}} F(y, t_0) \mathrm{d}y \right)^{-\frac{1}{2}} \mathrm{d}\tilde{y} \right] \mathrm{d}y = 0. \quad (2.39)$$

根据条件 H2.3, 方程 (2.39) 中 t_1 的系数 $I'(t_0) \neq 0$, 而第二项只依赖于 t_0, 记为 $I_1(t_0)$, 这样可把方程 (2.39) 写成

$$t_1 I'(t_0) + I_1(t_0) = 0, \quad (2.40)$$

即

$$t_1 = -\frac{I_1(t_0)}{I'(t_0)}.$$

函数 $Q_1^{(\mp)} y(\tau)$ 可由公式得到

$$Q_1^{(\mp)} y(\tau) = [\varphi_2(t_0) - \bar{y}_0^{(\mp)}(t_0)] t_1 \frac{\varphi(\tau)}{\varphi(0)} + \varphi(\tau) \int_0^\tau \varphi^{-2}(\eta) \mathrm{d}\eta \int_{\mp\infty}^\eta \varphi(\xi) h_1^{(\mp)}(\xi) \mathrm{d}\xi. \quad (2.41)$$

继续做下去, 从 (2.19), (2.20) 可得 k 阶近似的方程和边界条件:

$$\begin{cases} \dfrac{\mathrm{d}^2}{\mathrm{d}\tau^2} Q_k^{(\mp)} y = \tilde{F}_y Q_k^{(\mp)} y + h_k^{\mp}(Q_0^{(\mp)} y, \cdots, Q_{k-1}^{(\mp)} y, t_0, \cdots, t_k, \tau), \\ Q_k^{(\mp)} y(0) = \bar{y}_{0k}^{(\mp)}(t_0) t_k + q^{(\mp)}(t_0, \cdots, t_{k-1}). \end{cases} \quad (2.42)$$

光滑条件连接 (2.22) 可写成

$$\left[\epsilon \frac{\mathrm{d}}{\mathrm{d}t} \bar{y}(t^*, \epsilon) + \frac{\mathrm{d}}{\mathrm{d}\tau} Q(0, \epsilon) \right] \Bigg|_{(+)}^{(-)} = 0. \quad (2.43)$$

用非零的 $\varphi(0)$ 乘 (2.43) 两端, 记左端部分为

$$H(t^*, \epsilon) = H(t_0 + \epsilon t_1 + \cdots, \epsilon).$$

按 ϵ 幂展开

$$\begin{aligned} H(t^*, \epsilon) = H(t_0, 0) + &\left[(\epsilon t_1 + \cdots) \frac{\partial}{\partial t} + \epsilon \frac{\partial}{\partial \epsilon} \right] H(t_0, 0) \\ &+ \frac{1}{2} \left[(\epsilon t_1 + \cdots) \frac{\partial}{\partial t} + \epsilon \frac{\partial}{\partial \epsilon} \right]^2 H(t_0, 0) + \cdots, \end{aligned} \quad (2.44)$$

这里

$$H(t_0,0) = \varphi(0)\left[\frac{\mathrm{d}}{\mathrm{d}\tau}Q_0^{(-)}y(0) - \frac{\mathrm{d}}{\mathrm{d}\tau}Q^{(+)}y(0)\right]$$

$$= \varphi(0)\frac{\left(\frac{\mathrm{d}}{\mathrm{d}\tau}Q_0^{(-)}y(0)\right)^2 - \left(\frac{\mathrm{d}}{\mathrm{d}\tau}Q^{(+)}y(0)\right)^2}{\frac{\mathrm{d}}{\mathrm{d}\tau}Q_0^{(-)}y(0) + \frac{\mathrm{d}}{\mathrm{d}\tau}Q^{(+)}y(0)}$$

$$= \frac{\varphi(0)2\displaystyle\int_{\varphi_1(t_0)}^{\varphi_3(t_0)}F(y,t_0)\mathrm{d}y}{2\varphi(0)}$$

$$= I(t_0).$$

展开式 $H(t^*,\epsilon)$ 的下一项 (ϵ 阶) 是

$$\varphi(0)\left[t_1\frac{\partial H}{\partial t_0}(t_0,0) + \frac{\partial H}{\partial \epsilon}(t_0,0)\right]$$

$$= \varphi(0)\left[\bar{y}_{0t}^{(-)}(t_0) + \frac{\mathrm{d}}{\mathrm{d}\tau}Q_1^{(-)}y(0) - \bar{y}_{0t}^{(+)}(t_0) - \frac{\mathrm{d}}{\mathrm{d}\tau}Q_1^{(+)}y(0)\right].$$

由 (2.37)~(2.40), 上式为 $t_1 I'(t_0) + I_1(t_0)$, 这样

$$H(t^*,\epsilon) = I(t_0) + \epsilon[t_1 I'(t_0) + I_1(t_0)] + \cdots.$$

于是, 求 t_n 的方程可写成

$$H_t(t_0,0)t_n + I_n(t_0,\cdots,t_{n-1}) = I'(t_0)t_n + I_n(t_0,\cdots,t_{n-1}) = 0,$$

其中 I_n 是 $t_0, t_1, \cdots, t_{n-1}$ 的已知函数. 根据条件 H2.3, t_n 可唯一确定, 随后可求得 $Q_n^{(\mp)}y$. 至于边界函数 L_n, R_n 它们的构造完全类似于第 1 章中的做法, 这样我们就完成了形式渐近解的构造.

2.1.2　阶梯状空间对照结构解的存在性及余项估计

为了证明 (2.1) 阶梯结构解的存在性, 首先需要证明 t^* 的存在, 并且使得 $P^{(-)}$ 和 $P^{(+)}$ 的解在 t^* 光滑连接. 这里在构造 $P^{(-)}, P^{(+)}$ 的渐近解时把 t^* 作为参数. 在展开式 (2.11), (2.15) 中正则项和边界层函数 L, R 不依赖于 t^*, 但 $Q_i^{(\mp)}y$ 不仅依赖于 τ 而且依赖于 t^*.

$$\frac{\mathrm{d}^2}{\mathrm{d}\tau^2}Q_0^{(-)}y = F(\varphi_1(t^*) + Q_0^{(-)}y, t^*), \quad Q_0^{(-)}y(0) = -\varphi_1(t^*) + \varphi_2(t^*),$$

$$\frac{\mathrm{d}^2}{\mathrm{d}\tau^2}Q_1^{(-)}y = F_y(\varphi_1(t^*) + Q_0^{(-)}y, t^*) + h_1^{(-)}(\tau, t^*),$$

其中

$$h_1^{(-)} = F_y(\varphi_1(t^*) + Q_0^{(-)}y, t^*)\varphi_{1t}(t^*)\tau + F_t(\varphi_1(t^*) + Q_0^{(-)}y, t^*)\tau,$$

问题 $P^{(-)}$ 和 $P^{(+)}$ 的解光滑连接的条件是

$$H(t^*, \epsilon) = H(t^*, 0) + O(\epsilon) = 0, \tag{2.45}$$

这里 $|O(\epsilon)| < C\epsilon$, C 不依赖于 $t^* \in U(t_0)$, 而

$$H(t^*, 0) = \int_{\varphi_1(t^*)}^{\varphi_3(t^*)} F(y, t^*)\mathrm{d}y.$$

$H = H(t^*, \epsilon)$ 和 $H = H(t^*, 0)$ 的图像是两条曲线, 其中一条在另一条曲线的 ϵ 邻域中. 因为曲线 $H = H(t^*, 0)$ 在 $t^* = t_0$ 时穿过横轴. 所以曲线 $H = H(t^*, \epsilon)$ 在 $H = H(t^*, 0)$ 的 ϵ 邻域里穿过横轴. 这样, 存在点 $t^*(\epsilon)$, 使得 $H = H(t^*(\epsilon), \epsilon) = 0$. 需要指出的是, $t^*(\epsilon)$ 一般不唯一. 这里导数 $I'(t_0) = H_t(t^*, 0)|_{t=t_0}$ 起着很大的作用, 如果该导数不等于零, 那么 $t^*(\epsilon) = t_0 + O(\epsilon)$. 如果该导数等于零, 那么 $t^*(\epsilon) - t_0$ 是 ϵ 的更高阶小量.

上面几何表述可以化简为解析公式, 事实上

$$\begin{aligned} H(t^*, 0) &= H(t_0, 0) + H_t'(\hat{t}_0, 0)(t - t_0) \\ &= I(t_0) + I'(\hat{t}_0)(t - t_0) \equiv I'(\hat{t}_0)(t - t_0), \end{aligned}$$

这里 $\hat{t}_0$ 是 t_0 和 t^* 之间某一点, $\hat{t}_0 \in U(t_0)$. 由条件 H2.3 可知 $I'(\hat{t}_0) \neq 0$, 那么从方程

$$H(t^*, \epsilon) = I'(\hat{t}_0)(t^* - t_0) + O(\epsilon) = 0$$

得到 $t^*(\epsilon) - t_0 = O(\epsilon)$ 即

$$t^*(\epsilon) = t_0 + O(\epsilon). \tag{2.46}$$

注释 2.3 点 $t^*(\epsilon)$ 可能不唯一. 为了证明 $t^*(\epsilon)$ 的唯一性, 不仅需要 $H(t^*, \epsilon)$ 的连续性, 而且需要导数 $H_t(t^*, \epsilon)$ 的连续性.

往下求 t^* 的高阶近似表达式. 假设从 (2.43) 已求得 $t_k(k \leqslant n+1)$, 则部分和 $t_0 + \epsilon t_1 + \cdots + \epsilon^{n+1}t_{n+1}$ 满足方程 $H(t_0 + \epsilon t_1 + \cdots + \epsilon^{n+1}t_{n+1}, \epsilon) = O(\epsilon^{n+2})$. 不妨认为 $t^*(\epsilon) = t_0 + \epsilon t_1 + \cdots + \epsilon^{n+1}t_{n+1}^*$, 其中 t_{n+1}^* 是未知参数.

$$\begin{aligned} H(t^*, \epsilon) &= H(t_0 + \epsilon t_1 + \cdots + \epsilon^{n+1}t_{n+1}^*, \epsilon) \\ &= H(t_0 + \epsilon t_1 + \cdots + \epsilon^{n+1}t_{n+1}^*, \epsilon) - H(t_0 + \epsilon t_1 + \cdots + \epsilon^{n+1}t_{n+1}, \epsilon) \\ &\quad + H(t_0 + \epsilon t_1 + \cdots + \epsilon^{n+1}t_{n+1}, \epsilon) \\ &= H_t(\hat{t}_0, \epsilon)\epsilon^{n+1}(t_{n+1}^* - t_{n+1}) + O(\epsilon^{n+2}) \\ &= H'(\hat{t})\epsilon^{n+1}(t_{n+1}^* - t_{n+1}) + O(\epsilon^{n+2}) = 0, \end{aligned}$$

这里 $\hat{t}$ 是 $t_0 + \epsilon t_1 + \cdots + \epsilon^{n+1} t_{n+1}^*$ 和 $t_0 + \epsilon t_1 + \cdots + \epsilon^{n+1} t_{n+1}$ 之间的一点. 因为 $I'(\hat{t}) \neq 0$, 所以 $t_{n+1}^* - t_{n+1} = O(\epsilon)$, 可得 $t_{n+1}^* = t_{n+1} + O(\epsilon)$. 这样就得到了 t^* 的渐近表达式余项为 $O(\epsilon^{n+2})$, 结果有下面引理.

引理 2.1　转移点 t^* 有下面渐近表达式:

$$t^* = t_0 + \epsilon t_1 + \cdots + \epsilon^{n+1} t_{n+1} + O(\epsilon^{n+2}). \tag{2.47}$$

注释 2.4　光滑性条件 H2.1 同样可以减弱. 减弱后记为 H2.4.

H 2.4　假设在 $\tilde{L}_0$ 的 δ 邻域函数 $F(y,t)$ 具有一直到 $n+2$ 阶的连续偏导数.

定理 2.1　如果满足条件 H2.4, H2.2, H2.3 和第 1 章中的 H1.3, H1.4, 那么问题 (2.1) 的解 $y(t,\epsilon)$ 存在, 称为阶梯状空间对照结构, 它具有下面渐近展开式:

$$y(t,\epsilon) = \begin{cases} \displaystyle\sum_{k=1}^{n} \epsilon^k [\bar{y}_k^{(-)}(t) + L_k(\tau_0) + Q_k^{(-)} y(\tau)] + O(\epsilon^{n+1}), & 0 \leqslant t \leqslant t^*, \\ \displaystyle\sum_{k=0}^{n} \epsilon^k [\bar{y}_k^{(+)}(t) + Q_k^{(+)} y(\tau) + R_k(\tau_1)] + O(\epsilon^{n+1}), & t^* \leqslant t \leqslant 1, \end{cases}$$

其中

$$\tau = [t - (t_0 + \epsilon t_1 + \cdots + \epsilon^{n+1} t_{n+1})]/\epsilon, \quad t^* = t_0 + \epsilon t_1 + \cdots + \epsilon^{n+1} t_{n+1} + O(\epsilon^{n+2}).$$

注释 2.5　对从 $\varphi_3(t)$ 转移到 $\varphi_1(t)$ 的空间对照结构有类似的定理. 如果是讨论第二类边值, 只是没有边界层函数 L_0 和 R_0, 而对 $Q_k^{(\mp)} y$ 做法完全类似于对问题 (2.1) 的讨论, 定理的证明也相同.

2.1.3　用微分不等式证明解的存在性定理

前面已经构造了问题 (2.1) 的形式渐近解. 根据微分不等式方法需要构造上下解, 在这种情况下, 上下解将比较复杂, 通常它们是不光滑的. 定理 2.2 仍是正确的. 只是

$$\beta = \begin{cases} \beta^{(-)}, & t \leqslant t_\beta, \\ \beta^{(+)}, & t \geqslant t_\beta, \end{cases} \qquad \alpha = \begin{cases} \alpha^{(-)}, & t \leqslant t_\alpha, \\ \alpha^{(+)}, & t \geqslant t_\alpha \end{cases}$$

在间断点 t_α, t_β 应该满足连续性条件

$$\beta^{(-)}(t_\beta, \epsilon) = \beta^{(+)}(t_\beta, \epsilon), \quad \alpha^{(-)}(t_\alpha, \epsilon) = \alpha^{(+)}(t_\alpha, \epsilon)$$

并且对导数要求:

$$\frac{\mathrm{d}}{\mathrm{d}t} \beta^{(-)}(t_\beta, \epsilon) \geqslant \frac{\mathrm{d}}{\mathrm{d}t} \beta^{(+)}(t_\beta, \epsilon),$$

$$\frac{\mathrm{d}}{\mathrm{d}t} \alpha^{(-)}(t_\alpha, \epsilon) \leqslant \frac{\mathrm{d}}{\mathrm{d}t} \alpha^{(+)}(t_\alpha, \epsilon).$$

为讨论方便起见, 我们将对第二类边值问题进行证明. 取上解为下面形式:

$$\beta_0 = \begin{cases} \varphi_1(t) + Q_{0\beta}^{(-)}y(\tau_\beta) + \epsilon Q_{1\beta}^{(-)}y(\tau_\beta) + \epsilon, & 0 \leqslant t \leqslant t_\beta, \\ \varphi_3(t) + Q_{0\beta}^{(+)}y(\tau_\beta) + \epsilon Q_{1\beta}^{(+)}y(\tau_\beta) + \epsilon, & t_\beta \leqslant t \leqslant 1, \end{cases}$$

其中 $t_\beta = t_0 - \delta\epsilon$, $\tau_\beta = (t - t_\beta)/\epsilon$, δ 为某个正参数, 它在验证 Nagumo 条件的过程中选取.

函数 $Q_{0\beta}^{(\mp)}y$, $Q_{1\beta}^{(\mp)}y$ 分别满足下面的方程和边值:

$$\begin{cases} \dfrac{\mathrm{d}^2}{\mathrm{d}\tau_\beta^2}Q_{0\beta}^{(\mp)}y = F(\varphi_{1,3}^{(\mp)}(t_\beta) + Q_{0\beta}^{(\mp)}y(\tau_\beta), t_\beta), \\ Q_{0\beta}^{(\mp)}y(0) = \varphi_2(t_\beta) - \varphi_{1,3}(t_\beta), \quad Q_{0\beta}^{(\mp)}y(\mp\infty) = 0 \end{cases} \tag{2.48}$$

和

$$\begin{cases} \dfrac{\mathrm{d}^2}{\mathrm{d}\tau_\beta^2}Q_{1\beta}^{(\mp)}y = \tilde{F}_{y\beta}^{(\mp)}Q_{1\beta}^{(\mp)}y(\tau_\beta) + h_{1\beta}^{(\mp)}(\tau_\beta) + \psi_{1\beta}^{(\mp)}(\tau_\beta), \\ Q_{1\beta}^{(\mp)}y(0) = (\varphi_2'(t_0) - \varphi_{1,3}'(t_0))t_1, \quad Q_{1\beta}^{(\mp)}y(\mp\infty) = 0, \end{cases} \tag{2.49}$$

其中

$$h_{1\beta}^{(\mp)}(\tau_\beta) = \tilde{F}_{y\beta}^{(\mp)}\varphi_{3,1}'^{(\mp)}(t_\beta)\tau_\beta + \tilde{F}_{t\beta}^{(\mp)}\tau_\beta, \quad \psi_{1\beta}^{(\mp)}(\tau_\beta) = -\omega\mathrm{e}^{\pm\kappa_0\tau_\beta}.$$

问题 (2.24) 与问题 (2.49) 的区别在于把 t_0 换成了 t_β.

可这样构造下解 α_0:

$$\alpha_0 = \begin{cases} \varphi_1(t) + Q_{0\alpha}^{(-)}y(\tau_\alpha) + \epsilon Q_{1\alpha}^{(-)}y(\tau_\alpha) - \epsilon, & 0 \leqslant t \leqslant t_\alpha, \\ \varphi_3(t) + Q_{0\alpha}^{(+)}y(\tau_\alpha) + \epsilon Q_{1\alpha}^{(+)}y(\tau_\alpha) - \epsilon, & t_\alpha \leqslant t \leqslant 1, \end{cases}$$

其中 $t_\alpha = t_0 + \delta\epsilon$, $\tau_\alpha = (t - t_\alpha)/\epsilon$, $Q_{i\alpha}^{(\mp)}y$ 与 $Q_{i\beta}^{(\mp)}y$ $(i = 0, 1)$ 的不同在于把 t_β 换成 t_α, 而 $\psi_{1\alpha}^{(\mp)} = \omega\mathrm{e}^{\pm\kappa_0\tau_\alpha}$.

注释 2.6 为了讨论方便起见, 不妨认为 $\dfrac{1}{3} < t_\beta, t_\alpha < \dfrac{2}{3}$.

不难看出 $Q_{i\beta}^{(\mp)}y$, $Q_{i\alpha}^{(\mp)}y$ $(i = 0, 1)$ 和它们的导数仍有指数式估计. 我们把 $[0, 1]$ 分成三个子区间 $[0, 1/3]$, $[1/3, 2/3]$, $[2/3, 1]$, 并将在每个子区间上验证 Nagumo 条件成立. 需要指出的是在 $[0, 1/3]$ 和 $[2/3, 1]$ 上 $Q_{i\beta}y$ $(i = 0, 1)$ 和它们的导数都是指数小.

首先验证 Nagumo 条件 (1). 在 $[0, 1/3]$ 和 $[1/3, 1]$ 上 $\beta_0 - \alpha_0 = 2\epsilon + (e.m.) > 0$. 为了在 $[1/3, 2/3]$ 上进行验证, 需要把它再拆成三部分: $[1/3, t_\beta]$, $[t_\beta, t_\alpha]$, $[t_\alpha, 2/3]$. 往下只在 $[1/3, t_\beta]$ 和 $[t_\beta, t_\alpha]$ 上进行验证, 而在 $[t_\alpha, 2/3]$ 上的讨论与在 $[1/3, t_\beta]$ 上的讨论是完全类似的.

在区间 $[t_\beta, t_\alpha]$ 上,

$$\begin{aligned}
\beta_0 - \alpha_0 &= \varphi_3(t) - \varphi_1(t) + Q_{0\beta}^{(+)} y(\tau_\beta) - Q_{0\alpha}^{(-)} y(\tau_\alpha) + \epsilon[Q_{1\beta}^{(+)} y(\tau_\beta) - Q_{1\alpha}^{(-)} y(\tau_\alpha)] + 2\epsilon \\
&= \varphi_3(t_\beta) - \varphi_1(t_\alpha) + Q_{0\beta}^{(+)} y(\tau_\beta) - Q_{0\alpha}^{(-)} y(\tau_\alpha) + 2\epsilon = \tilde{y}_\beta^{(+)} - \tilde{y}_\alpha^{(-)} + 2\epsilon > 0.
\end{aligned}$$

在区间 $[1/3, t_\beta]$ 上的讨论需要把它再分成两部分 $[1/3, \hat{t}]$ 和 $[\hat{t}, t_\beta]$, 其中 $\hat{t}$ 按需要适当选择.

在 $[\hat{t}, t_\beta]$ 上,

$$\beta_0 - \alpha_0 = 2\epsilon + Q_{0\beta}^{(-)} y(\tau_\beta) - Q_{0\alpha}^{(-)} y(\tau_\alpha) + \epsilon[Q_{1\beta}^{(-)} y(\tau_\beta) - Q_{1\alpha}^{(-)} y(\tau_\alpha)], \tag{2.50}$$

为了确定 (2.50) 的符号需要用到下面两个不等式:

$$\frac{1}{2}(Q_{0\beta}^{(-)} y - Q_{0\alpha}^{(-)} y) > |\epsilon Q_{1\beta}^{(-)} y|, \quad \frac{1}{2}(Q_{0\beta}^{(-)} y - Q_{0\alpha}^{(-)} y) > |\epsilon Q_{1\alpha}^{(-)} y|. \tag{2.51}$$

这是因为

$$Q_{0\beta}^{(-)} y(\tau_\beta) - Q_{0\alpha}^{(-)} y(\tau_\alpha) = \frac{\mathrm{d}}{\mathrm{d}\tau} Q_0^{(-)} y(\tau^*) 2\delta, \quad \tau_\alpha \leqslant \tau^* \leqslant \tau_\beta.$$

考虑到 $\frac{\mathrm{d}}{\mathrm{d}\tau} Q_0^{(-)} y(\tau^*) > \overline{C} \mathrm{e}^{\bar{\kappa}_0 \tau_\alpha}$, $Q_{1\beta}^{(-)} y(\tau_\beta) < C_9 \mathrm{e}^{\underline{\kappa}_1 \tau_\beta}$, 为了使 (2.51) 第一式成立只要

$$\tau_\beta > \frac{1}{\bar{\kappa}_0 - \underline{\kappa}_1} \ln \frac{\epsilon C}{\overline{C} \delta \mathrm{e}^{-2\bar{\kappa}_0 \delta}} = \hat{\tau}.$$

类似地为了使 (2.51) 第二式成立需要

$$\tau_\beta > \frac{1}{\bar{\kappa}_0 - \underline{\kappa}_1} \ln \frac{\epsilon C}{\overline{C} \delta} \mathrm{e}^{-2(\bar{\kappa}_0 - \underline{\kappa}_1)\delta} = \hat{\tau} + \ln \frac{C_{1\alpha}}{\underline{C}} \mathrm{e}^{-2\delta \underline{\kappa}_1}.$$

当 δ 充分大时, $\ln \frac{C_{1\alpha}}{C_{1\beta}} \mathrm{e}^{-2\delta \underline{\kappa}_1}$ 为负. 这样, 当 $\tau_\beta > \hat{\tau}$ 或者 $t > \hat{t} = \hat{\tau}\epsilon + t_0 - \delta$ 时, 保证了 (2.51) 成立.

由此可得, 当 δ 充分大时, $\beta_0 > \alpha_0$.

至于在区间 $[1/3, \hat{t}]$ 上, 显然 $Q_{0\beta}^{(-)} y - Q_{0\alpha}^{(-)} y > 0$, 因为 $|\epsilon Q_{1\beta}^{(-)} y|$, $|\epsilon Q_{1\alpha}^{(-)} y|$ 均为指数小. 结果对充分大的 δ, 在 $[1/3, \hat{t}]$ 上 $\beta_0 > \alpha_0$ 成立. 最终在 $[1/3, 2/3]$ 上验证了 Nagumo 条件 (1).

往下验证 Nagumo 条件 (2). 在 $[0, 1/3]$ 和 $[2/3, 1]$ 上 $\beta_0 = \varphi_{1,3}(t) + \epsilon + (e.m.)$, 所以

$$\begin{aligned}
L\beta_0 &= \epsilon^2 \varphi_{1,3}''(t) - F(\varphi_{1,3}(t) + \epsilon + (e.m.), t) + (e.m.) \\
&= -F_y(\varphi_{1,3}(t), t)\epsilon + O(\epsilon^2) < 0.
\end{aligned}$$

我们把 $[1/3, 2/3]$ 分成两部分 $[1/3, t_\beta]$, $[t_\beta, 2/3]$, 往下只对在 $[1/3, t_\beta]$ 上证明 $L\beta_0 < 0$, 而在 $[t_\beta, 2/3]$ 上的证明是相同的

$$
\begin{aligned}
L\beta_0 &= \epsilon^2 \frac{d^2 \beta_0}{dt^2} - F(\beta_0, t) \\
&= \epsilon^2 \frac{d^2}{dt^2}(\varphi_1(t) + \epsilon) + \frac{d^2}{d\tau^2} Q_{0\beta}^{(-)} y + \epsilon \frac{d^2}{d\tau^2} Q_{1\beta}^{(-)} y \\
&\quad - F(\varphi_1(t) + \epsilon + Q_{0\beta}^{(-)} y + \epsilon Q_{1\beta}^{(-)} y, t) + (e.m.),
\end{aligned}
\tag{2.52}
$$

把 F 表示成 $F = \tilde{F}(\epsilon) + \bar{F}(\epsilon)$, 其中

$$
\tilde{F}(\epsilon) = F(\varphi_1(\tau\epsilon) + \epsilon + Q_{0\beta}^{(-)} y + \epsilon Q_{1\beta}^{(-)} y, \tau\epsilon) - F(\varphi_1(\tau\epsilon) + \epsilon, \tau\epsilon),
$$

$$
\bar{F}(\epsilon) = F(\varphi_1(t) + \epsilon, t).
$$

对 $\tilde{F}(\epsilon)$, $\bar{F}(\epsilon)$ 进行泰勒展开

$$
\tilde{F}(\epsilon) = \frac{d^2}{d\tau^2} Q_{0\beta}^{(-)} y + \epsilon \left[\frac{d^2}{d\tau^2} Q_{1\beta}^{(-)} y - \omega e^{-\kappa_0 \tau} \right] + O(\epsilon^2),
\tag{2.53}
$$

$$
\bar{F}(\epsilon) = F_y(\varphi_1(t), t)\epsilon + O(\epsilon^2), \quad 0 < \theta_2 < 1.
\tag{2.54}
$$

现在对 $L\beta_0$ 进行估计, 把 (2.53), (2.54) 代入 (2.52) 可得

$$
L\beta_0 = O(\epsilon^2) + \epsilon \omega e^{-\kappa_0 \tau} - \epsilon F_y(\varphi_1(t), t).
$$

显见 $L\beta_0$ 的符号由 $-\epsilon F_y$ 决定, 根据 H2.2 可得 $L\beta_0 < 0$.

用同样的方法可以证明 $L\alpha_0 > 0$, $0 < t < 1$.

Nagumo 条件 (3) 的验证是显然的. 最后验证 Nagumo 条件 (4). 先考虑上解 β_0 在间断点 t_β 处 $\left[\dfrac{d\beta_0}{dt} \right]_{(+)}^{(-)}$ 的符号

$$
\begin{aligned}
\epsilon \frac{d\beta_0}{dt}(t_{\beta-}) - \epsilon \frac{d\beta_0}{dt}(t_{\beta+}) &= \epsilon \left[\frac{d\beta_0}{dt} \right]_{(+)}^{(-)} \\
&= \left[\epsilon \bar{y}_0'(t_{\beta 0}) + \frac{d}{d\tau_\beta} Q_{0\beta} y + \epsilon \frac{d}{d\tau_\beta} Q_{1\beta} y \right]_{(+)}^{(-)} = \left[\frac{d}{d\tau_\beta} Q_{0\beta} y \right]_{(+)}^{(-)} + O(\epsilon).
\end{aligned}
\tag{2.55}
$$

类似于 (2.28)~(2.30) 的做法

$$
\begin{aligned}
\left[\frac{d}{d\tau_\beta} Q_{0\beta} y \right]_{(+)}^{(-)} &= \int_{\varphi_1(t_\beta)}^{\varphi_3(t_\beta)} F(y, t_\beta) \, dy = I(t_\beta) \\
&= I(t_0) - I'(t_0)\delta\epsilon + O(\delta^2 \epsilon^2) \\
&= -I'(t_0)\delta\epsilon + O(\delta^2 \epsilon^2).
\end{aligned}
$$

把上式代入 (2.55)

$$\epsilon \left[\frac{\mathrm{d}\beta_0}{\mathrm{d}t} \right]_{(+)}^{(-)} = -I'(t_0)\delta\epsilon + O(\delta^2\epsilon^2) + O(\epsilon). \tag{2.56}$$

对充分大的 $\delta > 0$ 但固定 (δ 不依赖于 ϵ), 当 $\epsilon \to 0$ 时, 根据 H2.3 表达式 (2.56) 是正的.

对下解 α_0 在间断点 t_α 处检验 Nagumo 条件 (4) 完全类似. 这样根据 Nagumo 定理问题 (2.1) 的解 $y(t,\epsilon)$ 是存在的.

但是为了得到余项是 $O(\epsilon)$ 的渐近解, 需要把转移点和上下解都展开到 $O(\epsilon^2)$, 为此需这样构造上解 β_1:

$$\beta_1 = \begin{cases} \beta_1^{(-)} = \varphi_1(t) + Q_{0\beta}^{(-)}y(\tau_\beta) + \epsilon Q_{1\beta}^{(-)}y(\tau_\beta) + \epsilon^2(\bar{y}_2^{(-)}(t) + 1) + \epsilon^2 Q_{2\beta}^{(-)}y, \\ \quad 0 \leqslant t \leqslant t_\beta, \\ \beta_1^{(+)} = \varphi_3(t) + Q_{0\beta}^{(+)}y(\tau_\beta) + \epsilon Q_{1\beta}^{(+)}y(\tau_\beta) + \epsilon^2(\bar{y}_2^{(+)}(t) + 1) + \epsilon^2 Q_{2\beta}^{(+)}y, \\ \quad t_\beta \leqslant t \leqslant 1, \end{cases}$$

其中 $t_\beta = t_0 + \epsilon t_1 - \epsilon^2\delta$. 下解 α_1 的构造是类似的. $Q_{i\beta}^{(\mp)}y\,(i=0,1)$ 的确定如同 $Q_i^{(\mp)}y$, 只是把自变量 τ 替换成 $\tau_\beta = [t-(t_0+\epsilon t_1-\delta\epsilon^2)]/\epsilon$, 但 $Q_{2\beta}^{(\mp)}y$ 是相应问题的解, 其中在 $h_{2\beta}^{(\mp)}$ 中 $\psi_{2\beta}^{(\mp)} = \mp\omega e^{\pm\kappa_0\tau_\beta}$.

对 β_1, α_1 检验 Nagumo 条件基本上同 β_0, α_0 一样, 只有下面两处略有不同:

第一, 在验证条件 (1) 时, 在 $[1/3, t_\beta]$ 上,

$$\beta_1 - \alpha_1 = 2\epsilon + Q_{0\beta}^{(-)}y - Q_{0\alpha}^{(-)}y + \epsilon(Q_{1\beta}^{(-)}y - Q_{1\alpha}^{(-)}y) + \epsilon^2(Q_{2\beta}^{(-)}y - Q_{2\alpha}^{(-)}y).$$

为了证明 $\beta_1 - \alpha_1 > 0$. 需要用到下面三个不等式:

$$\frac{1}{3}(Q_{0\beta}^{(-)}y - Q_{0\alpha}^{(-)}y) > |\epsilon^2 Q_{2\beta}^{(-)}y|,$$
$$\frac{1}{3}(Q_{0\beta}^{(-)}y - Q_{0\alpha}^{(-)}y) > |\epsilon^2 Q_{2\alpha}^{(-)}y|,$$
$$\frac{1}{3}(Q_{0\beta}^{(-)}y - Q_{0\alpha}^{(-)}y) > \epsilon|Q_{1\beta}^{(-)}y - Q_{1\alpha}^{(-)}y|.$$

它们的证明跟上下解是 β_0, α_0 时基本一样.

第二, 在间断点 t_β 处,

$$\epsilon \left[\frac{\mathrm{d}\beta}{\mathrm{d}t} \right]_{(+)}^{(-)} = -\delta\epsilon^2 I'(t_0) + O(\epsilon^2) > 0.$$

这样, 由 Nagumo 定理不但能证明 (2.1) 解的存在性, 而且能写出 $y(t, \epsilon)$ 的零阶渐近表达式:

$$y(t, \epsilon) = \begin{cases} \varphi_1(t) + L_0(\tau_0) + Q_0^{(-)} y(\tau) + O(\epsilon), & 0 \leqslant t \leqslant t_0 + \epsilon t_1 + O(\epsilon^2), \\ \varphi_3(t) + Q_0^{(+)} y(\tau) + R_0(\tau_1) + O(\epsilon), & t_0 + \epsilon t_1 + O(\epsilon^2) \leqslant t \leqslant 1. \end{cases} \quad (2.57)$$

把上述讨论最终归结为下面定理.

定理 2.2　如果满足条件 H2.1– H2.3, 那么对足够小的 $\epsilon > 0$, 存在 $t^* = t_0 + t_1 \epsilon + O(\epsilon)$, 使得在区间 $[0, t^*]$ 上存在 (2.6) 的解 $y^{(-)}(t, \epsilon)$, 在区间 $[t^*, 1]$ 上存在 (2.7) 解 $y^{(+)}(t, \epsilon)$, 它们在 t^* 处光滑连接, 并且有渐近表达式 (2.57).

注释 2.7　可以把对 β_0, α_0 和 β_1, α_1 的讨论推广到 $\alpha_{n+1}, \beta_{n+1}$, 不但可以证明解的存在性, 而且还可以得到解的 n 阶渐近表达式.

2.1.4　最简单的临界情况

可能存在这种情况, 求 t_0 的方程 (2.30) 是恒等式:

$$I(t) \equiv 0, \quad 0 \leqslant t \leqslant 1. \quad (2.58)$$

这就导致任意阶导数也为零

$$I'(t) \equiv 0, \quad I''(t) \equiv 0, \quad \cdots. \quad (2.59)$$

例如, 在方程 (2.1) 中 $F(y, t) = (y^2 - a^2(t))y, a(t) > 0$. 这时, $\varphi_1 = -a(t)$, $\varphi_2 = 0$, $\varphi_3 = a(t)$. 所以

$$I(t) = \int_{-a(t)}^{a(t)} (y^2 - a^2(t)) y \mathrm{d}y \equiv 0.$$

在相平面上对任意 t 胞腔总是有的, 或者 S_I, S_{II} 总是相等. 虽然在 2.1.1 节中构造渐近解的方法这里仍适用, 但是从 (2.58) 无法确定 t_0. 这时, t_0 需要从一次近似方程 $t_1 I'(t_0) + I_1(t_0) = 0$ 中求得.　考虑到 $I'(t_0) = 0$, 有 $I_1(t_0) = 0$, 即

$$I_1(t_0) \equiv \int_{\varphi_1(t_0)}^{\varphi_3(t_0)} F_t(u, t_0) \mathrm{d}u \int_{\varphi_2(t_0)}^{u} \left(2 \int_{\varphi_1(t_0)}^{s} F(p, t_0) \mathrm{d}p \right)^{-\frac{1}{2}} \mathrm{d}s = 0, \quad (2.60)$$

或者

$$\int_{-\infty}^{+\infty} F_t(\tilde{y}(\tau), t_0) \tau \varphi(\tau) \mathrm{d}\tau = 0,$$

这样, 我们把原来的条件 H2.3 改写成 H2.5:

H 2.5　假设方程 $I(t) \equiv 0, 0 \leqslant t \leqslant 1$.

H 2.6　　假设方程 $I_1(t) = 0$ 在 $0 < t < 1$ 时有解 t_0, 并且

$$I_1'(t_0) \neq 0.$$

在满足条件 H2.5, H2.6 之下, 构造渐近解的算法可继续进行下去, 光滑连接条件可写成

$$\frac{1}{\epsilon} H(t^*, \epsilon) = H_1(t^*, \epsilon)$$
$$= H_1(t_0, 0) + H_{1t}(t_0, 0)(\epsilon t_1 + \cdots) + H_{1\epsilon}(t_0, 0)\epsilon + \cdots, \qquad (2.61)$$

其中 $H_1(t_0, 0) = I_1(t_0)$, $H_{1t}(0, \epsilon) = I_1'(t_0)$.

因为 $I_1(t_0) = 0$, 所以从一次近似可得求 t_1 的方程

$$I_1'(t_0)t_1 + I_2(t_0) = 0, \qquad (2.62)$$

根据条件 H2.6 可得 t_1.

确定 t_n 的方程为

$$I_1'(t_0)t_n + I_{n+1}(t_0, \cdots, t_{n-1}) = 0, \qquad (2.63)$$

其中 I_{n+1} 只依赖于 $t_0, \cdots, t_{n-1}$.

类似于第 1 章的做法可以证明阶梯状解的存在性, 只是需要用 $H_1(t^*, \epsilon)$ 来替换 $H(t^*, \epsilon)$, 并且

$$H_1(t^*, 0) = H_1(t_0, 0) + H_{1t}(\widehat{t_0}, 0)(t^* - t_0) = I_1(t_0) + I_1'(\widehat{t_0})(t^* - t_0).$$

定理 2.3　　如果满足条件 H2.2, H2.4 – H2.6, 则问题 (2.1) 阶梯状空间对照结构的解 $y(t, \epsilon)$ 存在, 并且有下面的表达式:

$$y(t, \epsilon) = \begin{cases} \sum_{k=0}^{n} \epsilon^k [\bar{y}_k^{(-)}(t) + L_k(\tau_0) + Q_k^{(-)}y(\tau)] + O(\epsilon^{n+1}), & 0 \leqslant t \leqslant t^*, \\ \sum_{k=0}^{n} \epsilon^k [\bar{y}_k^{(+)}(t) + Q_k^{(+)}y(\tau) + R_k(\tau_1)] + O(\epsilon^{n+1}), & t^* \leqslant t \leqslant 1, \end{cases}$$

其中 $\tau_0 = t/\epsilon$, $\tau_1 = (t-1)/\epsilon$, $\tau = [t - (t_0 + \cdots + \epsilon^{n+1}t_{n+1})]/\epsilon$, $t^* = t_0 + \cdots + \epsilon^{n+1}t_{n+1} + O(\epsilon^{n+2})$.

注释 2.8　　定理 2.1 的表述和定理 2.3 一样, 但 $t_0, t_1, \cdots$ 却不同.

注释 2.9　　光滑性条件 H2.1 可以削弱, 但是, 为了保证渐近解精确到 $O(\epsilon^{n+1})$ 必须要求在曲线 $\tilde{L}_0$ 的 δ 邻域内 F 存在到 $n+3$ 阶偏导数. 因为求 t_0 是从 I_1 得到, 而不是从 I_0 得到的.

注释 2.10 从 φ_3 到 φ_1 的阶梯状解和第二类边值仍有效.

可用微分不等式方法证明定理 2.2, 但是, 因为在求转移点的各项时用到了更高的近似, 所以在构造上下解时比非临界情况要加强. 为了证明极限过程需这样构造上解 β_0:

$$\beta_0^{(-)} = \varphi_1(t) + \epsilon^2(\bar{y}_2^{(-)} + 1) + Q_{0\beta}^{(-)}y + \epsilon Q_{1\beta}^{(-)}y + \epsilon^2 Q_{2\beta}^{(-)}y + L_0 + \epsilon L_1 + \epsilon^2 L_{2\beta}$$
$$+ R_0 + \epsilon R_1 + \epsilon^2 R_{2\beta},$$

$$0 \leqslant t \leqslant t_\beta = t_0 - \delta\epsilon, \tag{2.64}$$

$$\beta_0^{(+)} = \varphi_3(t) + \epsilon^2(\bar{y}_2^{(+)} + 1) + Q_{0\beta}^{(+)}y + \epsilon Q_{1\beta}^{(+)}y + \epsilon^2 Q_{2\beta}^{(+)}y + L_0 + \epsilon L_1 + \epsilon^2 L_{2\beta}$$
$$+ R_0 + \epsilon R_1 + \epsilon^2 R_{2\beta},$$

$$t_0 - \delta\epsilon \leqslant t \leqslant 1.$$

下解 α_0 也可相应得到. Nagumo 条件中的条件 (1)~(3) 可类似验证, 关键只要验证条件 (4), 为此利用

$$H_1(t_\beta, \epsilon) = \frac{1}{\epsilon} H(t_\beta, \epsilon) = \varphi(0) \left[\epsilon \frac{\mathrm{d}\bar{y}}{\mathrm{d}t}(t_\beta, \epsilon) + \frac{\mathrm{d}Q}{\mathrm{d}\tau}(0, \epsilon) \right]_{(+)}^{(-)}$$

可得

$$\frac{\mathrm{d}\beta_0}{\mathrm{d}t}\bigg|_{(+)}^{(-)} = \left[\bar{y}_{0t}(t_\beta) + \frac{1}{\epsilon} \frac{\mathrm{d}}{\mathrm{d}\tau_\beta} Q_{0\beta}y + \frac{\mathrm{d}}{\mathrm{d}\tau_\beta} Q_{1\beta}y + \epsilon \frac{\mathrm{d}}{\mathrm{d}\tau_\beta} Q_{2\beta}y \right]_{(+)}^{(-)},$$

其中主项是 $\left[\bar{y}_{0t}(t_\beta) + \frac{\mathrm{d}}{\mathrm{d}\tau_\beta} Q_{1\beta}y \right]_{(-)}^{(+)}$. 这是因为对任意 t_β:

$$\varphi(0) \left[\frac{\mathrm{d}}{\mathrm{d}\tau_\beta} Q_{0\beta}^{(-)}y(0) - \frac{\mathrm{d}}{\mathrm{d}\tau_\beta} Q_{0\beta}^{(+)}y(0) \right] = \int_{\varphi_1(t_\beta)}^{\varphi_3(t_\beta)} F(y, t_\beta)\mathrm{d}y = I(t_\beta) = 0.$$

所以

$$\varphi(0) \left(\frac{\mathrm{d}\beta}{\mathrm{d}t}\bigg|_{(+)}^{(-)} \right) = \varphi(0) \left[\bar{y}_{0t}(t_\beta) + \frac{\mathrm{d}}{\mathrm{d}\tau_\beta} Q_{1\beta}y \right]_{(-)}^{(+)} + O(\epsilon),$$

其中第一项为

$$I_1(t_\beta) = \int_{\varphi_1(t_\beta)}^{\varphi_3(t_\beta)} \tilde{F}_t \tau_\beta \varphi(\tau_\beta)\mathrm{d}\tau_\beta. \tag{2.65}$$

现在可以明白为什么在上解 β_0 中要添项 $Q_{2\beta}y$. 如果上解像非临界情况一样构造, 那么 $Q_{1\beta}^{(-)}y$ 就会不同于 $Q_1^{(-)}y(\tau_\beta)$, 也就得不到我们所需的结果了. 所以

$$\frac{\mathrm{d}\beta_0}{\mathrm{d}t}\bigg|_{(+)}^{(-)} = \frac{1}{\varphi(0)}[I_1(t_\beta) + O(\epsilon)].$$

往下的讨论类似于非临界情况, 为了保证符号满足要求, 作补充要求:

H 2.7　　假设 $I_1'(t_0) < 0$.

由此可得

$$\left.\frac{\mathrm{d}\beta_0}{\mathrm{d}t}\right|_{(+)}^{(-)} = \frac{1}{\varphi(0)}[I_1(t_0) - \delta\epsilon I_1'(t_0) + O(\delta^2\epsilon^2) + O(\epsilon^2)] = \frac{1}{\varphi(0)}(-\delta\epsilon I_1'(t_0)) + O(\epsilon) > 0.$$

当 $t_\beta = t_0 - \delta\epsilon$ 时, 从讨论的 β_0, α_0 可得极限转移定理. 但是为了得到余项为 $O(\epsilon)$ 的渐近解, 应该取 $t_\beta = t_0 + \epsilon t_1 - \delta\epsilon^2$, 并且在 (2.64) 中对 β_0 添加函数 $\epsilon^3 Q_{3\beta}^{(\mp)}y$. 如果要得到余项是 $O(\epsilon^{n+1})$, 需要取 $t_\beta = t_0 + \cdots + \epsilon^{n+1}t_{n+1} + \delta\epsilon^{n+2}$, 并且上解取成 (仅对 $\beta_{n+1}^{(-)}$)

$$\begin{aligned}
\beta_{n+1}^{(-)} = {}& \varphi_1(t) + \epsilon^2\bar{y}_2^{(-)}(t) + \cdots + \epsilon(\bar{y}_{n+3} + 1) + Q_{0\beta}y + \cdots + \epsilon^{n+3}Q_{n+3,\beta}y \\
& + L_0 + \cdots + \epsilon^{n+3}L_{n+3,\,\beta} + R_0 + \cdots + \epsilon^{n+3}R_{n+3,\beta},
\end{aligned}$$

其中

$$0 \leqslant t \leqslant t_0 + \epsilon t_1 + \cdots + \epsilon^{n+1}t_{n+1} + \delta\epsilon^{n+2}.$$

2.1.5　比较复杂的临界情况

可能出现这种情况, 不仅 $I(t) \equiv 0$, 而且 $I_1(t) \equiv 0$. 这时 t_0 既不能在零次近似, 也不在一次近似确定, 而是需要在二次近似 $I_{11}(t_0) = 0$ 中确定, 并假设 $I_{11}'(t_0) \neq 0$. 如果再有 $I_{11}(t_0) \equiv 0$, 则 t_0 要用更高阶近似来确定.

如果方程的右端不含 t 的话 (自治系统情况), 则转移点无论在哪一步近似都无法求得.

$$\epsilon^2\frac{\mathrm{d}^2 y}{\mathrm{d}t^2} = F(y).$$

这时 $\varphi_i(i = 1, 2, 3)$ 为常数, 如果满足条件 $\displaystyle\int_{\varphi_1}^{\varphi_3} F(y)\mathrm{d}y = 0$, 那么总存在连接两鞍点的轨线, 即对任何 t 总存在胞腔, 轨线的运动可用下面公式表示:

$$\frac{\mathrm{d}y}{\mathrm{d}t} = \pm\left[\int_{y_1}^{y} 2F(y)\mathrm{d}y\right]^{\frac{1}{2}} = \pm\left[2\int_{y_3}^{y} F(y)\mathrm{d}y\right]^{\frac{1}{2}}.$$

这就说明胞腔内部被闭轨所充满.

在鞍点 $(\varphi_i, 0)$ 附近靠近分界轨道的轨线运动时间为

$$\tau_i = -\int_0^{\varphi_i+\delta}\left(2\int_{\varphi_1}^{z} F(y)\mathrm{d}y\right)^{-\frac{1}{2}}\mathrm{d}z,$$

由此可得

$$\lim_{\delta \to 0} \frac{\tau_1}{\tau_3} = \frac{(F_y(\varphi_3))^{\frac{1}{2}}}{(F_y(\varphi_1))^{\frac{1}{2}}} = \frac{\lambda_3}{\lambda_1},$$

其中 $\lambda_i (i = 1, 3)$ 是对应于鞍点 $(\varphi_i, 0)$ 的正特征值.

针对有一个转移点的解, 该转移点把 $[0, 1]$ 分成长度为 t_0 和 $1 - t_0$ 的两部分, 这时有关系式 $\dfrac{t_0}{1 - t_0} = \dfrac{\lambda_3}{\lambda_1}$. 而对具有若干转移点 $0 < t_{01} < \cdots < t_{0k} < 1$ 的解, 这些解应相于闭轨的多重运动, 有关系式

$$\frac{t_{01}}{t_{02} - t_{01}} = \frac{t_{03} - t_{02}}{t_{04} - t_{03}} = \cdots = \frac{t_{0k} - t_{0,k-1}}{1 - t_{0k}} = \frac{\lambda_3}{\lambda_1}.$$

值得注意的是, 当 F 依赖于 t 时, 同样可能存在若干个转移点的情况, 但转移点的位置依赖于求 t_0 的方程 $I(t) = 0$ (非临界情况) 或者 $I_1(t) = 0$ (临界情况).

2.1.6 分支现象

当 $I(t_0) = 0$, 但 $I(t)$ 不恒等于 0 时, 可以观察到分支现象. 假设 $I(t) = 0$ 是求转移点主项 t_0 的方程, 并且 $I'(t_0) = 0$, 即 t_0 是方程 $I(t) = 0$ 的重根. 这时从方程 (2.40) 可得关于 t_0 的方程 $I_1(t_0)$. 这就意味着 t_0 要满足两个不同的方程, 一般而言它们是不相容的. 这时无论是关于转移点 t^*, 还是 $Qy(\tau, \epsilon)$ 的展开式都不是按 ϵ 幂展开, 而是按 $\sqrt{\epsilon}$ 的幂展开.

假设

$$t^* = t_0 + \sqrt{\epsilon} t_1 + \epsilon t_2 + \cdots,$$

$$Q^{(\mp)} y(\tau, \epsilon) = Q_0^{(\mp)} y(\tau) + \sqrt{\epsilon} Q_1^{(\mp)} y(\tau) + \epsilon Q_2^{(\mp)} y(\tau) + \cdots. \tag{2.66}$$

渐近解的正则部分和在 $t = 0$, $t = 1$ 处的边界层部分仍按 ϵ 的幂级数展开, 函数 $Q_0^{(\mp)} y(\tau)$ 和以前一样满足方程和条件 (2.24), 求 t_0 的方程仍是 $I(t_0) = 0$, 但是关于 $Q_1^{(\mp)} y$ 的方程有别于原来的

$$\begin{cases} \dfrac{\mathrm{d}^2}{\mathrm{d}\tau^2} Q_1^{(\mp)} y = \tilde{F}_y Q_1^{(\mp)} y + h_1^{(\mp)}, \\ Q_1^{(\mp)} y(0) = t_1(-\bar{y}_{0t}^{(\mp)}(t_0) + \varphi_{2t}(t_0)), \quad Q_1^{(\mp)} y(\mp\infty) = 0, \end{cases}$$

其中, $h_1^{(\mp)} = t_1(\tilde{F}_y \bar{y}_{0t}^{(\mp)}(t_0) + \tilde{F}_t)$.

该方程不同于 (2.32), 在于不含有 τ, 而 τ 将在下一次近似才出现. 由此得到方程 (2.40) 为

$$I'(t_0) t_1 = 0. \tag{2.67}$$

因为 $I'(t_0) = 0$, 所以从 (2.67) 不能确定 t_1. 为了求 t_1, 需要用到确定 $Q_2^{(\mp)}y$ 的方程, 只写出关于确定 $Q_2^{(-)}y$ 的方程

$$\begin{cases} \dfrac{\mathrm{d}^2}{\mathrm{d}\tau^2}Q_2^{(-)}y = F_y Q_2^{(-)}y + h_2^{(-)}, \\ Q_2^{(-)}y(0) = -t_2(\varphi(t_0) - \varphi_{2t}(t_0)) - \dfrac{1}{2}t_1^2(\varphi_{1tt}(t_0) - \varphi_{2tt}(t_0)), \quad Q_2^{(-)}y(-\infty) = 0, \end{cases} \tag{2.68}$$

其中

$$h_2^{(-)} = \frac{1}{2}t_1^2[\tilde{F}_y\varphi_{1tt}(t_0) + \tilde{F}_{yy}(\varphi_{1t}(t_0))^2 + 2\tilde{F}_{yt}\varphi_{1t}(t_0) + \tilde{F}_{tt}]$$

$$+ (t_2 + \tau)(\tilde{F}_y\varphi_{1t}(t_0) + \tilde{F}_t) + t_1[\tilde{F}_{yy}\varphi_{1t}(t_0) + F_{yt}Q_1^{(-)}y] + \frac{1}{2}\tilde{F}_{yy}(Q_1^{(-)}y)^2.$$

利用问题 (2.68) 和解的二次近似光滑性条件

$$\frac{\mathrm{d}}{\mathrm{d}\tau}Q_2^{(-)}y(0) + \varphi_{1t}(t_0) = \frac{\mathrm{d}}{\mathrm{d}\tau}Q_2^{(+)}y(0) + \varphi_{3t}(t_0) \tag{2.69}$$

可以得到求 t_1 的方程, 但比以前的做法要难得多.

回到确定 $Q_1^{(-)}y$ 的方程, 从它可知 $Q_1^{(-)}y$ 是 t_1 的线性函数. 导数 $\dfrac{\partial}{\partial t_1}Q_1^{(-)}y = r_{11}$ 是下面问题的解:

$$\begin{cases} \dfrac{\mathrm{d}^2}{\mathrm{d}\tau^2}r_{11} = \tilde{F}_y r_{11} + \tilde{F}_y\varphi_{1t}(t_0) + \tilde{F}_t, \\ r_{11}(0) = -\varphi_{1t}(t_0) + \varphi_{2t}(t_0). \end{cases}$$

我们记 $Q_1^{(-)}y = t_1 r_{11}$. 注意到 $r_{00} = \dfrac{\partial}{\partial t_0}Q_0^{(-)}y$ 满足同一个问题, 所以 $Q_1^{(-)}y = t_1 r_{00}$. 显然 $\dfrac{\mathrm{d}}{\mathrm{d}\tau}Q_1 y = t_1 \dfrac{\mathrm{d}}{\mathrm{d}\tau}r_{00}$.

一次近似解的光滑连接条件为

$$\frac{\mathrm{d}}{\mathrm{d}\tau}Q_1^{(-)}y(0) = \frac{\mathrm{d}}{\mathrm{d}\tau}Q_1^{(+)}y(0)$$

或者 (乘以 $\varphi(0)$ 之后)

$$\begin{aligned} \varphi(0)t_1\left(\frac{\mathrm{d}}{\mathrm{d}\tau}r_{00}^{(-)} - \frac{\mathrm{d}}{\mathrm{d}\tau}r_{00}^{(+)}\right) &= \varphi(0)\left(\frac{\partial^2}{\partial\tau\partial t_0}Q_0^{(-)}y - \frac{\partial^2}{\partial\tau\partial t_0}Q_0^{(+)}y\right)t_1 \\ &= \frac{1}{2}t_1\frac{\partial}{\partial t_0}\left[\left(\frac{\partial}{\partial\tau}Q_0^{(-)}y\right)^2 - \left(\frac{\partial}{\partial\tau}Q_0^{(+)}y\right)^2\right] \\ &= t_1\frac{\partial}{\partial t_0}\left[\int_{\varphi_1(t_0)}^{\varphi_2(t_0)}F(y, t_0)\mathrm{d}y - \int_{\varphi_3(t_0)}^{\varphi_2(t_0)}F(y, t_0)\mathrm{d}y\right] \\ &= t_1\frac{\partial}{\partial t_0}\int_{\varphi_1(t_0)}^{\varphi_3(t_0)}F(y, t_0)\mathrm{d}y \\ &= t_1 I'(t_0). \end{aligned}$$

这就是我们想要得到的 (2.67).

再看确定 $Q_2^{(-)}y$ 的问题 (2.68), 可以证明函数 $Q_2^{(-)}y$ 关于 t_2 是线性关系, 而关于 t_1 是平方关系.

记 $\dfrac{\partial Q_2 y}{\partial t_1} = r_{21}, \dfrac{\partial Q_2 y}{\partial t_2} = r_{22}$, 关于 r_{22} 的问题和 r_{11} 是一样的, 所以 $r_{22} = t_2 r_{11} = t_2 r_{00}$.

写出关于 r_{21} 的问题为

$$\begin{cases} \dfrac{\mathrm{d}^2}{\mathrm{d}\tau^2} r_{21} = \tilde{F}_y r_{21} + [\tilde{F}_y \varphi_{1tt}(t_0) + \tilde{F}_{yy}(\varphi_{1t}(t_0))^2 + 2\tilde{F}_{yt}\varphi_{1t}(t_0) + \tilde{F}_{tt} + \tilde{F}_{tt}]t_1 \\ \qquad\qquad + \tilde{F}_{yy}\varphi_{1t}(t_0) + \tilde{F}_{yt}2t_1 r_{00} + t_1 r_{00}^2 \tilde{F}_{tt}, \\ r_{21}(0) = t_1[-\varphi_{1tt}(t_0) + \varphi_{2tt}(t_0)]. \end{cases}$$

这里用到了 $Q_1 y = t_1 r_{00}$. 由上面的讨论可知函数 r_{21} 关于 t_1 是线性的. 再记 $r_{211} = \dfrac{\partial r_{21}}{\partial t_1}$, 可见 r_{211} 满足问题

$$\begin{cases} \dfrac{\mathrm{d}^2}{\mathrm{d}\tau^2} r_{211} = \tilde{F}_y r_{211} + \tilde{F}\varphi_{1tt}(t_0) + \tilde{F}_{yy}(\varphi_{1t}(t_0))^2 \\ \qquad\qquad + 2\tilde{F}_{yt}\varphi_{1t}(t_0) + \tilde{F}_{tt} + 2\tilde{F}_{yt}r_{00} + \tilde{F}_{yy}r_{00}^2, \\ r_{211}(0) = -\varphi_{1tt}(t_0) + \varphi_{2tt}(t_0). \end{cases}$$

所以 $r_{21} = r_{211}t_1$. 此外, 关于 r_{211} 的问题与关于 $r_{000} = \dfrac{\partial^2 Q_0 y}{\partial t_0^2}$ 的问题是一样的. 不难得出结论

$$Q_2 y^{(-)} = \frac{1}{2}t_1^2 \frac{\partial^2}{\partial t_0^2} Q_0^{(-)}y + t_2 \frac{\partial}{\partial t_0} Q_0^{(-)}y + Q_2^{*(-)}y,$$

其中 $Q_2^* y$ 满足问题

$$\begin{cases} \dfrac{\mathrm{d}^2}{\mathrm{d}\tau^2} Q_2^* y = \tilde{F}_y Q_2^* y + \tau(\tilde{F}_y \varphi_{1t}(t_0) + \tilde{F}_t), \\ Q_2^* y(0) = 0. \end{cases}$$

把 $Q_2^{(-)}y, Q_2^{(+)}y$ 代入光滑连接条件的第二次近似 (2.69), 类似于一次近似的做法, 再乘以 $\varphi(0)$ 可得

$$\varphi(0)\left[\frac{\mathrm{d}}{\mathrm{d}\tau} Q_2^{(-)}y(0) - \frac{\mathrm{d}}{\mathrm{d}\tau} Q_2^{(+)}y(0)\right]$$
$$= t_2 I'(t_0) + \frac{t_1^2}{2} I''(t_0) + \varphi(0)\left(\frac{\mathrm{d}}{\mathrm{d}\tau} Q_2^{*(-)}y(0) - \frac{\mathrm{d}}{\mathrm{d}\tau} Q_2^{*(+)}y(0)\right)$$
$$= \varphi(0)[\varphi_{3t}(t_0) - \varphi_{1t}(t_0)].$$

再对 $Q_2^* y$ 满足的方程进行分部积分, 等式左边为

$$\int_{-\infty}^{0} \frac{\mathrm{d}\tilde{y}}{\mathrm{d}\tau}\frac{\mathrm{d}^2}{\mathrm{d}\tau^2}Q_2^* y \mathrm{d}\tau = \varphi(0)\frac{\mathrm{d}}{\mathrm{d}\tau}Q_2^{*(-)}y(0) + \int_{-\infty}^{0} Q_2^{*(-)}y\tilde{F}_y\varphi \mathrm{d}\tau,$$

而等式右边为

$$\int_{-\infty}^{0} F_y Q_2^{*(-)}y\varphi \mathrm{d}\tau + \int_{-\infty}^{0} \tau(\tilde{F}_y\varphi_{1t}(t_0) + \tilde{F}_t)\frac{\mathrm{d}\tilde{y}}{\mathrm{d}\tau}\mathrm{d}\tau.$$

由此可得

$$\varphi(0)\frac{\mathrm{d}}{\mathrm{d}\tau}Q_2^{*(-)}y(0) = -\bar{y}_{0t}^{(-)}\varphi(0) + \int_{-\infty}^{0} \tilde{F}_t\tau\frac{\mathrm{d}\tilde{y}}{\mathrm{d}\tau}\mathrm{d}\tau,$$

类似地有

$$\varphi(0)\frac{\mathrm{d}}{\mathrm{d}\tau}Q_2^{*(+)}y(0) = -\bar{y}_{0t}^{(+)}\varphi(0) + \int_{-\infty}^{0} \tilde{F}_t\tau\frac{\mathrm{d}\tilde{y}}{\mathrm{d}\tau}\mathrm{d}\tau.$$

两式相减

$$\varphi(0)\left[\frac{\mathrm{d}}{\mathrm{d}\tau}Q_2^{*(-)}y(0) - \frac{\mathrm{d}}{\mathrm{d}\tau}Q_2^{*(+)}y(0)\right] = \varphi(0)[\bar{y}_{0t}^{(+)}(t_0) - \bar{y}_{0t}^{(-)}(t_0)] + \int_{-\infty}^{+\infty} \tilde{F}_l\tau\frac{\mathrm{d}\tilde{y}}{\mathrm{d}\tau}\mathrm{d}\tau$$

或者写成

$$t_2 I'(t_0) + \frac{1}{2}t_1^2 I''(t_0) + I_1(t_0) = 0.$$

因为 $I'(t_0) = 0$, 所以 $\frac{1}{2}t_1^2 I''(t_0) + I_1(t_0) = 0$. 由此可得

$$t_1 = \pm\sqrt{-\frac{2I_1(t_0)}{I''(t_0)}}, \tag{2.70}$$

为此假设 $I''(t_0) \neq 0$, $I_1(t_0)I''(t_0) \leqslant 0$.

　　往下对每个 t_1 可求出 t^* 展开式中后面各项 $t_k, k \geqslant 2$.

　　由此可见在这两个转移点 t^* 的展开式中主项是一样的, 但从一次项开始就不一样了, 这就是分支现象, 在许多情况中都会出现.

2.2　二阶拟线性奇异摄动微分方程的空间对照结构

　　本节将讨论拟线性问题

$$\begin{cases} \epsilon y'' = A(y,t)y' + B(y,t), \\ y(0,\epsilon) = y^0, \quad y(1,\epsilon) = y^1. \end{cases} \tag{2.71}$$

由于多了 $A(y,t)y'$ 这一项, 该问题渐近解的构造不同于以前.

H 2.8　　假设退化方程

$$A(\bar{y},t)\bar{y}' + B(\bar{y},t) = 0 \tag{2.72}$$

有满足 $\bar{y}^{(-)}(0) = y^0$ 的解 $\bar{y}^{(-)}(t)$ 和满足 $\bar{y}^{(+)}(1) = y^1$ 的解 $\bar{y}^{(+)}(t)$, 并且 $A(\bar{y}^{(-)},t) > 0$, $A(\bar{y}^{(+)},t) < 0$, $0 \leqslant t \leqslant 1$.

我们将构造的阶梯状解在 t^* 的某邻域出现内部层, 并在 t^* 处发生转移, 这里 t^* 暂时是未知的. 假设它的展开式为

$$t^*(\epsilon) = t_0 + \epsilon t_1 + \cdots.$$

把 (2.72) 写成等价方程组

$$\begin{cases} \epsilon z' = A(y,t)z + B(y,t), \quad y' = z, \\ y(0,\epsilon) = y^0, \quad y(1,\epsilon) = y^1, \end{cases} \tag{2.73}$$

并假设

$$z(t^*) = \epsilon^{-1}z_{-1} + z_0 + \epsilon z_1 + \cdots, \quad y(t^*) = y_0, \tag{2.74}$$

其中 y_0 和 z_i 都是暂时未知的.

在 t^* 的邻域需要引进内部转移层函数 $Qz(\tau,\epsilon)$, $Qy(\tau,\epsilon)$, $\tau = (t - t^*)/\epsilon$. 记 $x = (y,z)^\mathrm{T}$, (2.73) 的渐近解为下面形式:

$$x(t,\epsilon) = \bar{x}(t,\epsilon) + Qx(\tau,\epsilon), \tag{2.75}$$

这里 $\bar{x}(t,\epsilon) = \bar{x}_0(t) + \epsilon \bar{x}_1(t) + \cdots$ 是正则级数; $Qy(\tau,\epsilon) = Q_0 y(\tau) + \epsilon Q_0 y(\tau) + \cdots$; $Qz(\tau,\epsilon) = Q^{-1}z(\tau)/\epsilon + z_0(\tau) + \cdots$ 为内部层级数.

根据边界层函数法写出确定 $\bar{x}(t,\epsilon)$, $Qx(\tau,\epsilon)$ 的方程和定解条件

$$\begin{cases} \epsilon \dfrac{\mathrm{d}\bar{z}}{\mathrm{d}t} = A(\bar{y},t)\bar{z} + B(\bar{y},t), \quad \dfrac{\mathrm{d}\bar{y}}{\mathrm{d}t} = \bar{z}, \\ \bar{y}(0,\epsilon) = y^0, \quad \bar{y}(1,\epsilon) = y^1, \end{cases} \tag{2.76}$$

以及

$$\begin{cases} \dfrac{\mathrm{d}}{\mathrm{d}\tau}Qz = A(\bar{y}(t^* + \tau\epsilon,\epsilon) + Qy, t^* + \tau\epsilon)[\bar{z}(t^* + \tau\epsilon,\epsilon) + Qz] \\ \qquad + B(\bar{y}(t^* + \tau\epsilon,\epsilon) + Qy, t^* + \tau\epsilon) - A(\bar{y}(t^* + \tau\epsilon,\epsilon), t^* + \tau\epsilon)\bar{z}(t^* + \tau\epsilon,\epsilon) \\ \qquad - B(\bar{y}(t^* + \tau\epsilon,\epsilon), t^* + \tau\epsilon), \\ \dfrac{\mathrm{d}}{\mathrm{d}\tau}Qy = \epsilon Qz, \quad Qz(\pm\infty) = 0, \quad Qy(\pm\infty) = 0. \end{cases} \tag{2.77}$$

从 (2.76) 可得求 $\{\bar{y}_0, \bar{z}_0\}$ 的方程和边值

$$\begin{cases} 0 = A(\bar{y}_0, t)\bar{z} + B(\bar{y}_0, t), & \dfrac{\mathrm{d}\bar{y}_0}{\mathrm{d}t} = \bar{z}_0, \\ \bar{y}_0(0) = y^0, & \bar{y}_0(1) = y^1. \end{cases}$$

根据 H2.8 可知

$$\bar{y}_0(t) = \begin{cases} \bar{y}_0^{(-)}(t), & t < t_0, \\ \bar{y}_0^{(+)}(t), & t > t_0. \end{cases} \tag{2.78}$$

从 (2.77) 可得确定主项 $\{Q_{-1}z, Q_0y\}$ 的方程和边值

$$\begin{cases} \dfrac{\mathrm{d}}{\mathrm{d}\tau}Q_{-1}z = A(\bar{y}_0(t_0) + Q_0y, t_0)Q_{-1}z, \\ \dfrac{\mathrm{d}}{\mathrm{d}\tau}Q_0y = Q_{-1}z, \\ Q_{-1}z(\pm\infty) = 0, \quad Q_0y(\pm\infty) = 0, \\ Q_{-1}z(0) = z_{-1}, \quad Q_0y(\pm0) = y^0 - \bar{y}_0^{(\mp)}(t_0). \end{cases} \tag{2.79}$$

作变量替换 $\tilde{y}_0 = \bar{y}_0^{(\mp)}(t_0) + Q_0y$,

$$\begin{cases} \dfrac{\mathrm{d}}{\mathrm{d}\tau}Q_{-1}z = A(\tilde{y}_0, t_0)Q_{-1}z, \\ \dfrac{\mathrm{d}}{\mathrm{d}\tau}\tilde{y}_0 = Q_{-1}z, \\ \tilde{y}_0(0) = y_0, \quad Q_{-1}z(0) = z_{-1}, \\ \tilde{y}_0(\pm\infty) = \bar{y}_0^{(\mp)}(t). \end{cases} \tag{2.80}$$

从 (2.80) 可得

$$\frac{\mathrm{d}}{\mathrm{d}\tilde{y}_0}Q_{-1}z = A(\tilde{y}_0, t_0),$$

积分后有

$$Q_{-1}z = \int_{y_0}^{\tilde{y}_0} A(\tilde{y}_0, t_0)\mathrm{d}\tilde{y}_0 + z_{-1}. \tag{2.81}$$

把 $\tau = \pm\infty$ 代入

$$\int_{y_0}^{\bar{y}_0^{(-)}(t_0)} A(y, t_0)\mathrm{d}y = \int_{y_0}^{\bar{y}_0^{(+)}(t_0)} A(y, t_0)\mathrm{d}y = -z_{-1}. \tag{2.82}$$

从 (2.82) 的第一个方程可求 t_0, 从第二个方程求 z_{-1}, 求 t_0 的方程可变形成

$$I(t_0) \equiv \int_{\bar{y}_0^{(-)}(t_0)}^{\bar{y}_0^{(+)}(t_0)} A(y, t_0)\mathrm{d}y = 0. \tag{2.83}$$

H 2.9   假设方程 (2.83) 关于 t_0 可解, 并且 $I'(t_0) \neq 0$.

注释 2.11 方程 (2.82) 可以有若干个根, 因此问题 (2.71) 可能多解. 可以从下面方程求 y_0:

$$A(y_0, t_0) = 0 \qquad (A_y(y_0, t_0) \neq 0). \tag{2.84}$$

由条件 H2.8 求出的 y_0 应该在 $\bar{y}_0^{(\mp)}(t_0)$ 之间. 因为 (2.84) 可以有多个解, 所以 (2.71) 也能出现多解.

这样求 $\tilde{y}_0$ 的方程和边值就确定了

$$\begin{cases} \dfrac{\mathrm{d}\tilde{y}_0}{\mathrm{d}\tau} = \displaystyle\int_{y_0}^{\tilde{y}_0} A(y, t_0)\mathrm{d}y + z_{-1} \equiv \bar{Y}(\tilde{y}_0), \\ \tilde{y}_0(0) = y_0. \end{cases} \tag{2.85}$$

从 (2.82) 可知 $\tilde{y}_0 = \bar{y}_0^{(\mp)}(t_0)$ 是 (2.85) 的平衡点, 此外, $\dfrac{\mathrm{d}\bar{Y}}{\mathrm{d}\tilde{y}_0} = A(\tilde{y}_0, t_0)$. 根据 H2.8 有

$$\frac{\mathrm{d}\bar{Y}}{\mathrm{d}\tilde{y}_0}\left(\bar{y}_0^{(-)}(t_0)\right) > 0, \quad \frac{\mathrm{d}\bar{Y}}{\mathrm{d}\tilde{y}_0}\left(\bar{y}_0^{(+)}(t_0)\right) < 0.$$

通过相平面分析法可知问题 (2.85) 解 $\tilde{y}_0(\tau)$ 存在, 并且 $\lim\limits_{\tau\to\mp\infty}\tilde{y}_0(\tau) = \bar{y}_0^{(\mp)}(t_0)$. 求出 $\tilde{y}_0(\tau)$ 之后由 (2.81) $Q_{-1}z$ 就确定了, 而 $Q_0 y = \tilde{y}_0(\tau) - \bar{y}_0(t_0)$, 这样主项都确定了.

确定 $\bar{x}_1(t)$ 的问题是线性的

$$\begin{cases} \bar{z}_0' = A(\bar{y}, t_0)\bar{z}_1 + [A_y(\bar{y}, t_0)\bar{z}_0 + B_y(\bar{y}, t_0)]\bar{y}_1, & (2.86) \\ \bar{y}_1' = \bar{z}_1, & (2.87) \\ \bar{y}_1(0) = 0, \quad \bar{y}_1(1) = 0. & (2.88) \end{cases}$$

确定边界层函数 $Q_0 z, Q_1 y$ 的问题也是线性的

$$\begin{cases} \dfrac{\mathrm{d}}{\mathrm{d}\tau}Q_0 z = \tilde{A}Q_0 z + \{\tilde{A}_y[\bar{y}_1(t_0) + \bar{y}_0'(t_0)(t_1 + \tau) + Q_1 y] \\ \qquad + \tilde{A}_t(t_1 + \tau)\}Q_{-1}z + \tilde{B} - \bar{B}_0, \\ \dfrac{\mathrm{d}}{\mathrm{d}\tau}Q_1 y = Q_0 z, \\ Q_0 z(\pm\infty) = 0, \quad Q_0 y(\pm\infty) = 0, \end{cases} \tag{2.89}$$

其中 "~" 表示在 $(\tilde{y}_0, t_0)$ 处取值, $\bar{B}_0 = B(\bar{y}_0(t_0), t_0)$.

在 (2.89) 中 t_1 是未知的, 先来确定它. 把 (2.89) 写成

$$\frac{\mathrm{d}}{\mathrm{d}\tau}Q_0 z = \frac{\mathrm{d}}{\mathrm{d}\tau}\left(\tilde{A}Q_1 y\right) + \{\tilde{A}_y[\bar{y}_1(t_0) + \bar{y}_0'(t_0)(t_1 + \tau)] \\ + \tilde{A}_t(t_1 + \tau)\}Q_{-1}z + \tilde{B} - \bar{B}_0. \tag{2.90}$$

对 (2.90) 从 0 到 τ 积分

$$Q_0 z(\tau) - Q_0 z(0-) = A(\tilde{y}_0, t_0) Q_1 y(\tau) + \int_0^\tau \bigg(\big\{ \tilde{A}_y [\bar{y}_1(t_0) + \bar{y}_0'(t_0)(t_1 + \tau)]$$

$$+ \tilde{A}_t (t_1 + \tau) \big\} Q_{-1} z + \tilde{B} - \bar{B}_0 \bigg) \mathrm{d}\tau,$$

$$Q_0 z(\tau) - Q_0 z(0+) = A(\tilde{y}_0, t_0) Q_1 y(\tau) + \int_0^\tau (\cdots) \mathrm{d}\tau.$$

考虑到 (2.84), 令 $\tau = \pm\infty$ 可得

$$Q_0 z(0-) = \int_{-\infty}^0 (\cdots) \mathrm{d}\tau, \qquad -Q_0 z(0+) = \int_0^\infty (\cdots) \mathrm{d}\tau.$$

请注意: $Q_0 z(0) = z_0 - \bar{z}_0(t_0)$, 其中 z_0 也是未知的, 因此有

$$\bar{z}_0^{(+)}(t_0) - \bar{z}_0^{(-)}(t_0) = \int_{-\infty}^\infty (\cdots) \mathrm{d}\tau. \tag{2.91}$$

往下化简积分, 并考虑到 $Q_{-1} z \mathrm{d}\tau = \mathrm{d}\tilde{y}_0$ 可得

$$\int_{-\infty}^\infty (\cdots) \mathrm{d}\tau = \big[\bar{y}_1(t_0) + \bar{y}_0'(t_0) t_1 \big] \int_{\bar{y}_0^{(-)}(t_0)}^{\bar{y}_0^{(+)}(t_0)} A_y(\tilde{y}_0, t_0) \mathrm{d}\tilde{y}_0$$

$$+ t_1 \int_{\bar{y}_0^{(-)}(t_0)}^{\bar{y}_0^{(+)}(t_0)} A_t(\tilde{y}_0, t_0) \mathrm{d}\tilde{y}_0 + \int_{-\infty}^\infty \tilde{A}_y \tau \bar{y}_0'(t_0) Q_{-1} z \mathrm{d}\tau + \int_{-\infty}^\infty (\tilde{B} - \bar{B}_0) \mathrm{d}\tau$$

$$= [\bar{y}_1^{(+)}(t_0) + t_1 \bar{y}_0^{(+)'}(t_0)] A\big(\bar{y}_0^{(+)}(t_0), t_0 \big)$$

$$- [\bar{y}_1^{(-)}(t_0) + t_1 \bar{y}_0^{(-)'}(t_0)] A\big(\bar{y}_0^{(-)}(t_0), t_0 \big)$$

$$+ t_1 \int_{\bar{y}_0^{(-)}(t_0)}^{\bar{y}_0^{(+)}(t_0)} A_t(\tilde{y}_0, t_0) \mathrm{d}\tilde{y}_0 + \int_{-\infty}^\infty \tilde{A}_y \tau \bar{y}_0'(t_0) Q_{-1} z \mathrm{d}\tau$$

$$+ \int_{-\infty}^\infty (\tilde{B} - \bar{B}_0) \mathrm{d}\tau.$$

由此可见在 (2.91) 中关于 t_1 是线性的, 其他值都是已知的, 并且 t_1 的系数由于条件 H2.9 是非零的, 即

$$A\big(\bar{y}_0^{(+)}(t_0), t_0 \big) \bar{y}_0^{(+)'}(t_0) - A\big(\bar{y}_0^{(-)}(t_0), t_0 \big) \bar{y}_0^{(-)'}(t_0) + \int_{\bar{y}_0^{(-)}(t_0)}^{\bar{y}_0^{(+)}(t_0)} A_t(y, t_0) \mathrm{d}y \neq 0, \tag{2.92}$$

该表达式就是 $I'(t_0)$.

求出 t_1 后就能确定 Q_0z 和 Q_1y.

$$Q_0z(0-) = z_0 - \bar{z}_0^{(-)}(t_0) = \int_{-\infty}^{0} (\cdots)\mathrm{d}\tau,$$

由此可得 z_0.

接下来写出关于 Q_1y 的方程

$$\begin{cases} \dfrac{\mathrm{d}}{\mathrm{d}\tau}Q_1y = \tilde{A}_1 Q_1 y + \displaystyle\int_{\pm 0}^{\tau} (\ldots)\mathrm{d}\tau + z_0 - z_0'(t_0 \pm 0), \\ Q_1y(\pm 0) = -\bar{y}_1(t_0 \pm 0) - \bar{y}_0'(t_0 \pm 0)t_1 + y_1, \\ y_1 = \dfrac{A_t(y_0, t_0)}{A_{yt}(y_0, t_0)}t_1. \end{cases} \tag{2.93}$$

求出 Q_1y 后从 (2.90) 可求出 Q_0z, 并且对得到的边界层函数 Q_1x 有下面估计:

$$|Q_1x(\tau)| \leqslant C\mathrm{e}^{-\kappa|\tau|}, \quad \kappa > 0.$$

这样, 有下面渐近展开式:

$$y(t, \epsilon) \sim Y_1 = \bar{y}_0(t) + \epsilon\bar{y}_1(t) + Q_0y + \epsilon Q_1y,$$

$$z(t, \epsilon) \sim Z_0 = \bar{z}_0(t) + \epsilon\bar{z}_1(t) + \epsilon^{-1}Q_{-1}z + Q_0z.$$

利用条件 H2.8, H2.9 渐近解的构造可继续下去, 可求出 $\bar{t}_i$, Q_iy, $Q_{i-1}z$, 即构造出级数 (2.75), 并且可以证明在 $\{Y_0, Z_0\}$ 的邻域内 (2.73) 的解存在性和估计式:

$$|y(t, \epsilon) - \bar{Y}_0| = O(\epsilon), \quad |z(t, \epsilon) - Z_0| = O(\epsilon), \ 0 \leqslant t \leqslant 1.$$

为此我们引进左右问题的解 $x^{(\mp)}(t, \epsilon)$, 让左解满足 $y^{(-)}(0, \epsilon) = y^0$, $y^{(-)}(\bar{t}, \epsilon) = \bar{y}$; 而右解满足 $y^{(+)}(\bar{t}, \epsilon) = \bar{y}$, $y^{(+)}(1, \epsilon) = y^1$, $A(\bar{y}_0, \bar{t}) = 0$. 可见 $y^{(\mp)}(t, \epsilon)$ 在 $\bar{t}$ 邻域存在边界层. 根据边界层函数法可知左右问题的解 $y^{(\mp)}(t, \epsilon)$ 都是存在的, 并有渐近解.

如果记

$$\Delta(\bar{t}, \epsilon) = z^{(+)}(\bar{t}, \epsilon) - z^{(-)}(\bar{t}, \epsilon),$$

那么

$$\Delta(\bar{t}, \epsilon) = \varphi(\bar{t}) + O(\epsilon),$$

同样可得

$$\frac{\partial}{\partial\bar{t}}\Delta(\bar{t}, \epsilon) = \varphi'(\bar{t}) + O(\epsilon).$$

再记 $t^*(\epsilon)$ 是使 $\Delta(\bar{t}, \epsilon)$ 为零的点. 即 $\Delta(t^*(\epsilon), \epsilon) = 0$. 从 Δ 及 $\dfrac{\partial}{\partial\bar{t}}\Delta$ 的表达式和

隐函数定理可得在 t_0 的邻域 t^* 存在唯一, 并有 $t^*(\epsilon) = t_0 + O(\epsilon)$, 同样也可得到更高阶展开式

$$t^*(\epsilon) = t_0 + \epsilon t_1 + \cdots + \epsilon^n t_n + O(\epsilon^{n+1}).$$

定理 2.4　如果满足条件 H2.8, H2.9, 那么问题 (2.71) 存在具有内部转移层的解, 转移点为 $t^*(\epsilon)$, 级数 (2.75) 是该解的渐近解, 其中 (2.75) 的各项系数由上述方法给出.

2.3　二阶弱非线性奇异摄动方程的阶梯状空间对照结构

2.3.1　阶梯状解的存在性

讨论下面的二阶奇异摄动方程边值问题:

$$\begin{cases} \epsilon^2 \dfrac{\mathrm{d}^2 y}{\mathrm{d}t^2} = F\left(\epsilon \dfrac{\mathrm{d}y}{\mathrm{d}t}, y, t\right), & (2.94) \\ y(-1, \epsilon) = y(1, \epsilon) = 0, \quad -1 < t < 1, & (2.95) \end{cases}$$

其中 $\epsilon > 0$ 是小参数. 由于方程右端包含了一阶导数 $\dfrac{\mathrm{d}y}{\mathrm{d}t}$, 所以问题会相当复杂.

把 (2.94) 写成等价方程组

$$\begin{cases} \epsilon \dfrac{\mathrm{d}y}{\mathrm{d}t} = z, \\ \epsilon \dfrac{\mathrm{d}z}{\mathrm{d}t} = F(z, y, t). \end{cases} \qquad (2.96)$$

H 2.10　假设 $F(z, y, t)$ 在区域 $D = \{(z, y, t)| \ |t| < 1, |y| \leqslant l_1, |z| \leqslant l_2\}$ 上二阶偏导数连续, 而 l_1, l_2 是两个给定的常数.

H 2.11　假设 $F(0, y, t) = 0$ 有三个根 $y = \varphi_i(t)(i = 1, 2, 3)$, 不妨令 $\varphi_1(t) < \varphi_2(t) < \varphi_3(t)$, 并且 $F_y(\varphi_{1,3}(t), t) > 0$, $F_y(\varphi_2(t), t) < 0$.

写出 (2.96) 的辅助方程

$$\begin{cases} \dfrac{\mathrm{d}\tilde{y}}{\mathrm{d}\tau} = \tilde{z}, \\ \dfrac{\mathrm{d}\tilde{z}}{\mathrm{d}\tau} = F(\tilde{z}, \tilde{y}, t), \end{cases} \qquad (2.97)$$

这里 t 是参数.

在相平面 $(\tilde{y}, \tilde{z})$ 上平衡点 $M_{1,3}(\varphi_{1,3}, 0)$ 是鞍点, 这是因为特征方程

$$\begin{vmatrix} F_z(0, \varphi, t) - \lambda & F_y(0, \varphi, t) \\ 1 & 0 - \lambda \end{vmatrix} = 0$$

或者

$$\lambda^2 - F_z(0, \varphi, t)\lambda - F_y(0, \varphi, t) = 0$$

有两个异号的实根. 记判别式 $\triangle = F_z^2(0,\varphi,t) + 4F_y(0,\varphi,t)$,

当 $\varphi = \varphi_{1,3}$ 时,

$$\triangle = F_z^2(0,\varphi_{1,3},t) + 4F_y(0,\varphi_{1,3},t) > 0, \quad \lambda_1\lambda_2 = -F_y(0,\varphi_{1,3},t) < 0.$$

当 $\varphi = \varphi_2$ 时,

$$\triangle = F_z^2(0,\varphi_2,t) + 4F_y(0,\varphi_2,t), \quad \lambda_1\lambda_2 = -F_y(0,\varphi_2,t) > 0.$$

这时, 如果 $F_z(0,\varphi_2(t),t) \neq 0$, $M_2(\varphi_2(t),t)$ 可以是焦点, 经过每一个鞍点 $M_{1,3}$ 有两条轨线进出, 其中一条可以进入焦点 (或走出) M_2, 这里不讨论连接鞍焦点的轨线.

H 2.12 假设从 M_1 出发的轨线 (记为 $\tilde{z}^{(-)}(\tau,t)$, $\tilde{y}^{(-)}(\tau,t)$) 与 $y = \varphi_2(t)$ 相交, 并且在交点时刻对应于 $\tau = 0$, 在 M_1 处对应于 $\tau = -\infty$; 又进入 M_3 的轨线 (记为 $\tilde{z}^{(+)}(\tau,t)$, $\tilde{y}^{(+)}(\tau,t)$) 与 $y = \varphi_2(t)$ 相交, 在交点时刻对应于 $\tau = 0$, 在 M_3 处对应于 $\tau = +\infty$.

这两条轨线由下面方程确定:

$$\begin{cases} \dfrac{d\tilde{y}^{(\mp)}}{d\tau} = \tilde{z}^{(\mp)}, \quad \dfrac{d\tilde{z}^{(\mp)}}{d\tau} = F(\tilde{z}^{(\mp)}, \tilde{y}^{(\mp)}, t), \\ \tilde{y}^{(\mp)}(0,t) = \varphi_2(t), \\ \tilde{y}^{(\mp)}(\pm\infty,t) = \varphi_{1,3}(t), \quad \tilde{z}^{(\mp)}(\pm\infty,t) = 0, \end{cases} \tag{2.98}$$

记 $H(t) = \tilde{z}^{(+)}(0,t) - \tilde{z}^{(-)}(0,t)$.

H 2.13 假设对某个 $t = t_0$, $-1 < t_0 < 1$, 有 $H(t_0) = 0$, 但 $\left.\dfrac{dH}{dt}\right|_{t=t_0} \neq 0$.

定理 2.5 如果满足条件 H2.10– H2.13, 则必存在问题 (2.94), (2.95) 的解 $y(t,\epsilon)$, 并有下面极限过程:

$$\lim_{\epsilon \to 0} y(t,\epsilon) = \begin{cases} \varphi_1(t), \quad t < t_0, \\ \varphi_3(t), \quad t > t_0. \end{cases}$$

为了证明该定理, 需要引进两个辅助问题 (左问题和右问题).

左问题 ($-1 \leqslant t \leqslant t^*$, t^* 作为参数):

$$\begin{cases} \epsilon\dfrac{d}{dt}y^{(-)} = z^{(-)}, \quad \epsilon\dfrac{d}{dt}z^{(-)} = F(z^{(-)}, y^{(-)}, t), \\ y^{(-)}(-1,\epsilon) = 0, \quad y^{(-)}(t^*,\epsilon) = \varphi_2(t^*). \end{cases} \tag{2.99}$$

右问题 ($t^* \leqslant t \leqslant 1$, t^* 作为参数):

$$\begin{cases} \epsilon\dfrac{d}{dt}y^{(+)} = z^{(+)}, \quad \epsilon\dfrac{d}{dt}z^{(+)} = F(z^{(+)}, y^{(+)}, t), \\ y^{(+)}(t^*,\epsilon) = \varphi_2(t^*), \quad y^{(+)}(1,\epsilon) = 0. \end{cases} \tag{2.100}$$

这两个左右问题都是纯边界层问题, 它们的解 $y^{(\mp)}$ 都是存在的, 为了使 $y^{(\mp)}$ 复合成 (2.94), (2.95) 的解, 需要它们在 $t = t^*$ 处光滑连接, 即

$$z^{(-)}(t^*, \epsilon) = z^{(+)}(t^*, \epsilon). \tag{2.101}$$

根据边界层函数法, 写出左右问题的渐近解

$$\begin{cases} y^{(-)}(t, \epsilon) = \varphi_1(t) + L_0 y^{(-)}(\tau_{-1}) + Q_0 y^{(-)}(\tau) + O(\epsilon), \\ z^{(-)}(t, \epsilon) = L_0 z^{(-)}(\tau_{-1}) + Q_0 z^{(-)}(\tau) + O(\epsilon) \end{cases} \tag{2.102}$$

和

$$\begin{cases} y^{(+)}(t, \epsilon) = \varphi_3(t) + Q_0 y^{(+)}(\tau) + R_0 y^{(+)}(\tau_1) + O(\epsilon), \\ z^{(+)}(t, \epsilon) = Q_0 z^{(+)}(\tau) + R_0 z^{(+)}(\tau_1) + O(\epsilon), \end{cases} \tag{2.103}$$

其中 $\tau_{-1} = (t+1)/\epsilon$, $\tau = (t-t^*)/\epsilon$, $\tau_1 = (t-1)/\epsilon$, $|O(\epsilon)| \leqslant C\epsilon$, 而 C 不依赖于 t^*.

往下只写出 $Q_0 z^{(\mp)}(\tau)$, $Q_0 y^{(\mp)}(\tau)$ 满足的方程和定解条件

$$\begin{cases} \dfrac{\mathrm{d}}{\mathrm{d}\tau} Q_0 y^{(\mp)} = Q_0 z^{(\mp)}, \\ \dfrac{\mathrm{d}}{\mathrm{d}\tau} Q_0 z^{(\mp)} = F(Q_0 z^{(\mp)}, \varphi_{1,3}(t^*) + Q_0 y^{(\mp)}, t^*), \\ Q_0 y^{(\mp)}(0) = \varphi_2(t^*) - \varphi_{1,3}(t^*), \\ Q_0 y^{(\mp)}(\pm\infty) = 0, \quad Q_0 z^{(\mp)}(\pm\infty) = 0. \end{cases} \tag{2.104}$$

对 (2.104) 作变量替换

$$\tilde{z}^{(\mp)} = Q_0 z^{(-)}(\tau), \quad \tilde{y}^{(\mp)} = \varphi_{1,3}(t^*) + Q_0 y^{(\mp)}(\tau)$$

之后可写成

$$\begin{cases} \dfrac{\mathrm{d}}{\mathrm{d}\tau} \tilde{y}^{(\mp)} = \tilde{z}^{(\mp)}, \quad \dfrac{\mathrm{d}}{\mathrm{d}\tau} \tilde{z}^{(\mp)} = F(\tilde{z}^{(\mp)}, \tilde{y}^{(\mp)}, t^*), \\ \tilde{y}^{(\mp)}(0) = \varphi_2(t^*), \\ \tilde{y}^{(\mp)}(\mp\infty, t^*) = \varphi_{1,3}(t^*), \quad \tilde{z}^{(\mp)}(\mp\infty, t^*) = 0. \end{cases} \tag{2.105}$$

记 $G(t^*, \epsilon) = z^{(+)}(t^*, \epsilon) - z^{(-)}(t^*, \epsilon)$. 把 (2.102), (2.103) 中的 $z^{(\mp)}(t, \epsilon)$, 代入

$$G(t^*, \epsilon) = \tilde{z}^{(+)}(0, t^*) - \tilde{z}^{(-)}(0, t^*) + O(\epsilon) = H(t^*) + O(\epsilon).$$

考察

$$\begin{aligned} G(t_0 \pm K\epsilon, \epsilon) &= H(t_0 \pm K\epsilon) + O(\epsilon) \\ &= H(t_0) \pm \frac{\mathrm{d}H}{\mathrm{d}t^*}(t_0 \pm \theta_{(\pm)} K\epsilon) K\epsilon + O(\epsilon) \\ &= \pm \frac{\mathrm{d}H}{\mathrm{d}t^*}(t_0 \pm \theta_{(\pm)} K\epsilon) K\epsilon + O(\epsilon), \end{aligned}$$

这里 $0 < \theta_{(\pm)} < 1$.

由条件 H2.13, 对充分小的 ϵ 导数值 $\dfrac{\mathrm{d}H}{\mathrm{d}t^*}(t_0 \pm \theta_{(\pm)}K\epsilon)$ 与 $\dfrac{\mathrm{d}H}{\mathrm{d}t}\Big|_{t=t_0}$ 同号, 所以当 ϵ 固定时, 只要 K 足够大, $G(t_0 + K\epsilon, \epsilon)$ 和 $G(t_0 - K\epsilon, \epsilon)$ 异号. 由介值定理存在 $t^*(\epsilon) \in [t_0 - K\epsilon, t_0 + K\epsilon]$, 使得 $G(t^*(\epsilon), \epsilon) = 0$. 因此

$$t^*(\epsilon) = t_0 + O(\epsilon). \tag{2.106}$$

这样再回到 (2.102), (2.103) 的表达式, 就能得到极限关系式.

注释 2.12 如果 t^* 采用 (2.106), 则渐近表达式 (2.102), (2.103) 所达到的量阶是 $O(1)$, 而不是 $O(\epsilon)$, 所以必须取 $t^* = t_0 + \epsilon t_1 + O(\epsilon^2)$.

2.3.2 渐近解的细化

令

$$t^* = t_0 + \epsilon t_1^*, \tag{2.107}$$

其中 t_1^* 是未知的参数. 为了求出 t_1^*, 需要渐近表达式展开到 $O(\epsilon^2)$. 往下只写在 $t^*(\epsilon)$ 邻域附近的渐近解, 边界函数 Q 和 R 因指数小而被忽略.

$$\begin{cases} z^{(\mp)}(t,\epsilon) = Q_0 z^{(\mp)}(\tau) + \epsilon[\bar{z}_1^{(\mp)}(t) + Q_1 z^{(\mp)}(\tau)] + O(\epsilon^2), \\ y^{(\mp)}(t,\epsilon) = \bar{y}_0^{(\mp)}(t) + Q_0 y^{(\mp)}(\tau) + \epsilon[\bar{y}_1^{(\mp)}(t) + Q_1 y^{(\mp)}(\tau)] + O(\epsilon^2). \end{cases} \tag{2.108}$$

表达式 (2.108) 是左右边界函数的合写, 其中 $\bar{y}_0^{(-)} = \varphi_1(t)$, $\bar{y}_0^{(+)} = \varphi_3(t)$. 内部层函数 $Q_0 z^{(\mp)}$, $Q_0 y^{(\mp)}$ 满足的方程和定解条件类似于 (2.104), (2.105), 只要把 t^* 换成 t_0 即可

$$\begin{cases} \dfrac{\mathrm{d}}{\mathrm{d}\tau}Q_0 y^{(\mp)} = Q_0 z^{(\mp)}, \\ \dfrac{\mathrm{d}}{\mathrm{d}\tau}Q_0 z^{(\mp)} = F(Q_0 z^{(\mp)}, \bar{y}_0^{(\mp)}(t_0) + Q_0 y^{(\mp)}, t_0), \\ Q_0 y^{(\mp)}(0) = \bar{y}_0^{(\mp)}(t_0) - \varphi_2(t_0), \\ Q_0 y^{(\mp)}(\pm\infty) = Q_0 z^{(\mp)}(\pm\infty) = 0. \end{cases}$$

作变量替换 $\tilde{y}^{(\mp)} = \bar{y}_0^{(\mp)}(t_0) + Q_0 y^{(\mp)}(\tau)$, $\tilde{z}^{(\mp)} = Q_0^{(\mp)} z(\tau)$ 可得

$$\begin{cases} \dfrac{\mathrm{d}}{\mathrm{d}\tau}\tilde{y}^{(\mp)} = \tilde{z}^{(\mp)}, \quad \dfrac{\mathrm{d}}{\mathrm{d}\tau}\tilde{z}^{(\mp)} = F(\tilde{z}^{(\mp)}, \tilde{y}^{(\mp)}, t_0), \\ \tilde{y}^{(\mp)}(0) = \varphi_2(t_0), \\ \tilde{y}^{(\mp)}(\pm\infty) = \varphi_{1,3}(t_0), \quad \tilde{z}^{(\mp)}(\pm\infty) = 0. \end{cases} \tag{2.109}$$

由定理 2.5 可知 $\tilde{y}^{(-)}$ 和 $\tilde{y}^{(+)}$ 在 $\tau = 0$ 处光滑连接. 往下把 $\tilde{y}^{(\mp)}$, $\tilde{z}^{(\mp)}$ 简记成 $\tilde{z}$, $\tilde{y}$, 而记 $F(\tilde{z}, \tilde{y}, t_0) = \tilde{F}$, 这时 (2.109) 可以写成

$$\begin{cases} \dfrac{\mathrm{d}\tilde{y}}{\mathrm{d}\tau} = \tilde{z}, \quad \dfrac{\mathrm{d}\tilde{z}}{\mathrm{d}\tau} = F(\tilde{z}, \tilde{y}, t_0), \\ \tilde{y}(0) = \varphi_2(t_0), \ \tilde{y}(\pm\infty) = \varphi_{1,3}(t_0), \ \tilde{z}(\pm\infty) = 0. \end{cases} \tag{2.110}$$

再看 (2.108) 中 $Q_1 z^{(\mp)}$, $Q_1 y^{(\mp)}$ 满足的方程和定解条件

$$\begin{cases} \dfrac{\mathrm{d}}{\mathrm{d}\tau} Q_1 z^{(\mp)} = \tilde{F}_z Q_1 z^{(\mp)} + \tilde{F}_y Q_1 y^{(\mp)} + h_1^{(\mp)}, \\ \dfrac{\mathrm{d}}{\mathrm{d}\tau} Q_1 y^{(\mp)} = Q_1 z^{(\mp)}, \\ Q_1 y^{(\mp)}(0) = [\varphi_2'(t_0) - (\bar{y}_0^{(\mp)})'(t_0)] t_1^* - \bar{y}_1^{(\mp)}(t_0), \\ Q_1 y^{(\mp)}(\mp\infty) = 0, \ Q_1 z^{(\mp)}(\mp\infty) = 0, \end{cases} \tag{2.111}$$

其中

$$\bar{y}_0'^{(-)}(t_0) = \varphi_1'(t_0), \quad \bar{y}_0'^{(+)}(t_0) = \varphi_3'(t_0),$$
$$h^{(\mp)} = \tilde{F}_z \bar{y}_0'^{(\mp)}(t_0) + \tilde{F}_y [\bar{y}_0'^{(\mp)}(t_0)(t_1^* + \tau) + \bar{y}_1^{(\mp)}(t_0)] + \tilde{F}_t(t_1^* + \tau).$$

把表达式 (2.108) 代入 $G(t^*, u) = 0$ 使得 (2.101) 成立, 即

$$G(t^*, \epsilon) = Q_0 z^{(+)}(0) - Q_0 z^{(-)}(0) + \epsilon(\varphi_3'(t_0) - \varphi_1'(t_0))$$
$$+ \epsilon(Q_1 z^{(+)}(0) - Q_1 z^{(-)}(0)) + O(\epsilon^2) = 0,$$

化简后

$$\varphi_3'(t_0) - \varphi_1'(t_0) + Q_1 z^{(+)}(0) - Q_1 z^{(-)}(0) + O(\epsilon) = 0. \tag{2.112}$$

因为 $Q_1 z^{(\mp)}(0)$ 含有 t_1^*, 所以 (2.112) 就是确定 t_1^* 的方程.

为了化简 (2.112), 要用到格林公式

$$\int_0^1 (vLu - uLv)\mathrm{d}t = \left[p(t) \left(v\dfrac{\mathrm{d}u}{\mathrm{d}t} - u\dfrac{\mathrm{d}v}{\mathrm{d}t} \right) \right] \Big|_0^1, \tag{2.113}$$

其中

$$Lu = (p(t)u')' - q(t)u = g(t)$$

是某个二阶非齐次自共轭方程.

把 (2.109) 写成二阶方程

$$\dfrac{\mathrm{d}^2}{\mathrm{d}\tau^2} Q_1 y^{(\mp)} - \tilde{F}_z \dfrac{\mathrm{d}}{\mathrm{d}\tau} Q_1 y^{(\mp)} - \tilde{F}_y Q_1 y^{(\mp)} = h_1^{(\mp)},$$

这是形如 $u'' - \tilde{F}_z u' - \tilde{F}_y u = h_1^{(\mp)}$ 的非自共轭方程, 在该方程的两边乘以 $p(\tau) = e^{-\int_0^\tau \tilde{F}_z(\tau)\mathrm{d}\tau}$ 就能化为自共轭方程

$$pu'' - p\tilde{F}_z u' - p\tilde{F}_y u = ph_1^{(\mp)}.$$

令 $Lu = \dfrac{\mathrm{d}}{\mathrm{d}\tau}\left(p\dfrac{\mathrm{d}u}{\mathrm{d}\tau}\right) - p\tilde{F}_y u$, 有 $LQ_1 y^{(\mp)} = ph_1^{(\mp)}$, 其中

$$
\begin{aligned}
LQ_1 y^{(\mp)} &= p\frac{\mathrm{d}^2}{\mathrm{d}\tau^2}Q_1 y^{(\mp)} - p\tilde{F}_z\frac{\mathrm{d}}{\mathrm{d}\tau}Q_1 y^{(\mp)} - p\tilde{F}_y Q_1 y^{(\mp)} \\
&= \frac{\mathrm{d}}{\mathrm{d}\tau}\left(p\frac{\mathrm{d}u}{\mathrm{d}\tau}Q_1 y^{(\mp)}\right) - p\tilde{F}_y Q_1 y^{(\mp)}.
\end{aligned}
$$

我们有这样的结论: $Q_0 y$ 的导数 $Q_0 z$ 是 $Lu = ph_1^{(\mp)}$ 所对应齐次方程的特解, 这是因为在 (2.110) 中对 τ 微分有

$$\frac{\mathrm{d}^2\tilde{z}}{\mathrm{d}\tau^2} = \tilde{F}_z\frac{\mathrm{d}\tilde{z}}{\mathrm{d}\tau} + \tilde{F}_y\frac{\mathrm{d}\tilde{y}}{\mathrm{d}\tau},$$

即

$$\frac{\mathrm{d}^2}{\mathrm{d}\tau^2}(Q_0 z) = \tilde{F}_z\left(\frac{\mathrm{d}}{\mathrm{d}\tau}Q_0 z\right) + \tilde{F}_y Q_0 z,$$

所以

$$p\frac{\mathrm{d}^2}{\mathrm{d}\tau^2}(Q_0 z) - p\tilde{F}_z\left(\frac{\mathrm{d}}{\mathrm{d}\tau}Q_0 z\right) - p\tilde{F}_y Q_0 z = 0,$$

即

$$L(Q_0 z) = 0.$$

由此可知

$$\int_{-\infty}^0 (Q_0 z LQ_1 y - Q_1 y L(Q_0 z))\mathrm{d}\tau = \left[p\left(Q_0 z\frac{\mathrm{d}}{\mathrm{d}\tau}Q_1 y - Q_1 y\frac{\mathrm{d}}{\mathrm{d}\tau}Q_0 z\right)\right]\Bigg|_{-\infty}^0,$$

即

$$
\begin{aligned}
\int_{-\infty}^0 \tilde{z}p(\tau)h^{(-)}(\tau)\mathrm{d}\tau = {} & p(0)[Q_0 z(0)Q_1 z^{(-)}(0) - Q_1 y^{(-)}(0)\tilde{z}'(0)] \\
& -p(-\infty)[Q_0 z(-\infty)Q_1 z^{(-)}(-\infty) - Q_1 y(-\infty)\tilde{z}'(-\infty)].
\end{aligned}
$$

H 2.14 假设 $\lim\limits_{\tau\to\pm\infty} p(\tau)$ 有界.

由此可得

$$\int_{-\infty}^0 \tilde{z}(\tau)p(\tau)h^{(-)}(\tau)\mathrm{d}\tau = \tilde{z}(0)Q_1 z^{(-)}(0) - Q_1 y^{(-)}(0)\tilde{z}'(0).$$

把 $Q_1 z^{(-)}(0)$ 表示出来

$$Q_1 z^{(-)}(0) = \tilde{z}^{-1}(0)\left[\int_{-\infty}^{0} \tilde{z}(\tau)p(\tau)h^{(-)}(\tau)\mathrm{d}\tau + Q_1 y^{(-)}(0)\tilde{z}'(0)\right]. \tag{2.114}$$

同理可得

$$Q_1 z^{(+)}(0) = \tilde{z}^{-1}(0)\left[\int_{+\infty}^{0} \tilde{z}(\tau)p(\tau)h^{(+)}(\tau)\mathrm{d}\tau + Q_1 y^{(+)}(0)\tilde{z}'(0)\right]. \tag{2.115}$$

把 (2.114), (2.115) 代入 (2.112)

$$\varphi_3'(t_0) - \varphi_1'(t_0) + \tilde{z}^{-1}(0)\left[\int_{+\infty}^{0} \tilde{z}ph^{(+)}\mathrm{d}\tau + Q_1 y^{(+)}(0)\tilde{z}'(0)\right]$$

$$-\tilde{z}^{-1}(0)\left[\int_{-\infty}^{0} \tilde{z}ph^{(-)}\mathrm{d}\tau + Q_1 y^{(-)}(0)\tilde{z}'(0)\right] + O(\epsilon) = 0,$$

即

$$\tilde{z}(0)[\varphi_3'(t_0) - \varphi_1'(t_0)] + \int_{+\infty}^{0} \tilde{z}ph_1^{(+)}\mathrm{d}\tau - \int_{-\infty}^{0} \tilde{z}ph_1^{(-)}\mathrm{d}\tau$$

$$+ [Q_1 y^{(+)}(0) - Q_1 y^{(-)}(0)]\tilde{z}'(0) + O(\epsilon) = 0.$$

考虑到

$$Q_1 y^{(+)}(0) - Q_1 y^{(-)}(0) = \{[\varphi_2'(t_0) - (\bar{y}_0^{(+)})']t_1^* - y_1^{(+)}(t_0)\}$$

$$-\{[\varphi_2'(t_0) - (\bar{y}_0^{(-)})']t_1^* - y_1^{(-)}(t_0)\}$$

$$= -[\varphi_3'(t_0) - \varphi_1'(t_0)]t_1^* - [y_1^{(+)}(t_0) - y_1^{(-)}(t_0)],$$

所以

$$\tilde{z}(0)[\varphi_3'(t_0) - \varphi_1'(t_0)] - \tilde{z}'(0)[\varphi_3'(t_0) - \varphi_1'(t_0)]t_1^* - \tilde{z}'(0)[y_1^{(+)}(t_0) - y_1^{(-)}(t_0)]$$

$$+ \int_{+\infty}^{0} \tilde{z}ph_1^{(+)}\mathrm{d}\tau - \int_{-\infty}^{0} \tilde{z}ph_1^{(-)}\mathrm{d}\tau + O(\epsilon) = 0. \tag{2.116}$$

而

$$\int_{-\infty}^{0} \{\tilde{z}p\tilde{F}_z\varphi_1^{'}(t_0) + \tilde{z}p\tilde{F}_y[\varphi_1^{'}(t_0)(t_1^* + \tau) + \bar{y}_1^{(-)}(t_0)] + \tilde{z}p\tilde{F}_t(t_1^* + \tau)\}\mathrm{d}\tau$$

$$= \int_{-\infty}^{0} \{\tilde{z}p\tilde{F}_z\varphi_1'(t_0) + \tilde{z}p\tilde{F}_y\varphi_1'(t_0)\tau\}\mathrm{d}\tau + t_1^* \int_{-\infty}^{0} \{\tilde{z}p\tilde{F}_y\varphi_1'(t_0) + \tilde{z}p\tilde{F}_t\}\mathrm{d}\tau$$

$$+ \int_{-\infty}^{0} \tilde{z}p\tilde{F}_z\bar{y}_1^{(-)}(t_0)\mathrm{d}\tau + \int_{-\infty}^{0} \tilde{z}p\tilde{F}_t\tau\mathrm{d}\tau.$$

往下对 (2.116) 中的积分进行简化, 利用等式

$$p\frac{\mathrm{d}^2}{\mathrm{d}\tau^2}(\tilde{y}') - p\left(\tilde{F}_z\frac{\mathrm{d}}{\mathrm{d}\tau}\tilde{y}' + \tilde{F}_y\tilde{y}'\right) = \frac{\mathrm{d}}{\mathrm{d}\tau}\left(p\frac{\mathrm{d}}{\mathrm{d}\tau}\tilde{y}'\right) - p\tilde{F}_y\tilde{y}' = 0,$$

有

$$\int_{-\infty}^{0}\tilde{y}'p\tilde{F}_y\varphi_1'(t_0)\,\mathrm{d}\tau = \varphi_1'(t_0)\int_{-\infty}^{0}\tilde{y}'p\tilde{F}_y\,\mathrm{d}\tau$$
$$= \varphi_1'(t_0)\int_{-\infty}^{0}\frac{\mathrm{d}}{\mathrm{d}\tau}\left(p\frac{\mathrm{d}}{\mathrm{d}\tau}\tilde{y}'\right)\mathrm{d}\tau$$
$$= \varphi_1'(t_0)\tilde{y}''(0),$$

同理

$$\int_{0}^{+\infty}\tilde{y}'p\tilde{F}_y\varphi_3'(t_0)\mathrm{d}\tau = -\varphi_3'(t_0)\tilde{y}''(0).$$

往下有

$$\int_{-\infty}^{0}\tilde{y}'p\tilde{F}_y\varphi_1'(t_0)\tau\,\mathrm{d}\tau = \varphi_1'(t_0)\int_{-\infty}^{0}\tilde{y}'p\tilde{F}_y\tau\,\mathrm{d}\tau$$
$$= \varphi_1'(t_0)\int_{-\infty}^{0}\tau\frac{\mathrm{d}}{\mathrm{d}\tau}\left(p\frac{\mathrm{d}}{\mathrm{d}\tau}\tilde{y}'\right)\mathrm{d}\tau$$
$$= \varphi_1'(t_0)\int_{-\infty}^{0}\tau\,\mathrm{d}\left(p\frac{\mathrm{d}}{\mathrm{d}\tau}\tilde{y}'\right)$$
$$= -\varphi_1'(t_0)\int_{-\infty}^{0}p\tilde{y}''\,\mathrm{d}\tau.$$

由此可得

$$\int_{-\infty}^{0}[\tilde{y}'p\tilde{F}_z\varphi_1'(t_0) + \tilde{y}'p\tilde{F}_y\varphi_1'(t_0)\tau]\,\mathrm{d}\tau = \varphi_1'(t_0)\int_{-\infty}^{0}\tilde{y}'p\tilde{F}_z\,\mathrm{d}\tau + \varphi_1'(t_0)\int_{-\infty}^{0}\tilde{y}'p\tilde{F}_y\tau\,\mathrm{d}\tau$$
$$= \varphi_1'(t_0)\int_{-\infty}^{0}\tilde{y}'p\tilde{F}_z\mathrm{d}\tau - \varphi_1'(t_0)\int_{-\infty}^{0}p\tilde{y}''\,\mathrm{d}\tau$$
$$= \varphi_1'(t_0)\int_{-\infty}^{0}(\tilde{y}'p\tilde{F}_z - p\tilde{y}'')\,\mathrm{d}\tau$$
$$= -\varphi_1'(t_0)\tilde{y}'(0).$$

即

$$\varphi_1'(t_0)\int_{-\infty}^{0}p\tilde{z}(\tilde{F}_z + \tilde{F}_y\tau)\mathrm{d}\tau = -\varphi_1'(t_0)\tilde{y}'(0).$$

类似有

$$\varphi_3'(t_0)\int_{0}^{+\infty}p\tilde{z}(\tilde{F}_z + \tilde{F}_y\tau)\mathrm{d}\tau = \varphi_3'(t_0)\tilde{y}'(0),$$

由此可得

$$
-\int_{-\infty}^{0} \tilde{z}p\{\tilde{F}_z\varphi_1^{'}(t_0) + \tilde{F}_y[\varphi_1^{'}(t_0)(t_1^* + \tau) + \bar{y}_1^{(-)}(t_0)]\}\mathrm{d}\tau
$$

$$
-\int_{0}^{+\infty} \tilde{z}p\{\tilde{F}_z\varphi_3^{'}(t_0) + \tilde{F}_y[\varphi_3^{'}(t_0)(t_1^* + \tau) + \bar{y}_1^{(+)}(t_0)]\}\mathrm{d}\tau
$$

$$
= [\varphi_3^{'}(t_0) - \varphi_1^{'}(t_0)]\tilde{z}'(0)t_1^* + [\bar{y}_1^{(-)}(t_0) - \bar{y}_1^{(+)}(t_0)]\tilde{z}'(0) + [\varphi_1^{'}(t_0) - \varphi_3^{'}(t_0)]\tilde{z}(0).
$$

把化简部分与 (2.116) 抵消掉就有

$$
\int_{-\infty}^{+\infty} \tilde{z}p\tilde{F}_t\tau\mathrm{d}\tau + t_1^* \int_{-\infty}^{+\infty} \tilde{z}p\tilde{F}_t\mathrm{d}\tau = O(\epsilon), \tag{2.117}
$$

即

$$
t_1^* = \left(-\int_{-\infty}^{+\infty} \tilde{z}p\tilde{F}_t\tau\mathrm{d}\tau\right) \left(\int_{-\infty}^{+\infty} \tilde{z}p\tilde{F}_t\mathrm{d}\tau\right)^{-1} + O(\epsilon).
$$

在 (2.109) 中, 如果写 $t_1^* = t_1 + O(\epsilon)$, 则

$$
t_1 = \left(-\int_{-\infty}^{+\infty} \tilde{z}p\tilde{F}_t\tau\mathrm{d}\tau\right) \left(\int_{-\infty}^{+\infty} \tilde{z}p\tilde{F}_t\mathrm{d}\tau\right)^{-1}.
$$

利用以前记法

$$
H(t^*) = \tilde{z}^{(+)}(t^*) - \tilde{z}^{(-)}(t^*), \quad \frac{\mathrm{d}H}{\mathrm{d}t^*} = \frac{\partial}{\partial t^*}\tilde{z}^{(+)}(t^*) - \frac{\partial}{\partial t^*}\tilde{z}^{(-)}(t^*)
$$

将证明 $\left.\dfrac{\mathrm{d}H}{\mathrm{d}t^*}\right|_{t^*=t_0} \neq 0$, 从而推出在 t_1^* 的表达式中分母不为零.

先回忆在 (2.105) 中代换

$$
\tilde{y}^{(\mp)} = \varphi_{1,3}(t^*) + Q_0y^{(\mp)}, \quad \tilde{z}^{(\mp)} = Q_0z^{(\mp)},
$$

令 $\dfrac{\partial}{\partial t^*}Q_0y^{(\mp)} = q^{(\mp)}$, $\dfrac{\partial}{\partial t^*}Q_0z^{(\mp)} = \gamma^{(\mp)}$, 在 (2.105) 中对 t^* 进行微分

$$
\begin{cases}
\dfrac{\mathrm{d}}{\mathrm{d}\tau}\left(\dfrac{\mathrm{d}}{\mathrm{d}t^*}Q_0z^{(\mp)}\right) = F_z(\cdot)\dfrac{\mathrm{d}}{\mathrm{d}t^*}Q_0z^{(\mp)} + F_y(\cdot)\left[\dfrac{\mathrm{d}}{\mathrm{d}t^*}Q_0y^{(\mp)} + \varphi_{1,3}^{'}(t^*)\right] + F_t(\cdot), \\
\dfrac{\mathrm{d}}{\mathrm{d}\tau}\left(\dfrac{\mathrm{d}}{\mathrm{d}t^*}Q_0y^{(\mp)}\right) = \dfrac{\mathrm{d}}{\mathrm{d}t^*}Q_0z^{(\mp)},
\end{cases}
$$

即

$$
\begin{cases}
\dfrac{\mathrm{d}}{\mathrm{d}\tau}\gamma^{(\mp)} = F_z(\cdot)\gamma^{(\mp)} + F_y(\cdot)(q^{(\mp)} + \varphi_{1,3}^{'}(t^*)) + F_t(\cdot), \\
\dfrac{\mathrm{d}}{\mathrm{d}\tau}q^{(\mp)} = \gamma^{(\mp)}, \\
q^{(\mp)}(0) = \varphi_2^{'}(t^*) - (\bar{y}_0^{(\mp)})'(t^*), \\
q^{(\mp)}(\pm\infty) = \gamma^{(\mp)}(\pm\infty) = 0.
\end{cases} \tag{2.118}
$$

利用格林公式有

$$\gamma^{(+)}(0) - \gamma^{(-)}(0) = \tilde{z}^{-1}(0)\bigg\{ \int_0^{-\infty} \tilde{z}p[\tilde{F}_y\varphi_1'(t_0) + \tilde{F}_t]\mathrm{d}\tau$$

$$- \int_0^{+\infty} \tilde{z}p[\tilde{F}_y\varphi_3'(t_0) + \tilde{F}_t]\mathrm{d}\tau + \tilde{z}'(0)[q^{(+)}(0) - q^{(-)}(0)]\bigg\},$$

而

$$\int_0^{-\infty} \tilde{z}p\tilde{F}_y\varphi_1'(t_0)\mathrm{d}\tau - \int_0^{+\infty} \tilde{z}p\tilde{F}_y\varphi_3'(t_0)\mathrm{d}\tau = \varphi_3'(t_0)\tilde{y}''(0) - \varphi_1'(t_0)\tilde{y}''(0),$$

这时边界条件为

$$q^{(+)}(0) - q^{(-)}(0) = \varphi_1'(t_0) - \varphi_3'(t_0).$$

考虑到这些, 化简后可得

$$\gamma^{(+)}(0) - \gamma^{(-)}(0) = -\tilde{z}^{-1}(0)\int_{-\infty}^{+\infty} \tilde{z}p\tilde{F}_t\mathrm{d}\tau.$$

因为当 $\tau = 0$ 时, 轨线与 y 轴不交, 所以 $\tilde{z}(0) \neq 0$. 这就说明

$$r^{(+)}(0) - r^{(-)}(0) \neq 0$$

的充要条件为

$$\frac{\mathrm{d}H}{\mathrm{d}t^*}\bigg|_{t^*=t_0} = \frac{\partial}{\partial t^*}\tilde{z}^{(+)}(t^*) - \frac{\partial}{\partial t^*}\tilde{z}^{(-)}(t^*)\bigg|_{t^*=t_0} \neq 0.$$

由此推出 $\displaystyle\int_{-\infty}^{+\infty} \tilde{z}p\tilde{F}_t\mathrm{d}\tau \neq 0$, 这就证明了 t_1 的分母不为零.

定理 2.6 问题 (2.94), (2.95) 具有阶梯结构的解是存在的, 它具有下面的渐近表达式:

$$y(t,\epsilon) = \begin{cases} \varphi_1(t) + Q_0y(\tau_{-1}) + Q_0y^{(-)}(\tau) + O(\epsilon), & t < t_0 + \epsilon t_1, \\ \varphi_2(t) + O(\epsilon), & t = t_0 + \epsilon t_1, \\ \varphi_3(t) + R_0y(\tau_1) + Q_0y^{(+)}(\tau) + O(\epsilon), & t > t_0 + \epsilon t_1, \end{cases}$$

其中 $\tau = (t - t_0 - \epsilon t_1)/\epsilon$.

注释 2.13 利用 $y^{(-)}(t,\epsilon)$ 和 $y^{(+)}(t,\epsilon)$ 的高阶渐近表达式可以得到 t^* 的更高阶近似

$$t^* = t_0 + \epsilon t_1 + \epsilon^2 t_2 + \cdots,$$

其中确定 t_k 的公式具有与 t_1 相同的分母.

2.3.3　若干特殊情况和例子

例 2.1　讨论下面边值问题:

$$\begin{cases} \epsilon^2 \dfrac{\mathrm{d}^2 y}{\mathrm{d}t^2} = A(y,t)\left(\epsilon \dfrac{\mathrm{d}y}{\mathrm{d}t}\right)^2 + B(y,t), \\ y(-1,\epsilon) = y(1,\epsilon) = 0, \end{cases}$$

其中假设 $B(\bar{y},t) = 0$ 有三个根: $\varphi_1(t) < \varphi_2(t) < \varphi_3(t)$, 并且 $B_y(\varphi_{1,3}) > 0$, $B_y(\varphi_2) < 0$, $A(y,t) > 0$.

这里

$$F(z,y,t) = A(y,t)z^2 + B(y,t).$$

把它化成等价方程组

$$\begin{cases} \epsilon y' = z, \\ \epsilon z' = A(y,t)z^2 + B(y,t). \end{cases}$$

显然, $F(0,y,t) = B(y,t)$ 有三个根 $\varphi_1(t) < \varphi_2(t) < \varphi_3(t)$ 且满足

$$F_y(0,\varphi_{1,3},t) = B_y(\varphi_{1,3}) > 0, \quad F_y(0,\varphi_2,t) = B_y(\varphi_2) < 0, \quad A(y,t) > 0.$$

这时特征方程为

$$\lambda^2 = F_y(0,\varphi,t) = B_y(\varphi,t).$$

当 $\varphi = \varphi_{1,3}$ 时, $\lambda_{1,2} = \pm\sqrt{B_y(\varphi_{1,3},t)}$, 所以 $(\varphi_{1,3},0)$ 是鞍点, 而 $(\varphi_2,0)$ 是中心. 这说明在相平面上存在从 M_3 出发而进入 M_1 的轨线

$$\frac{\mathrm{d}z}{\mathrm{d}y} = \frac{1}{z}[A(y,\bar{t})z^2 + B(y,\bar{t})],$$

即

$$\frac{1}{2}\left(\frac{\mathrm{d}z^2}{\mathrm{d}y}\right) = A(y,\bar{t})z^2 + B(y,\bar{t}).$$

令 $u = z^2$, 则

$$\frac{\mathrm{d}u}{\mathrm{d}y} = 2A(y,\bar{t})u + 2B(y,\bar{t}),$$

$$u = \mathrm{e}^{2\int_{\varphi_2}^y A\,\mathrm{d}\xi}\left[2\int_{\varphi_2}^y B\mathrm{e}^{-\int_{\varphi_2}^\xi 2A\,\mathrm{d}\eta}\,\mathrm{d}\xi + C\right].$$

不妨取 $C = 0$, 可得

$$\tilde{z}^{(-)} = \mp\mathrm{e}^{\int_{\varphi_2}^y A\,\mathrm{d}\xi}\left[2\int_{\varphi_1}^y B\mathrm{e}^{-\int_{\varphi_2}^\xi 2A\,\mathrm{d}\eta}\,\mathrm{d}\xi\right]^{\frac{1}{2}},$$

$$\tilde{z}^{(+)} = \mp \mathrm{e}^{\int_{\varphi_2}^{y} A \,\mathrm{d}\xi} \left[2 \int_{\varphi_3}^{y} B \mathrm{e}^{-\int_{\varphi_2}^{\xi} 2A \,\mathrm{d}\eta} \,\mathrm{d}\xi \right]^{\frac{1}{2}}.$$

由条件 H2.13 得到求 t_0 的方程

$$\int_{\varphi_1(t_0)}^{\varphi_3(t_0)} B(\xi, t_0) \mathrm{e}^{\int_{\xi}^{\varphi_2(t_0)} 2A(\eta, t_0)\mathrm{d}\eta} \mathrm{d}\xi = 0.$$

条件 H2.14 也满足, 这是因为 $\tilde{F}_z = 2A(\tilde{y}, t_0)\tilde{z}$, 并且

$$-\int_0^\tau \tilde{F}_z \mathrm{d}\tau = -2 \int_{\varphi_2}^{\tilde{y}} A(y, t_0)\mathrm{d}y < 0,$$

所以

$$p(\tau) = \mathrm{e}^{-\int_0^\tau \tilde{F}_z \mathrm{d}\tau} = \mathrm{e}^{-2\int_{\varphi_2}^{\tilde{y}} A(y, t_0)\mathrm{d}y}$$

有界.

例 2.2　讨论下面问题:

$$\begin{cases} \epsilon^2 \dfrac{\mathrm{d}^2 y}{\mathrm{d}t^2} = A(y, t)\left(\epsilon \dfrac{\mathrm{d}y}{\mathrm{d}t} + 1\right), \\ y(-1, \epsilon) = y(1, \epsilon) = 0. \end{cases}$$

假设 $A(\bar{y}, t) = 0$ 有三个根: $\varphi_1(t) < \varphi_2(t) < \varphi_3(t)$, 并且 $A_y(\varphi_{1,3}, t) > 0$, $A_y(\varphi_2, t) < 0$.

先化成等价方程组

$$\begin{cases} \epsilon y' = z, \\ \epsilon z' = A(y, t)(z + 1). \end{cases}$$

特征方程为 $\lambda^2 = A_y(\varphi, \bar{t})$. 所以 $(\varphi_{1,3}, 0)$ 是鞍点, 而 $(\varphi_2, 0)$ 是中心.

写出辅助方程

$$\frac{\mathrm{d}\tilde{z}}{\mathrm{d}\tilde{y}} = \frac{A(\tilde{y}, t_0)(\tilde{z} + 1)}{\tilde{z}},$$

从 $-\infty$ 到 $+\infty$ 积分得

$$\int_{\tilde{z}(-\infty)}^{\tilde{z}(+\infty)} \frac{\tilde{z}}{\tilde{z} + 1}\mathrm{d}z = \int_{\tilde{y}(-\infty)}^{\tilde{y}(+\infty)} A(\tilde{y}, t_0)\mathrm{d}\tilde{y},$$

即

$$\int_{\varphi_1(t_0)}^{\varphi_3(t_0)} A(y, t_0)\mathrm{d}y = 0,$$

这样就得到了求 t_0 的方程.

下面验证条件 H2.14

$$\int_0^\tau \tilde{F}_z \mathrm{d}\tau = \int_0^\tau A(\tilde{y}, t_0) \mathrm{d}\tau = \int_{\varphi_2(t_0)}^{\tilde{y}} A(y, t_0) z^{-1}(y) \,\mathrm{d}y,$$

这里 $z(y)$ 是 y 的函数.

因为

$$z(z+1)^{-1}\mathrm{d}z = A(y, t_0)\mathrm{d}y,$$

所以

$$(z+1)^{-1}\frac{\mathrm{d}z}{\mathrm{d}y} = A(y, t_0)z^{-1},$$

进而

$$\begin{aligned}
\int_{\tilde{y}(-\infty)}^{\tilde{y}} A(y, t_0) z^{-1}(y) \,\mathrm{d}y &= \int_{\tilde{z}(-\infty)}^{\tilde{z}} (z+1)^{-1} \,\mathrm{d}z \\
&= \ln(z+1)|_{\tilde{z}(-\infty)}^{\tilde{z}} \\
&= \ln(\tilde{z}+1).
\end{aligned}$$

最终可得

$$p(\tau) = \mathrm{e}^{-\int_0^\tau \tilde{F}_z \,\mathrm{d}\tau} = \frac{1}{1+\tau},$$

所以 $p(\tau)$ 在相平面上有界.

第3章　奇异摄动微分方程组的阶梯状空间对照结构

3.1　具有快慢变量的二阶奇异摄动方程组的阶梯状空间对照结构

本节将讨论具有快慢变量的奇异摄动方程组

$$\begin{cases} \epsilon^2 u'' = F(u, v), & -1 < t < 1, \\ u'' = G(u, v), \end{cases} \tag{3.1}$$

其中 $u \in \mathbf{R}, v \in \mathbf{R}$.

往下将构造空间对照结构的解, 并且证明解的存在性和一致有效性.

3.1.1　渐近解的构造

对方程组 (3.1) 给出下面边值:

$$u'(-1) = u'(1) = 0, \quad v'(-1) = v'(1) = 0. \tag{3.2}$$

H 3.1　假设对任意 $v(v \in I, I$ 是某个空间) 方程 $F(u, v) = 0$ 有三个独立根

$$u = \varphi_1(v) < u = \varphi_2(v) < u = \varphi_3(v),$$

并且

$$F_u(\varphi_{1,3}(v), v) > 0, \quad F_u(\varphi_2(v), v) < 0.$$

类似于其他阶梯状空间对照结构的做法, t_* 看成是 (3.1), (3.2) 的解的 u 分量与 $\varphi_2(v)$ 相交的横坐标, 它有下面渐近展开式:

$$t_* = t_0 + \epsilon t_1 + \cdots. \tag{3.3}$$

先引进两个辅助问题, 它们的渐近解都可用边界层函数法求得.

左问题:

$$\begin{cases} \epsilon^2 u^{(-)''} = F(u^{(-)}, v^{(-)}), & -1 < t < t^*, \\ v^{(-)''} = G(u^{(-)}, v^{(-)}), \end{cases} \tag{3.4}$$

$$u^{(-)'}(-1) = v^{(-)'}(-1) = 0, \quad u^{(-)}(t^*) = \varphi_2(v^*), \quad v^{(-)}(t^*) = v^*. \tag{3.5}$$

右问题：

$$\begin{cases} \epsilon^2 u^{(+)''} = F(u^{(+)}, v^{(+)}), & t^* < t < 1, \\ v^{(+)''} = G(u^{(+)}, v^{(+)}), \end{cases} \tag{3.6}$$

$$u^{(+)'}(1) = v^{(+)'}(1) = 0, \quad u^{(+)}(t^*) = \varphi_2(v^*), \quad v^{(+)}(t^*) = v^*. \tag{3.7}$$

在左右问题中 t^* 和 v^* 是参数, 并且

$$v^* = v_0 + \epsilon v_1 + \cdots. \tag{3.8}$$

为了得到 (3.1), (3.2) 的解, 必须要求左右问题的解在 t^* 光滑连接. 从条件 (3.5), (3.7) 可知, u 和 v 的分量是连续的.

导数的连续性要求可写成

$$u^{(-)'}(t^*) = u^{(+)'}(t^*), \quad v^{(-)'}(t^*) = v^{(+)'}(t^*) \tag{3.9}$$

或者写成

$$\epsilon u^{(-)'}(t^*) = \epsilon u^{(+)'}(t^*), \quad v^{(-)'}(t^*) = v^{(+)'}(t^*).$$

从关系式 (3.9) 可导出确定级数 (3.3), (3.8) 系数的方程.

根据边界层函数法, 问题 (3.4), (3.5) 以及 (3.6), (3.7) 的解可写成 ($w = (u, v)$)

$$\begin{aligned} w^{(-)}(t, \epsilon) &= \bar{w}^{(-)}(t, \epsilon) + Q^{(-)}w(\tau, \epsilon) + R^{(-)}w(\tau_{-1}, \epsilon), \\ w^{(+)}(t, \epsilon) &= \bar{w}^{(+)}(t, \epsilon) + Q^{(+)}w(\tau, \epsilon) + R^{(+)}w(\tau_1, \epsilon), \end{aligned} \tag{3.10}$$

其中 $w^{(\mp)}$ 为正则项级数, 它的系数依赖于 t(当然也依赖于 t^* 和 v^*, 对 t^* 和 v^* 的依赖性将在需要时指出); $Q^{(\mp)}w(\tau, \epsilon)$ 是在 t^* 邻域中的边界层级数, $\tau = (t - t^*)/\epsilon$; $R^{(\mp)}w(\tau_{\mp}, \epsilon)$ 是在 $t = -1$ 和 $t = 1$ 邻域中的边界层级数, $\tau_{-1} = (t+1)/\epsilon$, $\tau_1 = (t-1)/\epsilon$.

写出求正则部分主项的方程

$$\begin{cases} 0 = F(\bar{u}_0^{(-)}(t), \bar{v}_0^{(-)}(t)), \\ \bar{v}''^{(-)} = G(\bar{u}_0^{(-)}(t), \bar{v}_0^{(-)}(t)), \end{cases} \qquad \begin{cases} 0 = F(\bar{u}_0^{(+)}(t), \bar{v}_0^{(+)}(t)), \\ \bar{v}''^{(+)} = G(\bar{u}_0^{(+)}(t), \bar{v}_0^{(+)}(t)). \end{cases}$$

在此仅讨论从 φ_1 跳到 φ_3 的阶梯状解, 因此

$$\bar{u}_0^{(-)}(t) = \varphi_1(\bar{v}_0^{(-)}(t)), \quad \bar{u}_0^{(+)}(t) = \varphi_3(\bar{v}_0^{(+)}(t)), \tag{3.11}$$

所以求 $\bar{v}_0^{(\mp)}$ 的方程和边值为

$$\bar{v}''_0^{(-)} = G(\varphi_1(\bar{v}_0^{(-)}), \bar{v}_0^{(-)}), \quad \bar{v}'_0^{(-)}(-1) = 0, \quad \bar{v}_0^{(-)}(t_0) = v_0, \tag{3.12}$$

$$\bar{v}''_0^{(+)} = G(\varphi_3(\bar{v}_0^{(+)}), \bar{v}_0^{(+)}), \quad \bar{v}'_0^{(+)}(1) = 0, \quad \bar{v}_0^{(+)}(t_0) = v_0. \tag{3.13}$$

H 3.2 假设 (3.12) 和 (3.13) 有非常数解

$$\bar{v}_0^{(\mp)}(t, t_0, v_0),\tag{3.14}$$

并且它们的变分方程

$$\begin{cases} \bar{\Delta}''^{(\mp)} = [G_u(\varphi_{1,3}(\bar{v}_0^{(\mp)}), \bar{v}_0^{(\mp)})\varphi'_{1,3}(\bar{v}_0^{(\mp)}) + G_v(\varphi_{1,3}(\bar{v}_0^{(\mp)}), \bar{v}_0^{(\mp)})]\bar{\Delta}^{(\mp)}, \\ \bar{\Delta}'^{(-)}(-1) = 0, \quad \bar{\Delta}'^{(\mp)}(t_0) = 0, \quad \bar{\Delta}'^{(+)}(1) = 0 \end{cases}$$

只有平凡解.

边界层级数的主项 $Q_0^{(\mp)}u$ 由下面方程和定解条件确定:

$$\begin{cases} \dfrac{\mathrm{d}^2}{\mathrm{d}\tau^2}Q_0^{(\mp)}u = F(\bar{u}_0^{(\mp)}(t_0) + Q_0^{(\mp)}u, \bar{u}_0^{(\mp)}(t_0)) = F(\varphi_{1,3}(v_0) + Q_0^{(\mp)}u, v_0), \\ Q_0^{(\mp)}u(0) = \varphi_2(v_0) - \varphi_{1,3}(v_0), \qquad Q_0^{(\mp)}u(\mp\infty) = 0, \end{cases}\tag{3.15}$$

其中 t_0, v_0 是未知参数.

从 (3.15) 积分可得

$$\left[\dfrac{\mathrm{d}}{\mathrm{d}\tau}Q_0^{(-)}u(0)\right]^2 = 2\int_{\varphi_1(v_0)}^{\varphi_2(v_0)} F(u, v_0)\mathrm{d}u,\tag{3.16}$$

$$\left[\dfrac{\mathrm{d}}{\mathrm{d}\tau}Q_0^{(+)}u(0)\right]^2 = 2\int_{\varphi_3(v_0)}^{\varphi_2(v_0)} F(u, v_0)\mathrm{d}u.\tag{3.17}$$

把 (3.16), (3.17) 代入关于 u 光滑连接的零次近似式

$$\dfrac{\mathrm{d}}{\mathrm{d}\tau}Q_0^{(-)}u(0) = \dfrac{\mathrm{d}}{\mathrm{d}\tau}Q_0^{(+)}u(0)$$

由此可得

$$\int_{\varphi_1(v_0)}^{\varphi_3(v_0)} F(u, v_0)\,\mathrm{d}u = 0.\tag{3.18}$$

等式 (3.18) 就是求 v_0 的方程.

H 3.3 假设方程 (3.18) 关于 v_0 有解 $(v_0 \in I)$, 并且

$$\int_{\varphi_1(v_0)}^{\varphi_3(v_0)} F_v(u, v_0)\mathrm{d}u \neq 0.\tag{3.19}$$

把 v_0 代入 (3.14), 所得的 $\bar{v}_0^{(\mp)}$ 只含有一个参数 t_0, 记成 $\bar{v}_0^{(\mp)}(t, t_0)$, 剩下的参数 t_0 将从 (3.9) 的第二个条件求得. 写出 (3.9) 的零次近似

$$\bar{v}_0'^{(-)}(t_0, t_0) = \bar{v}_0'^{(+)}(t_0, t_0).\tag{3.20}$$

H 3.4　假设方程 (3.20) 有解 $t_0 \in (-1, 1)$, 并且

$$\frac{\mathrm{d}}{\mathrm{d}t_0}(\bar{v}_0'^{(-)} - \bar{v}_0'^{(+)}) \neq 0. \tag{3.21}$$

关于 (3.21) 更详细的展开式可写成

$$\begin{aligned}
\frac{\mathrm{d}}{\mathrm{d}t_0}\bar{v}_0'^{(-)} &= \frac{\partial}{\partial t}\bar{v}_0'^{(-)}(t, t_0)\bigg|_{t=t_0} + \frac{\partial}{\partial t_0}\bar{v}_0'^{(-)}(t, t_0)\bigg|_{t=t_0} \\
&= \bar{v}_0''^{(-)}(t, t_0)|_{t=t_0} + \frac{\partial}{\partial t_0}\bar{v}_0'^{(-)}(t, t_0)\bigg|_{t=t_0} \\
&= G(\varphi_1(v_0), v_0) + \frac{\partial}{\partial t_0}\bar{v}_0'^{(-)}(t, t_0)\bigg|_{t=t_0},
\end{aligned}$$

对 $\dfrac{\mathrm{d}}{\mathrm{d}t_0}\bar{v}_0'^{(+)}$ 也能写出这样的表达式. 所以 (3.21) 可以写成

$$G(\varphi_1(v_0), v_0) - G(\varphi_3(v_0), v_0) + \frac{\partial}{\partial t_0}[\bar{v}_0'^{(-)}(t_0, t_0) - \bar{v}_0'^{(+)}(t_0, t_0)]|_{t=t_0} \neq 0.$$

求出 v_0, t_0 之后, 边界层项 $Q_0^{(\mp)}u(\tau)$ 就完全定了. 至于 $Q_0^{(\mp)}v(\tau)$, 因为

$$\frac{\mathrm{d}^2}{\mathrm{d}\tau^2}Q_0^{(\mp)}v(\tau) = 0, \quad Q_0^{(\mp)}v(\mp\infty) = 0,$$

可得 $Q_0^{(\mp)}v(\tau) = 0$.

因为在 $t = \pm 1$ 处给出的是第二类型边值, 所以 $R_0^{(\mp)}w \equiv 0$.

3.1.2　高阶渐近解的构造

正则项 $\{\bar{u}_1^{(-)}, \bar{v}_1^{(-)}\}$ 由下面方程确定:

$$0 = \bar{F}_u^{(-)}\bar{u}_1^{(-)} + \bar{F}_v^{(-)}\bar{v}_1^{(-)}, \quad \bar{v}''_1^{(-)} = \bar{G}_u^{(-)}\bar{u}_1^{(-)} + \bar{G}_v^{(-)}\bar{v}_1^{(-)},$$

其中记 $\bar{F}_u^{(-)} = F_u(\bar{u}_0^{(-)}, \bar{v}_0^{(-)})$, $\bar{F}_v^{(-)}$, $\bar{G}_u^{(-)}$, $\bar{G}_v^{(-)}$ 都有类似的记法. 由此可得

$$\bar{u}_1^{(-)} = \varphi_1'(\bar{v}_0^{(-)})\bar{v}_1^{(-)}, \quad \bar{v}''_1^{(-)} = [\bar{G}_u^{(-)}\varphi_1'(\bar{v}_0^{(-)}) + \bar{G}_v^{(-)}]\bar{v}_1^{(-)}. \tag{3.22}$$

相应的边值条件为

$$\bar{v}_1'^{(-)}(-1) = 0, \quad \bar{v}_1'^{(-)}(t_0) + t_1\bar{v}_0'^{(-)}(t_0) = v_1.$$

对 $\bar{u}_1^{(+)}$, $\bar{v}_1^{(+)}$ 有完全一样的方程和边值条件, 只要把 φ_1 换成 φ_3, 在边值条件中把 -1 换成 $+1$ 即可.

利用条件 H3.2 问题 (3.22) 是可解的, 但含有未知参数 t_1 和 v_1.

为了求 v_1, 要用到关于 u 的光滑连接一次近似, 并考虑到 (3.11), (3.20)

$$\frac{\mathrm{d}}{\mathrm{d}\tau}Q_1^{(+)}u(0) - \frac{\mathrm{d}}{\mathrm{d}\tau}Q_1^{(-)}u(0) = \bar{v}'_0(t_0)[\varphi'_3(v_0) - \varphi'_1(v_0)]. \tag{3.23}$$

写出确定 $Q_1^{(-)}u$ 的问题 (对 $Q_1^{(+)}u$ 是类似的, 只要把 φ_1 换成 $\varphi_3, -\infty$ 换成 $+\infty$ 即可)

$$\begin{cases} \dfrac{\mathrm{d}^2}{\mathrm{d}\tau^2}Q_1^{(-)}u = \tilde{F}_u Q_1^{(-)}u + [\bar{v}_1^{(-)}(t_0) + (t_1+\tau)\bar{v}'_1^{(-)}(t_0)][\tilde{F}_u\varphi'_1(v_0) + \tilde{F}_v], \\ Q_1^{(-)}u(0) = \varphi'_2(v_0)v_1 - \bar{u}_1^{(-)}(t_0) - \varphi'_1(v_0)\bar{v}'_0(t_0), \end{cases}$$

其中记

$$\tilde{F}_u = F_u(\bar{u}_0^{(-)}(t_0) + Q_0^{(-)}u(\tau), v_0) = F_u(\tilde{u}(\tau), v_0),$$

而

$$\tilde{u}(\tau) = \bar{u}_0^{(-)}(t_0) + Q_0^{(-)}u(\tau) = \bar{u}_0^{(+)}(t_0) + Q_0^{(+)}u(\tau).$$

这样 $\tilde{u}(\tau)$ 是下面问题的解:

$$\begin{cases} \tilde{u}'' = F(\tilde{u}, v_0), \\ \tilde{u}(0) = \varphi_2(v_0), \quad \tilde{u}(\mp\infty) = \varphi_{1,3}(v_0), \end{cases}$$

它还满足

$$\frac{\mathrm{d}}{\mathrm{d}t}\tilde{u}(0) = \left[2\int_{\varphi_1(v_0)}^{\varphi_2(v_0)} F(u,v_0)\,\mathrm{d}u\right]^{\frac{1}{2}} = \left[2\int_{\varphi_3(v_0)}^{\varphi_2(v_0)} F(u,v_0)\mathrm{d}u\right]^{\frac{1}{2}}.$$

用 $\tilde{u}'(\tau) = \dfrac{\mathrm{d}\tilde{u}}{\mathrm{d}\tau}$ 乘以 $Q_1^{(-)}u$ 满足的方程, 再分部积分和化简有

$$\frac{\mathrm{d}}{\mathrm{d}\tau}\tilde{u}(0)\frac{\mathrm{d}}{\mathrm{d}\tau}Q_1^{(-)}u(0) = v_1\int_{\varphi_3(v_0)}^{\varphi_1(v_0)} F_v(u,v_0)\mathrm{d}u + \bar{v}'_0(t_0)\int_{-\infty}^0 \tau[\tilde{F}_u\varphi'_1(v_0) + \tilde{F}_v]\tilde{u}'\mathrm{d}\tau. \tag{3.24}$$

对 $Q^{(+)}u$ 也有类似的关系式. 把 (3.24) 代入 (3.23) 中就可得到求 v_1 的方程

$$\begin{aligned} v_1 = &\left[\int_{\varphi_1(v_0)}^{\varphi_3(v_0)} F_v(u,v_0)\mathrm{d}u\right]^{-1}\left\{\bar{v}'_0(t_0)[\varphi'_3(t_0) - \varphi'_1(t_0)]\left[\int_{\varphi_1(v_0)}^{\varphi_2(v_0)} F(u,v_0)\mathrm{d}u\right]^{\frac{1}{2}}\right. \\ &-\bar{v}'_0(t_0)\int_{-\infty}^{+\infty} \tau\tilde{F}_v\tilde{u}'\mathrm{d}\tau - \bar{v}'_0(t_0)\left[\varphi'_1(t_0)\int_{-\infty}^0 \tau\tilde{F}_u\tilde{u}'\mathrm{d}\tau\right. \\ &\left.\left.+\varphi'_3(t_0)\int_0^{+\infty} \tau\tilde{F}_u\tilde{u}'\mathrm{d}\tau\right]\right\} \end{aligned} \tag{3.25}$$

把 v_1 代回 (3.22) 后, 问题 (3.22) 就只含有一个未知参数 t_1.

为了确定 t_1, 需要用到 (3.9) 中关于 v 的光滑连接 n 次近似条件

$$\bar{v}'^{(-)}_1(t_0,t_1) + \frac{\mathrm{d}}{\mathrm{d}\tau}Q_2^{(-)}v(0) + \bar{v}''^{(-)}_0(t_0)t_1 = \bar{v}'^{(+)}_1(t_0,t_1) + \frac{\mathrm{d}}{\mathrm{d}\tau}Q_2^{(+)}v(0) + \bar{v}''^{(+)}_0(t_0)t_1,$$
(3.26)

其中 $\bar{v}''^{(-)}_0(t_0) = G(\varphi_1(v_0),v_0)$, $\bar{v}''^{(+)}_0(t_0) = G(\varphi_3(v_0),v_0)$.

而 $\frac{\mathrm{d}}{\mathrm{d}\tau}Q_2^{(-)}u(0)$ 可这样求得

$$\begin{cases} \dfrac{\mathrm{d}^2}{\mathrm{d}\tau^2}Q_2^{(-)}v = G(\tilde{u}(\tau),v_0) - G(\varphi_1(v_0),v_0), \\ Q_2^{(-)}v(-\infty) = 0, \end{cases}$$

积分后

$$\frac{\mathrm{d}}{\mathrm{d}\tau}Q_2^{(-)}u(0) = \int_{-\infty}^0 [G(\tilde{u},v_0) - G(\varphi_1(v_0),v_0)]\mathrm{d}\tau.$$

利用该表达式从 (3.26) 就能得到求 t_1 的方程

$$K + [G(\varphi_1(v_0),v_0) - G(\varphi_3(v_0),v_0)]t_1 = A,$$
(3.27)

这里 $A = \frac{\mathrm{d}}{\mathrm{d}\tau}Q_2^{(+)}u(0) - \frac{\mathrm{d}}{\mathrm{d}\tau}Q_2^{(-)}u(0)$, $K = \bar{v}'^{(-)}_1(x_0,t_1) - \bar{v}'^{(+)}_1(t_0,t_1)$.

从 (3.22) 以及对 $\bar{v}^{(+)}_1$ 的类似问题可见 $\bar{v}^{(\mp)}_1$ 是 t_1 的线性函数, 因此 K 可写成下面形式:

$$K = \frac{\partial}{\partial t_1}[\bar{v}'^{(-)}_1(t_0,t_1) - \bar{v}'^{(+)}_1(t_0,t_1)]t_1.$$

往下将证明

$$\frac{\partial}{\partial t_1}[\bar{v}'^{(-)}_1(t_0,t_1) - \bar{v}'^{(+)}_1(t_0,t_1)] = \frac{\partial}{\partial t_0}[\bar{v}'^{(-)}_0(t_0,t_0) - \bar{v}'^{(+)}_0(t_0,t_0)]$$

记 $y = \frac{\partial}{\partial t_1}\bar{v}'^{(-)}_1(t_0,t_1)$, 对 (3.22) 两边关于 t_1 求导

$$y'' = [\bar{G}_u^{(-)}\varphi_1(v_0^{(-)}) + \bar{G}_v^{(-)}]y, \quad y'(-1) = 0, \quad y(t_0) = -\bar{v}_0^{(-)}(t_0).$$
(3.28)

如果记 $w = \frac{\partial}{\partial t_0}\bar{v}'^{(-)}_0(t_0,t_0)$, 在 (3.12) 中关于 t_0 求导

$$w'' = [\bar{G}_u^{(-)}\varphi_1(v_0^{(-)}) + \bar{G}_v^{(-)}]w, \quad w'(-1) = 0, \quad w(t_0) = -\bar{v}'^{(-)}_0(t_0).$$

可见该方程和边值与 (3.28) 一样, 由条件 H3.2 可知 $y = w$. 所以在 (3.27) 中 t_1 的系数为

$$\frac{\partial}{\partial t_0}[\bar{v}'^{(-)}_0(t_0,t_0) - \bar{v}'^{(+)}_0(t_0,t_0)] + G(\varphi_1(v_0),v_0) - G(\varphi_3(v_0),v_0).$$

由条件 H3.4 的 (3.21) 可知, 方程 (3.27) 关于 t_1 可解.

求出 v_1 和 t_1 之后就可以确定正则级数 w_1 和在 t^* 邻域的边界层级数 Q_1w. 至于在 $t = \pm 1$ 附近的边界层级数 $R_1^{(\mp)}w$ 的构造同两点边值问题的做法是一样的, 且当 $\tau_{\pm 1} \to \pm\infty$ 时它们是指数衰减的, 这样一次近似项构造完毕. 继续这样的过程构造渐近解, 只要 (3.1) 右端充分光滑, (3.10) 的各级数都能构造, 并且 $w^{(-)}$ 和 $w^{(+)}$ 是光滑连接的.

3.1.3 空间对照结构的存在性

我们再回到左右问题 (3.4), (3.5) 和 (3.6), (3.7), 其中 t^* 和 v^* 是不依赖于 ϵ 的参数. 具有下面极限关系式的左右问题解 $\{u^{(\mp)}(t, t^*, v^*, \epsilon), v^{(\mp)}(t, t^*, v^*, \epsilon)\}$ 都是存在的.

$$\lim_{\epsilon \to 0} u^{(\mp)}(t, t^*, v^*, \epsilon) = \varphi_{1,3}(\bar{v}_0^{(\mp)}(t, t^*, v^*)),$$

$$\lim_{\epsilon \to 0} v^{(\mp)}(t, t^*, v^*, \epsilon) = \bar{v}_0^{(\mp)}(t, t^*, v^*),$$

其中 $\bar{v}_0^{(\mp)}$ 由 (3.12), (3.13) 求得, 只要把 t_0, v_0 换成 t^*, v^* 即可.

如果满足下面条件, 则这两个解可复合成一个阶梯状解

$$\begin{aligned}
u^{(-)}(t, t^*, v^*, \epsilon)|_{t=t^*} &= u^{(+)}(t, t^*, v^*, \epsilon)|_{t=t^*}, \\
v^{(-)}(t, t^*, v^*, \epsilon)|_{t=t^*} &= v^{(+)}(t, t^*, v^*, \epsilon)|_{t=t^*}.
\end{aligned} \tag{3.29}$$

这样, 原问题空间对照结构的存在性问题就归结为方程组 (3.29) 关于 $\{t^*, v^*\}$ 的可解性问题, 我们将采用方程组的隐函数定理来证明.

假设给出方程组

$$\begin{cases} f_1(t^*, v^*, \epsilon) = 0, \\ f_2(t^*, v^*, \epsilon) = 0, \end{cases} \tag{3.30}$$

其中 f_i, f_{it}, f_{iv} $(i = 1, 2)$ 在 $(t_0, v_0, 0)$ 的某个邻域连续, 并且

$$\begin{cases} f_1(t_0, v_0, 0) = 0, \\ f_2(t_0, v_0, 0) = 0. \end{cases}$$

如果 $\left. \dfrac{D(f_1, f_2)}{D(t^*, v^*)} \right|_{\{t=t_0, v=v_0, \epsilon=0\}} \neq 0$, 那么方程组 (3.30) 存在隐函数 $\{t^*(\epsilon), v^*(\epsilon)\}$, 并且 $t^*(0) = t_0$, $v^*(0) = v_0$.

这里取 f_i, $i = 1, 2$ 如下:

$$f_1(t^*, v^*, \epsilon) = \epsilon u'^{(-)}(t, t^*, v^*, \epsilon) - \epsilon u'^{(+)}(t, t^*, v^*, \epsilon),$$

$$f_2(t^*, v^*, \epsilon) = v'^{(-)}(t, t^*, v^*, \epsilon) - v'^{(+)}(t, t^*, v^*, \epsilon).$$

在 3.1.1 节中求出的 t_0, v_0 满足要求

$$\begin{cases} f_1(t_0, v_0, 0) = 0, \\ f_2(t_0, v_0, 0) = 0. \end{cases}$$

往下计算行列式

$$\frac{D(f_1, f_2)}{D(t^*, v^*)}. \tag{3.31}$$

先考察左问题的解对 t^* 和 v^* 的偏导数, 对右问题是完全一样的. 把左问题 (3.4), (3.5) 写成等价方程组, 引进变换

$$u_1 = \epsilon u', \quad u_2 = u, \quad v_1 = v', \quad v_2 = v.$$

$$\begin{cases} \epsilon u_1' = F(u_2, v_2), \quad \epsilon u_2' = u_1, \\ v_1' = G(u_2, v_2), \quad v_2' = v_1, \\ u_2(t^*) = \varphi_2(v^*), \quad v_2(t^*) = v^*, \quad u_1(-1) = v_1(-1) = 0. \end{cases} \tag{3.32}$$

对 (3.32) 可构造形如 (3.10) 的渐近解, 但是 t^*, v^* 作为参数不用展开成 (3.3), (3.8). 写出求零次和一次近似项的问题

$$\begin{cases} \bar{u}_{20}(t) = \varphi_1(\bar{v}_{20}(t)), \quad \bar{u}_{10}(t) = 0, \\ \bar{v}_{20}'' = G(\varphi_1(\bar{v}_{20}), \bar{v}_{20}) = \bar{G}, \quad \bar{v}_{20}(t^*) = v^*, \quad \bar{v}_{20}'(-1) = 0. \end{cases} \tag{3.33}$$

如果把 t^*, v^* 换成 t_0, v_0, 则问题 (3.33) 和 (3.12) 是相同的.

$$\begin{cases} \bar{u}_{21}(t) = \varphi_1'(\bar{v}_{20}(t))\bar{v}_{21}(t), \quad \bar{u}_{11}(t) = \bar{u}_{21}'(t), \\ \bar{v}_{21}'' = [\bar{G}_u \varphi_1'(\bar{v}_{20}(t)) + G_u]\bar{v}_{21}(t), \\ \bar{v}_{21}'(-1) = 0, \quad \bar{v}_{21}(t^*) = 0. \end{cases}$$

该问题是 (3.22) 的齐次问题, 由条件 H3.2

$$\bar{v}_{21}(t) = \bar{u}_{21}(t) = \bar{u}_{11}(t) = \bar{v}_{11}(t) = 0.$$

这里边界函数的构造和原来一样, 经过变量替换

$$Q_0 u_1 = Q_0' u_2, \quad Q_0 u_2 = \tilde{u}(\tau) - \varphi_1(v^*). \tag{3.34}$$

可得方程

$$\begin{cases} \tilde{u}'' = F(\tilde{u}, v^*) = \tilde{F}, \\ \tilde{u}(0) = \varphi_2(v^*), \quad \tilde{u}(-\infty) = \varphi_1(v^*). \end{cases}$$

并能得到

$$\tilde{u}'(0) = \left[2\int_{\varphi_1(v^*)}^{\varphi_2(v^*)} F(u,v^*)\mathrm{d}u\right]^{\frac{1}{2}}.$$

该函数在原来也得到过, 只是把 v_0 换成了 v^*,

$$\begin{cases} \dfrac{\mathrm{d}^2}{\mathrm{d}\tau^2} Q_1 u_2 = F_u Q_1 u_2 + \tau[\tilde{F}_u \varphi_1'(v^*) + \tilde{F}_v]\bar{v}_{20}(t^*), \quad Q_1 u_1 = Q_1' u_2, \\ Q_1 u_2(0) = 0, \quad Q_1 u_2(-\infty) = 0. \end{cases}$$

往下考察关于 t^* 的偏导数. 记 $z_i = \dfrac{\partial u_i}{\partial t^*}, y_i = \dfrac{\partial v_i}{\partial t^*}, i = 1, 2$, 显然 z_i, y_i 满足下面方程和边值:

$$\begin{cases} \epsilon z_1' = F_u z_2 + F_v y_2, \quad \epsilon z_2' = z_1, \\ y_1' = G_u z_2 + G_v y_2, \quad y_2' = y_1, \\ y_1(-1) = z_1(-1) = 0. \end{cases} \tag{3.35}$$

可这样得到在 $t = t^*$ 处的边值条件.

对方程 (3.32) 进行积分并考虑到 u_2 在 t^* 处的值

$$\epsilon u_2(t, t^*, v^*) - \epsilon\varphi_2(v^*) = \int_{t^*}^{t} u_1(t, t^*, v^*)\mathrm{d}t.$$

上式对 t^* 求导

$$\epsilon z_2(t, t^*, v^*) = \int_{t^*}^{t} z_1(t, t^*, v^*)\mathrm{d}t - u_1(t^*, t^*, v^*).$$

令 $t = t^*$, 并除以 ϵ

$$z_2(t^*, t^*, v^*) = -u_1(t^*, t^*, v^*)/\epsilon = -Q_0 u_1(0)/\epsilon. \tag{3.36}$$

同样可得

$$y_2(t^*, t^*, v^*) = -v_1(t^*, t^*, v^*). \tag{3.37}$$

往下将讨论奇异摄动问题 (3.35)~(3.37), 同样求形如 (3.10) 的渐近解. 但是在 t^* 邻域对 z_i 的渐近级数从 ϵ^{-1} 开始, 第一项为 $\epsilon^{-1}Q_{-1}z_i(\tau)$.

对零次正则项

$$\begin{cases} \bar{z}_{20}(t) = -\bar{F}_v \bar{F}_u^{-1} \bar{y}_{20}(t) = \varphi_1'(\bar{v}_{20}(t))\bar{y}_{20}(t), \\ \bar{y}''_{20} = [\bar{G}_u \varphi_1'(\bar{v}_{20}(t)) + \bar{G}_v]\bar{y}_{20}, \\ \bar{y}'_{20}(-1) = 0, \quad \bar{y}_{20}(t^*) = -\bar{v}_{20}'(t^*). \end{cases}$$

由条件 H3.2, 该问题有唯一解, 可以肯定该解与 (3.33) 的解对 t^* 求导后是一样的, 所以

$$\bar{y}_{10}(t) = \frac{\partial}{\partial t^*}\bar{v}_0'(t, t^*, v^*). \tag{3.38}$$

从 (3.35) 可得

$$\bar{z}_{10}(t) = 0. \tag{3.39}$$

考虑到 (3.36), 写出确定边界级数第一项的问题

$$\begin{cases} Q'_{-1}z_1 = \tilde{F}_u Q_{-1}z_2, \quad Q'_{-1}z_2 = Q_{-1}z_1, \\ Q_{-1}z_2(-\infty) = 0, \quad Q_{-1}z_2(0) = -Q_0 u_1(0) = -\tilde{u}'(0). \end{cases}$$

不难看出, $\tilde{u}'$ 满足的方程为 $Q_{-1}z_2 = -\tilde{u}'$, 并且 $Q_{-1}z_1 = -\tilde{u}'' = -F(\tilde{u}, v^*)$, 所以

$$Q_{-1}z_1(0) = -F(\varphi_2(v^*), v^*) = 0. \tag{3.40}$$

同样, $Q_0 y_1$ 满足的方程为

$$Q'_0 y_1 = \tilde{G}_u Q_{-1}z_2 = -\tilde{G}_u \tilde{u}', \quad Q_0 y_1(-\infty) = 0.$$

对方程两边积分一次

$$Q_0 y_1(0) = G(\varphi_1(v^*), v^*) - G(\varphi_2(v^*), v^*). \tag{3.41}$$

由此可得, 确定 $Q_0 z_i$ 的问题为

$$\begin{cases} Q'_0 z_1 = \tilde{F}_u Q_0 z_2 + \tilde{F}_u \bar{z}_{20}(t^*) + \tilde{F}_v \bar{y}_{20}(t^*) \\ \qquad\quad -\tilde{u}'(\tau)\tau \tilde{F}_{uu}\bar{u}'_{20} + \tilde{F}_{uv}\bar{v}'_{20}(t^*) - \tilde{u}'(0)\tilde{F}_{uu}Q_1 u_2, \\ Q'_0 z_2 = Q_0 z_1, \\ Q_0 z_2(-\infty) = 0, \quad Q_0 z_2(0) = -Q_1 u_1(0) - \bar{z}_{20}(t^*). \end{cases}$$

对第一个方程乘以 $\tilde{u}'(\tau)$ 并从 $-\infty$ 到 0 进行分部积分, 可得 $\tilde{u}'(0)Q_0 z_1(0) = 0$, 即

$$Q_0 z_1(0) = 0. \tag{3.42}$$

把 (3.35), (3.32) 放在一起讨论, 利用边界层函数法可得

$$\begin{cases} z_1|_{t=t^*} = \epsilon^{-1}Q_{-1}z_1(0) + \bar{z}_{10}(t^*) + Q_0 z_1(0) + O(\epsilon), \\ y_1|_{t=t^*} = \bar{y}_{10}(t^*) + Q_0 y_1(0) + O(\epsilon) \\ \qquad\quad = \dfrac{\partial}{\partial t^*}\bar{v}'_0\Big|_{t=t^*} + G(\varphi_1(v^*), v^*) - G(\varphi_2(v^*), v^*) + O(\epsilon). \end{cases} \tag{3.43}$$

对右问题可得到完全类似的表达式. 这样, 有下面的引理.

引理 3.1　下面的渐近表达式是正确的:

$$\epsilon\frac{\partial}{\partial t^*}u'^{(-)}\Big|_{t=t^*} = O(\epsilon), \quad \epsilon\frac{\partial}{\partial t^*}u'^{(+)}\Big|_{t=t^*} = O(\epsilon),$$

$$\left.\frac{\partial}{\partial t^*}v'^{(-)}\right|_{t=t^*} = \left.\frac{\partial}{\partial t^*}\bar{v}'^{(-)}_0(t,t^*,v^*)\right|_{t=t^*} + G(\varphi_1(v^*),v^*) - G(\varphi_2(v^*),v^*) + O(\epsilon),$$

$$\left.\frac{\partial}{\partial t^*}v'^{(+)}\right|_{t=t^*} = \left.\frac{\partial}{\partial t^*}\bar{v}'^{(+)}_0(t,t^*,v^*)\right|_{t=t^*} + G(\varphi_3(v^*),v^*) - G(\varphi_2(v^*),v^*) + O(\epsilon).$$

往下将计算关于 v^* 的导数, 采用同样记号: $z_i = \dfrac{\partial u_i}{\partial v^*}, y_i = \dfrac{\partial v_i}{\partial v^*}$, 也可得到 (3.35), 但边值不一样.

$$z_2(t^*) = \varphi'_2(v^*), \quad y_2(t^*) = 1.$$

构造形如 (3.10) 的渐近解, 不难得到

$$\bar{y}_{10}(t) = \frac{\partial}{\partial v^*}\bar{v}'_0(t,t^*,v^*), \quad \bar{z}_{10}(t) = 0. \tag{3.44}$$

确定边界函数零次项的方程和边值为

$$\begin{cases} Q'_0 z_1 = \tilde{F}_u Q_0 z_2 + \tilde{F}_u \varphi'_1(v^*) + \tilde{F}_v, \quad Q'_0 z_2 = Q_0 z_1, \\ Q_0 z_2(0) = \varphi'_2(v^*) - \varphi'_1(v^*), \quad Q_0 z_2(-\infty) = 0. \end{cases}$$

对第一个方程乘以 $\tilde{u}'(\tau)$, 再从 $-\infty$ 到 0 分部积分, 可得

$$\tilde{u}'(0) Q_0 z_1(0) = \int_{\varphi_1(v^*)}^{\varphi_2(v^*)} F_v(u,v^*)\mathrm{d}u. \tag{3.45}$$

由此可得 $Q_0 z_1(0)$, 至于 $Q_0 y_1(0)$ 有

$$Q_0 y_1(0) = 0. \tag{3.46}$$

考虑到 (3.44)~(3.46), 写出下面渐近表达式和引理.

引理 3.2　下面的渐近表达式是正确的:

$$\left.\epsilon\frac{\partial}{\partial v^*}u'^{(-)}\right|_{t=t^*} = \int_{\varphi_1(v^*)}^{\varphi_2(v^*)} F_v(u,v^*)\mathrm{d}u \left(2\int_{\varphi_1(v^*)}^{\varphi_2(v^*)} F_v(u,v^*)\mathrm{d}u\right)^{-\frac{1}{2}} + O(\epsilon),$$

$$\left.\epsilon\frac{\partial}{\partial v^*}u'^{(+)}\right|_{t=t^*} = \int_{\varphi_3(v^*)}^{\varphi_2(v^*)} F_v(u,v^*)\mathrm{d}u \left(2\int_{\varphi_3(v^*)}^{\varphi_2(v^*)} F_v(u,v^*)\mathrm{d}u\right)^{-\frac{1}{2}} + O(\epsilon),$$

$$\left.\frac{\partial}{\partial v^*}v'^{(-)}\right|_{t=t^*} = \left.\frac{\partial}{\partial v^*}\bar{v}'^{(-)}_0\right|_{t=t^*} + O(\epsilon),$$

$$\left.\frac{\partial}{\partial v^*}v'^{(+)}\right|_{t=t^*} = \left.\frac{\partial}{\partial v^*}\bar{v}'^{(+)}_0\right|_{t=t^*} + O(\epsilon).$$

利用引理 3.1 和引理 3.2 就可以计算行列式 (3.31)：

$$
\frac{D(f_1, f_2)}{D(t^*, v^*)} = \begin{pmatrix} \dfrac{\partial f_1}{\partial t^*} & \dfrac{\partial f_2}{\partial t^*} \\ \dfrac{\partial f_1}{\partial v^*} & \dfrac{\partial f_2}{\partial v^*} \end{pmatrix}
$$

$$
= O(\epsilon)\left[\frac{\partial}{\partial v^*}\bar{v}'^{(-)}_0 - \frac{\partial}{\partial v^*}\bar{v}'^{(+)}_0 + O(\epsilon) \right]
$$

$$
- \left[\frac{\partial}{\partial v^*}\bar{v}'^{(-)}_0 + G(\varphi_1(v^*), v^*) - \frac{\partial}{\partial v^*}\bar{v}'^{(+)}_0 - G(\varphi_3(v^*), v^*) + O(\epsilon) \right]
$$

$$
\times \left[\int_{\varphi_1(v^*)}^{\varphi_2(v^*)} F_v(u, v^*)\mathrm{d}u \times \left(2\int_{\varphi_1(v^*)}^{\varphi_2(v^*)} F(u, v^*)\mathrm{d}u \right)^{-\frac{1}{2}} \right.
$$

$$
\left. + \int_{\varphi_2(v^*)}^{\varphi_3(v^*)} F_v(u, v^*)\,\mathrm{d}u \left(2\int_{\varphi_3(v^*)}^{\varphi_2(v^*)} F_v(u, v^*)\mathrm{d}u \right)^{-\frac{1}{2}} + O(\epsilon) \right]
$$

$$
= \left[\frac{\partial}{\partial v^*}\bar{v}'^{(+)}_0 - \frac{\partial}{\partial v^*}\bar{v}'^{(-)}_0 + G(\varphi_3(v^*), v^*) - G(\varphi_1(v^*), v^*) \right]
$$

$$
\times \left[\int_{\varphi_1(v^*)}^{\varphi_2(v^*)} F_v(u, v^*)\,\mathrm{d}u \left(2\int_{\varphi_1(v^*)}^{\varphi_2(v^*)} F_v(u, v^*)\mathrm{d}u \right)^{-\frac{1}{2}} \right.
$$

$$
\left. + \int_{\varphi_2(v^*)}^{\varphi_3(v^*)} F_v(u, v^*)\,\mathrm{d}u \left(2\int_{\varphi_3(v^*)}^{\varphi_2(v^*)} F_v(u, v^*)\,\mathrm{d}u \right)^{-\frac{1}{2}} \right] + O(\epsilon).
$$

当 $t^* = t_0$, $v^* = v_0$, $\epsilon - 0$ 时行列式为

$$
\frac{D(f_1, f_2)}{D(t^*, v^*)} = \begin{pmatrix} \dfrac{\partial f_1}{\partial t^*} & \dfrac{\partial f_2}{\partial t^*} \\ \dfrac{\partial f_1}{\partial v^*} & \dfrac{\partial f_2}{\partial v^*} \end{pmatrix} = \left[\frac{\partial}{\partial t_0}\bar{v}'^{(-)}_0 - \frac{\partial}{\partial t_0}\bar{v}'^{(+)}_0 + G(\varphi_3(v_0), v_0) - G(\varphi_1(v_0), v_0) \right]
$$

$$
\times \int_{\varphi_1(v_0)}^{\varphi_3(v_0)} F_v(u, v_0)\mathrm{d}u \left(2\int_{\varphi_1(v_0)}^{\varphi_2(v_0)} F_v(u, v_0)\mathrm{d}u \right)^{-\frac{1}{2}}.
$$

根据条件 H3.3, H3.4 和 (3.21) 这些式子都非零, 所以在 (t_0, v_0) 的邻域存在唯一的 (t^*, v^*). 使得左右解的分量 u, v 在该点处相等. (3.30) 的左端能写成

$$
\begin{cases} f_1(t^*, v^*, \epsilon) = f_1(t^*, v^*, 0) + O(\epsilon), \\ f_2(t^*, v^*, \epsilon) = f_2(t^*, v^*, 0) + O(\epsilon). \end{cases}
$$

因为 $f_i(t_0, v_0, 0) = 0$, $i = 1, 2$, 所以

$$
t^* - t_0 = O(\epsilon), \quad v^* - v_0 = O(\epsilon).
$$

定理 3.1　边值问题 (3.1), (3.2) 有解, 并且有下面极限式：

$$\lim_{\epsilon \to 0} u(t,\epsilon) = \bar{u}_0(t) = \begin{cases} \varphi_1(\bar{v}_0(t)), & -1 \leqslant t \leqslant t_0, \\ \varphi_3(\bar{v}_0(t)), & t_0 < t \leqslant 1, \end{cases}$$

其中 $\bar{v}_0(t)$ 是 (3.12)、(3.13) 的解 (在 t_0 处该解是光滑的). 在 t^* 处有 $u(t^*,\epsilon) = \varphi_2(v^*)$, $v(t^*,\epsilon) = v^*$, 并且

$$t^* = t_0 + O(\epsilon), \quad v^* = v_0 + O(\epsilon).$$

这里 v_0 由 (3.18) 求出, 而 t_0 由 (3.21) 求得.

对 $u(t,\epsilon)$, $v(t,\epsilon)$ 在 $[-1,1]$ 上有下面渐近表达式:

$$\begin{cases} u(t,\epsilon) = \bar{u}_0(t) + Q_0 u(\tau) + O(\epsilon), \\ v(t,\epsilon) = \bar{v}_0(t) + O(\epsilon), \end{cases} \tag{3.47}$$

其中 $\tau = (t - t^*)/\epsilon$,

$$Q_0 u(\tau) = \begin{cases} Q_0^{(-)} u(\tau), & \tau \leqslant 0, \\ Q_0^{(+)} u(\tau), & \tau \geqslant 0. \end{cases}$$

它们由 (3.15) 求得.

注释 3.1 可写出更高阶渐近解

$$\begin{cases} u(t,\epsilon) = \bar{u}_0(t) + \epsilon \bar{u}_1(t) + Q_0 u(\tau) + \epsilon Q_1 u(\tau) + O(\epsilon^2), \\ v(t,\epsilon) = \bar{v}_0(t) + \epsilon \bar{v}_1(t) + O(\epsilon^2), \end{cases}$$

其中 $\tau = (t - t^*)/\epsilon$, $t^* = t_0 + \epsilon t_1 + O(\epsilon^2)$.

注释 3.2 如果在 (3.37) 中用 $t_0 + \epsilon t_1$ 代替 t^*, 那么得到的渐近解余项和 (3.47) 一样仍为 $O(\epsilon)$, 但是包含的都是已知值.

注释 3.3 如果 (3.1) 的右端充分光滑, 那么可构造余项为 $O(\epsilon^{n+1})$ 的 n 阶渐近解.

注释 3.4 对 (3.1) 所讨论的边值是第二类型, 这是源于化学自组织动力学模型, 同样可讨论第一类型边值, 这时需增加边界层函数 R.

3.2 二阶非线性奇异摄动方程组的阶梯状空间对照结构

给出二阶奇异摄动方程组

$$\epsilon z' = F(z,y,t), \quad \epsilon y' = G(z,y,t). \tag{3.48}$$

其中 $\epsilon > 0$ 是小参数, $z \in R, y \in R$. 对这类问题的研究需要辅助方程有一个首次积分.

3.2.1　解的存在性和渐近解主项的构造

对 (3.48) 给出边界条件

$$z'(0, \epsilon) = 0, \quad z'(1, \epsilon) = 0. \tag{3.49}$$

H 3.5　对每个固定的 $t = \bar{t} \in [0,1]$ 方程组 $\dfrac{\mathrm{d}z}{\mathrm{d}y} = \dfrac{F(z, y, \bar{t})}{G(z, y, \bar{t})}$ 具有首次积分 $\varphi(z, y, \bar{t}) = c$.

H 3.6　方程组对固定的 $\dfrac{\mathrm{d}z}{\mathrm{d}y} = \dfrac{F}{G}$ 至少有两个鞍点型奇点: M_1 和 M_2, 其中 $M_1(\varphi_1(\bar{t}), \psi_1(\bar{t}))$, $M_2(\varphi_2(\bar{t}), \psi_2(\bar{t}))$ 是在 $(\varphi_i(\bar{t}), \psi_i(\bar{t}))$, $i = 1, 2$ 上退化方程组的两个孤立解及矩阵

$$\begin{pmatrix} F_z & F_y \\ G_z & G_y \end{pmatrix}$$

的特征值满足条件 $Re\lambda_{i1} < 0$, $Re\lambda_{i2} < 0$, $i = 1, 2$, 这里导数在 $(\varphi_i(\bar{t}), \psi_i(\bar{t}), \bar{t})$ 点上取值.

经过鞍点 M_1, M_2 的轨线 S_{M_1}, S_{M_2} 满足方程 $F(z, y, t) = 0$, $G(z, y, t) = 0$ ($\bar{t}$ 固定).

$$S_{M_1} : \varphi(z, y, \bar{t}) = \varphi(\varphi_1(\bar{t}), \psi_1(\bar{t}), \bar{t}), \tag{3.50}$$

$$S_{M_2} : \varphi(z, y, \bar{t}) = \varphi(\varphi_2(\bar{t}), \psi_2(\bar{t}), t). \tag{3.51}$$

H 3.7　对某个值 $\bar{t} = t_0 \in (0, 1)$ 存在连接鞍点 M_1 和 M_2 的轨线.

显然点 t_0 满足方程

$$\varphi(\varphi_1(\bar{t}), \psi_1(\bar{t}), \bar{t}) = \varphi(\varphi_2(\bar{t}), \psi_2(\bar{t}), \bar{t}). \tag{3.52}$$

注释 3.5　这种点可能有几个, 这里仅讨论一个点的情况.

往下将构造问题 (3.48), (3.49) 具有阶梯状空间对照结构的解 $z(t, \epsilon)$, $y(t, \epsilon)$, 也就是说当 $\epsilon \to 0$ 时这种解在点 t_0 具有跳跃:

$$\lim_{\epsilon \to 0} z(t, \epsilon) = \begin{cases} \varphi_2(t), & t < t_0, \\ \varphi_1(t), & t > t_0. \end{cases} \tag{3.53}$$

为此, 需要引进两个辅助边值问题.

左问题. 对方程 (3.48) 给出边值条件为

$$(z^{(-)})'(0, \epsilon) = 0, \quad z^{(-)}(\bar{t}, \epsilon) = \frac{\varphi_1(\bar{t}) + \varphi_2(\bar{t})}{2} = z_0(\bar{t}).$$

右问题. 对方程 (3.48) 给出边值条件为

$$(z^{(+)})'(1,\epsilon) = 0, \quad z^{(+)}(\bar{t},\epsilon) = z_0(\bar{t}).$$

左右边值问题的解都是存在的, 并且有

$$\lim_{\epsilon \to 0} z^{(-)}(t,\epsilon) = \varphi_2(t), \ \lim_{\epsilon \to 0} y^{(-)}(t,\epsilon) = \psi_2(t), \quad 0 < t < \bar{t},$$

$$\lim_{\epsilon \to 0} z^{(+)}(t,\epsilon) = \varphi_1(t), \ \lim_{\epsilon \to 0} y^{(+)}(t,\epsilon) = \psi_1(t), \quad \bar{t} < t < 1.$$

左问题的渐近展开式:

$$\begin{cases} z^{(-)}(t,\epsilon) = \varphi_2(t) + \tilde{z}^{(-)}(\tau) - \varphi_2(\bar{t}) + O(\epsilon), \\ y^{(-)}(t,\epsilon) = \psi_2(t) + \tilde{y}^{(-)}(\tau) - \psi_2(\bar{t}) + O(\epsilon), \end{cases} \tag{3.54}$$

其中 $\tau = (t - \bar{t})/\epsilon < 0$, $\tilde{z}^{(-)}(\tau)$ 和 $\tilde{y}^{(-)}(\tau)$ 满足方程 (3.51). 假设当 $\tau \to -\infty$ 时, 该轨线进入鞍点 M_2. 右问题的渐近解为

$$\begin{cases} z^{(+)}(t,\epsilon) = \varphi_1(t) + \tilde{z}^{(+)}(\tau) - \varphi_1(\bar{t}) + O(\epsilon), \\ y^{(+)}(t,\epsilon) = \psi_1(t) + \tilde{y}^{(+)}(\tau) - \psi_1(\bar{t}) + O(\epsilon), \end{cases} \tag{3.55}$$

其中 $\tau = (t - \bar{t})/\epsilon > 0$, $\tilde{z}^{(+)}(\tau)$ 和 $\tilde{y}^{(+)}(\tau)$ 满足方程 (3.50). 假设当 $\tau \to \infty$ 时, 该轨线进入鞍点 M_1. 关于 t 和 $\bar{t}$ 的余项估计是一致有效的, 也就是说在余项 (3.54) 和 (3.55) 中每个都有估计 $|O(\epsilon)| < C\epsilon$, 其中 C 是某个常数.

H 3.8 假设方程 (3.50), (3.51) 在邻域 $t_0 - \delta < \bar{t} < t_0 + \delta$, $z = z_0(\bar{t})$ 关于 y 可解

$$S_{M_1} : y^{(-)} = V(z, \varphi_1(\bar{t}), \psi_1(\bar{t}), \bar{t}), \quad S_{M_2} : y^{(+)} = V(z, \varphi_2(\bar{t}), \psi_2(\bar{t}), \bar{t}).$$

记 $\Delta y = y^{(+)} - y^{(-)}$. 当 $\bar{t} = t_0$ 时具有 $V(z_0(t_0), \varphi_2(t_0), \psi_2(t_0), t_0) = V(z_0(t_0), \varphi_1(t_0), \psi_1(t_0), t_0)$, 推出 $\Delta y = 0$.

H 3.9 假设 $\dfrac{d}{d\bar{t}}\Delta y|_{\bar{t}=t_0} \neq 0$(为确定起见不妨假设大于零).

所以对足够小的 δ (当 $\epsilon \to 0$ 时固定) $\Delta y|_{\bar{t}=t_0-\delta} < 0$, $\Delta y|_{\bar{t}=t_0+\delta} > 0$. 它的几何意义是当 $t_0 - \delta$ (类似地当 $t_0 + \delta$), 从 M_2 出发的轨线往下 (上) 通到进入 M_1 的轨线.

把 (3.54), (3.55) 代入有

$$[y^{(-)}(t,\epsilon) - y^{(+)}(t,\epsilon)]|_{t=t_0-\delta} = (\tilde{y}^{(-)} - \tilde{y}^{(+)})|_{\bar{t}=t_0-\delta} + O(\epsilon) < 0,$$

$$[y^{(-)}(t,\epsilon) - y^{(+)}(t,\epsilon)]|_{t=t_0+\delta} = (\tilde{y}^{(-)} - \tilde{y}^{(+)})|_{\bar{t}=t_0+\delta} + O(\epsilon) > 0.$$

由此可知, 存在 $t^* \in [t_0 - \delta, t_0 + \delta]$, 使得 $y^{(-)}(t^*,\epsilon) = y^{(+)}(t^*,\epsilon)$, 这就意味着左右问题的解在 $t = t^*$ 处是光滑连接的. 这样问题 (3.48), (3.49) 在 $t = t_0$ 邻域具有内部转移层解 (阶梯状空间对照结构).

定理 3.2　　如果满足条件 H3.5~H3.9, 那么问题 (3.48), (3.49) 存在具有阶梯状空间对照结构的解.

需要指出的是, 这样得到的渐近解 (3.54), (3.55) 在 $[0,1]$ 上不是一致有效的, 而需要把 t^* 展开到 $O(\epsilon^2)$, 即 $t^* = t_0 + \epsilon t_1 + O(\epsilon^2)$, 以确定 t_1.

为此先写确定 $\{L_0 z, L_0 y\}$ 的方程组

$$\begin{cases} \dfrac{\mathrm{d}}{\mathrm{d}\tau} L_0 z = F(\bar{z}_0(t_0) + L_0 z, \bar{y}_0(t_0) + L_0 y, t_0) = F(\tilde{z}, \tilde{y}, t_0), \\ \dfrac{\mathrm{d}}{\mathrm{d}\tau} L_0 y = G(\bar{z}_0(t_0) + L_0 z, \bar{y}_0(t_0) + L_0 y, t_0) = G(\tilde{z}, \tilde{y}, t_0), \end{cases}$$

其中 $\tilde{z} = \bar{z}_0(t_0) + L_0 z, \quad \tilde{y} = \bar{y}_0(t_0) + L_0 y$.

因为 $\{\bar{z}_0, \bar{y}_0\}$ 在 $t = t_0$ 间断, 即

$$\bar{z}_0 = \begin{cases} \varphi_2(t), & t < t_0, \\ \varphi_1(t), & t > t_0, \end{cases} \qquad \bar{y}_0 = \begin{cases} \psi_2(t), & t < t_0, \\ \psi_1(t), & t > t_0. \end{cases}$$

所以 $\{L_0 z, L_0 y\}$ 在 $\tau = 0$ 处是间断的, 但 $\{\tilde{z}, \tilde{y}\}$ 是连续的.

写出 $\{L_1 z, L_1 y\}$ 满足的方程和边值

$$\begin{cases} \dfrac{\mathrm{d}}{\mathrm{d}\tau} L_1 z = F_z(\tilde{z}, \tilde{y}, t_0) L_1 z + F_y(\tilde{z}, \tilde{y}, t_0) L_1 y + f_1, \\ \dfrac{\mathrm{d}}{\mathrm{d}\tau} L_1 y = G_z(\tilde{z}, \tilde{y}, t_0) L_1 z + G_y(\tilde{z}, \tilde{y}, t_0) L_1 y + g_1, \\ L_1 z(\pm\infty) = [-\bar{z}_0'(t_0 \pm 0) + \bar{z}_0'(t_0)] t_1 - \bar{z}_1(t_0 \pm 0), L_1 z(\pm\infty) = 0, \\ L_1 y(\pm\infty) = [-\bar{y}_0'(t_0 \pm 0) + \bar{y}_0'(t_0)] t_1 - \bar{y}_1(t_0 \pm 0), L_1 y(\pm\infty) = 0, \end{cases} \tag{3.56}$$

其中

$$f_1 = F_z(\tilde{z}, \tilde{y}, t_0) \bar{z}_0'(t_0)(\tau + t_1) + F_y(\tilde{z}, \tilde{y}, t_0) \bar{y}_0'(t_0)(\tau + t_1) + F_t(\tilde{z}, \tilde{y}, t_0)(\tau + t_1),$$

$$g_1 = G_z(\tilde{z}, \tilde{y}, t_0) \bar{z}_0'(t_0)(\tau + t_1) + G_y(\tilde{z}, \tilde{y}, t_0) \bar{y}_0'(t_0)(\tau + t_1) + G_t(\tilde{z}, \tilde{y}, t_0)(\tau + t_1).$$

导数 $\dfrac{\mathrm{d}\tilde{z}}{\mathrm{d}\tau} = \tilde{z}', \dfrac{\mathrm{d}\tilde{y}}{\mathrm{d}\tau} = \tilde{y}'$ 满足下面方程组:

$$\begin{cases} \dfrac{\mathrm{d}}{\mathrm{d}\tau} \tilde{z}' = F_z(\tilde{z}, \tilde{y}, t_0) \tilde{z}' + F_y(\tilde{z}, \tilde{y}, t_0) \tilde{y}', \\ \dfrac{\mathrm{d}}{\mathrm{d}\tau} \tilde{y}' = G_z(\tilde{z}, \tilde{y}, t_0) \tilde{z}' + G_y(\tilde{z}, \tilde{y}, t_0) \tilde{y}'. \end{cases} \tag{3.57}$$

它的共轭方程组为

$$\begin{cases} \dfrac{\mathrm{d}}{\mathrm{d}\tau} \tilde{z}^{*'} = -F_z(\tilde{z}, \tilde{y}, t_0) \tilde{z}^{*'} - G_z(\tilde{z}, \tilde{y}, t_0) \tilde{y}^{*'}, \\ \dfrac{\mathrm{d}}{\mathrm{d}\tau} \tilde{y}^{*'} = -F_y(\tilde{z}, \tilde{y}, t_0) \tilde{z}^{*'} - G_y(\tilde{z}, \tilde{y}, t_0) \tilde{y}^{*'}. \end{cases} \tag{3.58}$$

根据格林公式

$$\int_{-\infty}^{+\infty}(\tilde{z}^{*'}f_1+\tilde{y}^{*'}g_1)\mathrm{d}\tau+\tilde{z}^{*'}(0)[\bar{z}_1(t_0+0)-\bar{z}_1(t_0-0)]$$

$$+\tilde{y}^{*'}(0)[\bar{y}_1(t_0+0)-\bar{y}_1(t_0-0)]$$

$$=\tilde{z}^{*'}(0)[\varphi_1'(t_0)-\varphi_2'(t_0)]t_1+\tilde{y}^{*'}(0)[\psi_1'(t_0)-\psi_2'(t_0)]t_1, \qquad (3.59)$$

这就是求 t_1 的方程.

注释 3.6　对哈密顿系统 $F=-H_y$, $G=H_z$ 有 $F_z=-H_{zy}$, $F_y=-H_{yy}$, $G_z=H_{zz}$, $G_y=H_{zy}$. 这时 (3.57), (3.58) 可写成

$$\begin{cases} \dfrac{\mathrm{d}}{\mathrm{d}\tau}\tilde{z}'=-H_{zy}\tilde{z}'-H_{yy}\tilde{y}', \\[2mm] \dfrac{\mathrm{d}}{\mathrm{d}\tau}\tilde{y}'=H_{zz}\tilde{z}'-H_{zy}\tilde{y}', \\[2mm] \dfrac{\mathrm{d}}{\mathrm{d}\tau}\tilde{z}^{*'}=H_{zy}\tilde{z}^{*'}-H_{zz}\tilde{y}^{*'}, \\[2mm] \dfrac{\mathrm{d}}{\mathrm{d}\tau}\tilde{y}^{*'}=H_{yy}\tilde{z}^{*'}-H_{zy}\tilde{y}^{*'}. \end{cases}$$

它们解之间关系很简单: $\tilde{z}^{*'}=\tilde{y}'$, $\tilde{y}^{*'}=-\tilde{z}'$. 如果仅为了求 t_1, 不需要构造 $(\tilde{z}^{*'},\tilde{y}^{*'})$.

对哈密顿系统来说, (3.59) 可写成

$$\int_{-\infty}^{+\infty}[\tilde{y}(F_z\bar{z}_0'+F_y\bar{y}_0'+F_t)-\tilde{z}'(G_z\bar{z}_0'+G_y\bar{y}_0'+G_t)]\mathrm{d}\tau+t_1\int_{-\infty}^{+\infty}(\tilde{y}'F_t-\tilde{z}'G_t)\mathrm{d}\tau$$

$$=\tilde{y}'(0)[\bar{z}_1(t_0+0)-\bar{z}_1(t_0-0)]-\tilde{z}'(0)[\bar{y}_1(t_0+0)-\bar{y}_1(t_0-0)]. \qquad (3.60)$$

由条件 H3.9, 在 (3.60) 中 t_1 前面的系统是非零的, 这是因为

$$\int_{-\infty}^{+\infty}(\tilde{y}'F_t-\tilde{z}'G_t)\mathrm{d}\tau=\int_{-\infty}^{+\infty}(\tilde{y}'(-H_{yt})-\tilde{z}'H_{zt})\mathrm{d}\tau$$

$$=-\int_{-\infty}^{+\infty}H_{zt}\mathrm{d}\tilde{z}+H_{yt}\mathrm{d}\tilde{y}=-H_t|_{-\infty}^{+\infty}$$

$$=H_t(\varphi_2(t_0),\psi_2(t_0),t_0)-H_t(\varphi_1(t_0),\psi_1(t_0),t_0).$$

再计算 $\dfrac{\mathrm{d}}{\mathrm{d}\bar{t}}\Delta y|_{\bar{t}=t_0}$. 当 $z=\bar{z}_0(\bar{t})$ 时有关系式

$$S_{M_1}:\quad H(\bar{z}_0,y^{(-)},\bar{t})-H(\varphi_1(\bar{t}),\psi_1(\bar{t}),\bar{t})=\tilde{H}^{(-)}-\bar{H}^{(-)}=0, \qquad (3.61)$$

$$S_{M_2}:\quad H(\bar{z}_0,y^{(+)},\bar{t})-H(\varphi_2(\bar{t}),\psi_2(\bar{t}),\bar{t})=\tilde{H}^{(+)}-\bar{H}^{(+)}=0. \qquad (3.62)$$

对等式 (3.61), (3.62) 关于 $\bar{t}$ 求导

$$\tilde{H}_z^{(-)}\dfrac{\mathrm{d}\bar{z}_0}{\mathrm{d}\bar{t}}+\tilde{H}_y^{(-)}\dfrac{\mathrm{d}\bar{y}^{(-)}}{\mathrm{d}\bar{t}}+\tilde{H}_t^{(-)}-(\bar{H}_z^{(-)}\varphi_1'+\bar{H}_y^{(-)}\psi_1'+\bar{H}_t^{(-)})=0, \qquad (3.63)$$

$$\tilde{H}_z^{(+)}\frac{\mathrm{d}\bar{z}_0}{\mathrm{d}\bar{t}} + \tilde{H}_y^{(+)}\frac{\mathrm{d}\bar{y}^{(+)}}{\mathrm{d}\bar{t}} + \tilde{H}_t^{(+)} - (\bar{H}_z^{(+)}\varphi_1' + \bar{H}_y^{(+)}\psi_1' + \bar{H}_t^{(+)}) = 0. \tag{3.64}$$

考虑到

$$\bar{H}_z^{(-)} = G(\varphi_1(\bar{t}),\psi_1(\bar{t}),\bar{t}) = 0, \quad \bar{H}_y^{(-)} = -F(\varphi_1(\bar{t}),\psi_1(\bar{t}),\bar{t}) = 0,$$

$$\bar{H}_z^{(+)} = G(\varphi_2(\bar{t}),\psi_2(\bar{t}),\bar{t}) = 0, \quad \bar{H}_y^{(+)} = -F(\varphi_2(\bar{t}),\psi_2(\bar{t}),\bar{t}) = 0$$

和 $\lim\limits_{\bar{t}\to t_0}\tilde{H}_z^{(-)} = \lim\limits_{\bar{t}\to t_0}\tilde{H}_z^{(+)}$, $\lim\limits_{\bar{t}\to t_0}\tilde{H}_t^{(-)} = \lim\limits_{\bar{t}\to t_0}\tilde{H}_t^{(+)}$. 将 (3.63), (3.64) 两式相减

$$H_y(z_0,y_0,t_0)\frac{\mathrm{d}}{\mathrm{d}t}\Delta y|_{t=t_0} = H_t(\varphi_2(t_0),\psi_2(t_0),t_0) - H_t(\varphi_1(t_0),\psi_1(t_0),t_0),$$

即

$$\frac{\mathrm{d}}{\mathrm{d}t}\Delta y|_{t=t_0} = \frac{H_t(\varphi_1(t_0),\psi_1(t_0),t_0) - H_t(\varphi_2(t_0),\psi_2(t_0),t_0)}{F(z_0,y_0,t_0)}.$$

因此从 (3.60) 可唯一确定 t_1, 进而可得在 $[0,1]$ 上一致有效的具有阶梯状空间对照结构的渐近解 (3.53), (3.54).

3.2.2　例子

(1) 给出下面哈密顿系统:

$$\begin{cases} \epsilon\dfrac{\mathrm{d}z}{\mathrm{d}t} = -2zy - 3y^2 + 1, \\ \epsilon\dfrac{\mathrm{d}y}{\mathrm{d}t} = y^2 - \dfrac{1}{4}t^2, \quad 1.5 < t < 3, \end{cases}$$

其中哈密顿函数为

$$\varPhi = H = zy^2 + y^3 - \frac{1}{4}\bar{t}^2 z - y.$$

退化系统有两个解 $\bar{y} = \pm\dfrac{1}{2}$, $\bar{z} = \dfrac{1-3y^2}{2y} = \pm\dfrac{1-\frac{3}{4}t^2}{t}$,

对固定的 $\bar{t}$ 在相平面 (z,y) 上对应于两个鞍点:

$$M_1\left(\bar{z} = \varphi_1(\bar{t}) = \frac{1-\frac{3}{4}\bar{t}^2}{\bar{t}}, \ \bar{y} = \psi_1(\bar{t}) = \frac{1}{2}\bar{t}\right),$$

$$M_2\left(\bar{z} = \varphi_2(\bar{t}) = \frac{1-\frac{3}{4}\bar{t}^2}{-\bar{t}}, \ \bar{y} = \psi_2(\bar{t}) = -\frac{1}{2}\bar{t}\right).$$

确定 t_0 的方程为

$$\psi_1^2\varphi_1 + \psi_1^3 - \frac{1}{4}\bar{t}^2\varphi_1 - \psi_1 = \psi_2^2\varphi_2 + \psi_2^3 - \frac{1}{4}\bar{t}^2\varphi_2 - \psi_2$$

或者

$$\frac{1}{2}\bar{t}\left(\frac{1}{4}\bar{t}^2 - 1\right) = -\frac{1}{2}\bar{t}\left(\frac{1}{4}\bar{t}^2 - 1\right),$$

由此可得 $t_0 = 2$. 可得连接 $M_1(-1,1)$, $M_2(+1,-1)$ 的异宿轨道: $\tilde{y} = -\tilde{z}$. 考虑到 $\frac{\mathrm{d}\tilde{y}}{\mathrm{d}\tau} = \tilde{y}^2 - 1 < 0$, 所以异宿轨道的运动方向是从 M_1 到 M_2.

再写出 S_{M_1} 和 S_{M_2}

$$S_{M_1}: \quad z^{(-)} = \frac{\frac{1}{8}\bar{t}^3 - \frac{1}{2}\bar{t} + y - y^3}{y^2 - \frac{1}{4}\bar{t}^2},$$

$$S_{M_2}: \quad z^{(+)} = \frac{-\frac{1}{8}\bar{t}^3 + \frac{1}{2}\bar{t} + y - y^3}{y^2 - \frac{1}{4}\bar{t}^2}.$$

取 $y_0 = 0$, 则

$$z^{(-)}|_{y_0=0} = -\frac{2\left(\frac{\bar{t}^2}{4} - 1\right)}{\bar{t}}, \quad z^{(+)}|_{y_0=0} = \frac{2\left(\frac{\bar{t}^2}{4} - 1\right)}{\bar{t}}.$$

由此可得 $\Delta z = -\bar{t} + \frac{4}{t}$, 所以 $\frac{\mathrm{d}}{\mathrm{d}t}\Delta z|_{(\bar{t}=2)} = -2 \neq 0$.

这里用 $\tilde{z}$ 表示 $\tilde{y}$ 是为了计算方便. 这样就验证了满足条件 H3.9. 所以存在从 M_1 到 M_2 的解, 但是没有从 M_2 到 M_1 的解.

(2) 讨论下面哈密顿系统:

$$\epsilon\frac{\mathrm{d}z}{\mathrm{d}t} = y^2 - t^2, \quad \epsilon\frac{\mathrm{d}y}{\mathrm{d}t} = z^2 - 1, \quad 0.5 < t < 1.5,$$

其中哈密顿函数为 $\Phi = H = -\frac{1}{3}y^3 + \bar{t}^2 y + \frac{1}{3}z^3 - z$. 退化系统有两个解 $\varphi_1 = -1, \psi_1 = -t$ 和 $\varphi_2 = 1, \psi_2 = t$. 对固定的 $\bar{t}$ 在相平面 (z,y) 上平衡点 $M_1(-1,-\bar{t})$, $M_2(1,\bar{t})$ 都是鞍点. 当 $\bar{t} = t_0 = 1$ 时连接这两个平衡点的异宿轨道为

$$-\frac{1}{3}\tilde{y}^3 + \frac{1}{3}\tilde{z}^3 + \tilde{y} - \tilde{z} = \frac{1}{3}(\tilde{z} - \tilde{y})(\tilde{z}^2 + \tilde{z}\tilde{y} + \tilde{y}^2 - 3) = 0,$$

其中一支是直线 $\tilde{z} = \tilde{y}$, 而另一支是椭圆 $\tilde{z}^2 + \tilde{z}\tilde{y} + \tilde{y}^2 - 3 = 0$. 由相平面分析可知从 M_2 到 M_1 是沿直线运动的, 而从 M_1 到 M_2 是沿半个椭圆运动的.

考虑到 $H_{\bar{t}} = 2\bar{t}y$, $z_0 = 0$, $y_0 = \sqrt{3}$, 所以

$$\frac{\mathrm{d}}{\mathrm{d}\bar{t}}\Delta y|_{\bar{t}=t_0=2} = \frac{2[\psi_1(t_0) - \psi_2(t_0)]}{y_0^2 - 1} = -2 \neq 0,$$

证明条件 H3.9 满足, 存在具有阶梯状空间对照结构. 进一步分析还可以得到: 从 M_1 到 M_2 所产生的阶梯状解对分量 z 和 y 还伴随脉冲状, 但从 M_2 到 M_1 仅产生纯阶梯状解.

3.3　高维奇异摄动动力系统的阶梯状空间对照结构

讨论下面 n 阶方程组 $(n \geqslant 4)$:

$$\begin{cases} \epsilon y_1' = f_1(y_1, y_2, \cdots, y_n, t), \\ \epsilon y_2' = f_2(y_1, y_2, \cdots, y_n, t), \\ \qquad \cdots\cdots \qquad\qquad\qquad 0 < t < 1 \\ \epsilon y_n' = f_n(y_1, y_2, \cdots, y_n, t), \end{cases} \tag{3.65}$$

和第一类边值

$$A\boldsymbol{y}(0, \epsilon) = A\boldsymbol{y}_0, \quad B\boldsymbol{y}(1, \epsilon) = B\boldsymbol{y}_1, \tag{3.66}$$

这里 $\epsilon > 0$ 是小参数, 而 $\boldsymbol{y} = (y_1, y_2, \cdots, y_n)^{\mathrm{T}}$ 和 $\boldsymbol{f} = (f_1(\boldsymbol{y}, t), f_2(\boldsymbol{y}, t), \cdots, f_n(\boldsymbol{y}, t))^{\mathrm{T}}$ 都是 n 维向量函数. 而 $A = \begin{pmatrix} E_k & 0 \\ 0 & 0 \end{pmatrix}$, $B = \begin{pmatrix} 0 & 0 \\ 0 & E_{n-k} \end{pmatrix}$ 都是 $n \times n$ 阶方阵, 其中 E_k 是 $k \times k$ 阶方阵, E_{n-k} 是 $(n-k) \times (n-k)$ 阶方阵 $(1 < k < n)$.

先给出若干假设:

H 3.10　假设在 $D = \{(y_1, y_2, \cdots, y_n, t) : |y_i| \leqslant l, i = 1, 2, \cdots, n, 0 \leqslant t \leqslant 1\}$ 上 $f_i(y_1, y_2, \cdots, y_n, t)$ 充分光滑, 这里 l 是某个实数.

H 3.11　假设 (3.65) 的退化系统

$$\boldsymbol{f}(\boldsymbol{y}, t) = 0 \tag{3.67}$$

在 D 上有两组孤立解 $\boldsymbol{y}_1 = \boldsymbol{\alpha}(t)$, $\boldsymbol{y}_2 = \boldsymbol{\beta}(t)$.

H 3.12　假设特征方程 $|D_{\boldsymbol{y}}\boldsymbol{f}(\boldsymbol{y}_j, t) - \lambda E_n| = 0 (j = 1, 2)$ 有 n 个实特征根 $\bar{\lambda}_i(t)$, $i = 1, 2, \cdots, n$, 其中

$$\bar{\lambda}_i(t) < 0, \quad i = 1, 2, \cdots, k;$$
$$\bar{\lambda}_i(t) > 0, \quad i = k+1, \cdots, n.$$

假设存在 n 个实特征根只是为了讨论方便起见, 事实上可以要求有 k 个特征根的实部小于零和 $n - k$ 个特征根的实部大于零.

条件 H3.12 表明在 n 维相空间 $(\tilde{y}_1, \tilde{y}_2, \cdots, \tilde{y}_n)$ 上 (3.65) 的辅助系统

$$\frac{\mathrm{d}\tilde{y}}{\mathrm{d}\tau} = \boldsymbol{f}(\tilde{y}, \bar{t}) \tag{3.68}$$

$(\tilde{y} = (\tilde{y}_1, \tilde{y}_2, \cdots, \tilde{y}_n)^{\mathrm{T}}, \bar{t}$ 暂且固定, $0 < \bar{t} < 1)$ 的两个平衡点 $M_1 = M(\boldsymbol{\alpha}(\bar{t}))$, $M_2 = M(\boldsymbol{\beta}(\bar{t}))$ 都是双曲鞍点.

我们将从 $n = 4$ 的情况着手进行讨论, 等研究清楚若干细节之后, 把所得到的结果再推广到任意 n 的情况. 为此, 必须搞清楚在四维相空间中两个双曲平衡点附近轨线的情况.

3.4 两双曲鞍点间轨线走向的简单分类

在 $\mathbf{R}^4$ 中, 当两平衡点 $M_j(j = 1, 2)$ 都是双曲鞍点时, 根据特征值的符号可把两平衡点之间关系分为下面九种情况:

(1) $M_1[-, -, -, +]$, $M_2[-, -, -, +]$;

(2) $M_1[-, -, -, +]$, $M_2[-, -, +, +]$;

(3) $M_1[-, -, -, +]$, $M_2[-, +, +, +]$;

(4) $M_1[-, -, +, +]$, $M_2[-, -, -, +]$;

(5) $M_1[-, -, +, +]$, $M_2[-, -, +, +]$;

(6) $M_1[-, -, +, +]$, $M_2[-, +, +, +]$;

(7) $M_1[-, +, +, +]$, $M_2[-, -, -, +]$;

(8) $M_1[-, +, +, +]$, $M_2[-, -, +, +]$;

(9) $M_1[-, +, +, +]$, $M_2[-, +, +, +]$.

往下将分析上面所列出的各种情况.

(1) $M_1[-, -, -, +]$, $M_2[-, -, -, +]$.

如果在 $t = 0$ 处给出三个分量的初值, 在 $t = 1$ 处给出一个分量的终值, 如

$$\begin{cases} y_1(0, \epsilon) = y_1^0, \quad y_4(1, \epsilon) = y_4^1, \\ y_2(0, \epsilon) = y_2^0, \\ y_3(0, \epsilon) = y_3^0. \end{cases} \tag{3.69}$$

那么, 可以存在从 M_1 到 M_2(或从 M_2 到 M_1) 的异宿轨道, 也可以出现趋向 M_1 或趋向 M_2 的双边界层解.

(2) $M_1[-, -, -, +]$, $M_2[-, -, +, +]$.

存在连接 M_1 和 M_2 的轨道, 但是无法在 $t = 0$ 和 $t = 1$ 处给出适定的边值. 因此不存在具有内部转移层的解. 但是如果在 $t = 0$ 处给出三个分量的初值, 在 $t = 1$ 处给出一个分量的终值, 存在趋向于 M_1 的双边界层解; 这时没有趋向于 M_2 的解.

如果在 $t = 0$ 和 $t = 1$ 处各给出两个分量的边值, 可以存在趋向于 M_2 的双边界层解, 但没有趋向于 M_1 的解.

(3) $M_1[-, -, -, +]$, $M_2[-, +, +, +]$.

具有连接 M_1 和 M_2 的轨道, 但是无法在 $t = 0$ 和 $t = 1$ 处给出适定的边值, 使得存在有内部转移层的解. 但是, 只要在 $t = 0$ 处给出 3 个分量初值和在 $t = 1$ 处给出一个分量终值就有趋向于 M_1 的双边界层解; 同样也可以存在趋向于 M_2 的双边界层解.

(4) $M_1[-, -, +, +]$, $M_2[-, -, -, +]$.

类似于情况 (2).

(5) $M_1[-, -, +, +]$, $M_2[-, -, +, +]$.

存在连接 M_1 和 M_2 的异宿轨道. 只要在 $t = 0$ 和 $t = 1$ 处各给出两个分量的初值和终值就存在趋向于 M_1 或趋向于 M_2 的双边界层解, 也存在具有内部转移层的解.

(6) $M_1[-, -, +, +]$, $M_2[-, +, +, +]$.

虽然存在连接 M_1, M_2 的轨道, 但是无法给出合适的边值使得具有内部转移层的解存在. 可以存在趋向于 M_1 的双边界层解和趋向于 M_2 的双边界层解.

(7) $M_1[-, +, +, +]$, $M_2[-, -, -, +]$.

类似于情况 (3).

(8) $M_1[-, +, +, +]$, $M_2[-, -, +, +]$.

存在连接 M_1, M_2 的异宿轨道, 但是没有具有内部转移层的解. 可以存在趋向于 M_1 或趋向于 M_2 的双边界层解

(9) $M_1[-, +, +, +]$, $M_2[-, +, +, +]$.

在这种情况下既可以存在具有内部转移层的解, 也可以存在趋向于 M_1 或 M_2 的双边界层解.

从上述列举的情况可见只有 (1), (5), (9) 可能出现具有内部转移层的空间对照结构. 由此可见, 为了出现我们所感兴趣的情况, 在两平衡点 $M_j (j = 1, 2)$ 的实特征根的符号必须一致. 对情况 (9) 和 (5) 的讨论完全类似于 (1), 因此着重讨论情况 (1).

给出边值条件 (3.69), 把条件 H3.12 记为

H 3.13　　假设特征方程 $|D_{\boldsymbol{y}} f(\boldsymbol{y}_j, t) - \lambda E_4| = 0$ 有四个实特征根 $\bar{\lambda}_{jp}(t), p = 1, 2, 3, 4; j = 1, 2$, 其中

$$\bar{\lambda}_{j1}(t) < \bar{\lambda}_{j2}(t) < \bar{\lambda}_{j3}(t) < 0 < \bar{\lambda}_{j4}(t).$$

H 3.14　　假设系统 (3.68) 有三个线性无关首次积分

$$\varphi_j(\tilde{y}_1, \tilde{y}_2, \tilde{y}_3, \tilde{y}_4, \bar{t}) = C_j, \quad j = 1, 2, 3.$$

经过 M_1 的轨线为

$$\varphi_j(\tilde{y}_1^{(-)}, \tilde{y}_2^{(-)}, \tilde{y}_3^{(-)}, \tilde{y}_4^{(-)}, \bar{t}) = \varphi_j(\boldsymbol{\alpha}(\bar{t}), \bar{t}), \quad j = 1, 2, 3; \tag{3.70}$$

而经过 M_2 的轨线为

$$\varphi_j(\tilde{y}_1^{(+)}, \tilde{y}_2^{(+)}, \tilde{y}_3^{(+)}, \tilde{y}_4^{(+)}, \bar{t}) = \varphi_j(\boldsymbol{\beta}(\bar{t}), \bar{t}), \quad j = 1, 2, 3. \tag{3.71}$$

根据条件 H 3.14 不妨认为方程 (3.70) 和 (3.71) 的解可分别表示成下面形式:

$$\tilde{y}_p^{(-)}(\tau) = \bar{Y}_p(\tilde{y}_1^{(-)}(\tau), \bar{t}), \ \tilde{y}_p^{(+)}(\tau) = \bar{Y}_p(\tilde{y}_1^{(+)}(\tau), \bar{t}), \quad p = 2, 3, 4. \tag{3.72}$$

从 (3.70) 和 (3.71) 可得存在连接 M_1 和 M_2 异宿轨道的必要条件为

$$\varphi_j(\boldsymbol{\alpha}(\bar{t}), \bar{t}) = \varphi_j(\boldsymbol{\beta}(\bar{t}), \bar{t}), \quad j = 1, 2, 3. \tag{3.73}$$

关系式 (3.73) 也就是确定转移点 t^* 主值 t_0 的方程. 由此我们可以得出结论: 方程组 (3.73) 一般关于 t_0 是无解的, 即连接 M_1 和 M_2 的异宿轨道一般是不存在的. 但是, 在某些情况下, 只要方程组 (3.73) 关于 t_0 满足相容性条件, t_0 还是可求的, 本节最后就给出了这样的例子. 因此, 这里的讨论还是有意义的.

H 3.15 假设方程组 (3.73) 是相容的, 且关于 t_0 可解 $\bar{t} = t_0$.
记

$$H_p(t_0) = \tilde{y}_p^{(-)}(0) - \tilde{y}_p^{(+)}(0), \quad p = 2, 3, 4,$$

其中 $\tilde{y}_1^{(-)}(0) = \tilde{y}_1^{(+)}(0)$ 是 t_0 的任意函数, 它们的值取在 $\alpha_1(0)$ 和 $\beta_1(0)$ 之间.

显然, 条件 H3.15 等价于

$$H_p(t_0) = 0, \quad p = 2, 3, 4. \tag{3.74}$$

H 3.16 假设 $\dfrac{\partial}{\partial t_0} H_j(t_0)(j = 2, 3, 4)$ 不全为零, 不妨认为 $\dfrac{\partial}{\partial t_0} H_4(t_0) \neq 0$.

设想在 $0 \leqslant t \leqslant 1$ 上问题 (3.65), (3.69) 具有阶梯状空间对照结构的解 $\boldsymbol{y}(t, \epsilon)$ 可以看成是下面两个左右边值问题的解 $\boldsymbol{y}^{(\mp)}(t, \epsilon)$ 在转移点 t^* 处缝接而成的.

左问题: $(0 \leqslant t \leqslant t^*)$

$$\begin{cases} \epsilon(\boldsymbol{y}^{(-)})' = \boldsymbol{f}(\boldsymbol{y}^{(-)}, t), \quad \boldsymbol{y}^{(-)} \in \mathbf{R}^4, \\ y_j^{(-)}(0, \epsilon) = y_j^0, \ j = 1, 2, 3, \quad y_1^{(-)}(t^*, \epsilon) = y_1^* \end{cases} \tag{3.75}$$

右问题: $(t^* \leqslant t \leqslant 1)$

$$\begin{cases} \epsilon(\boldsymbol{y}^{(+)})' = \boldsymbol{f}(\boldsymbol{y}^{(+)}, t), \\ y_j^{(+)}(t^*, \epsilon) = y_j^*, \ j = 1, 2, 3, \quad y_4^{(+)}(1, \epsilon) = y_4^1. \end{cases} \tag{3.76}$$

根据 (3.75), (3.76) 的边值条件已知 $\boldsymbol{y}(t, \epsilon)$ 的第一个分量 $y_1(t, \epsilon)$ 在 t^* 是连续的, 即 $y_1^{(-)}(t^*, \epsilon) = y_1^{(+)}(t^*, \epsilon)$, 我们将利用 $y_p(t, \epsilon)(p = 2, 3, 4)$ 在 t^* 处的连续性来确定 t^*.

3.5　情况 (1) 形式渐近解的构造

在 $0 \leqslant t \leqslant 1$ 上原问题的形式渐近解可分为两部分. 当 $0 \leqslant t \leqslant t^*$ 时为

$$\boldsymbol{y}(t, \epsilon) = \sum_{l=0}^{\infty} \epsilon^l [\bar{y}_l(t) + L_l y(\tau_0) + Q_l^{(-)} y(\tau)]; \tag{3.77}$$

当 $t^* \leqslant t \leqslant 1$ 时为

$$\boldsymbol{y}(t, \epsilon) = \sum_{l=0}^{\infty} \epsilon^l [\bar{y}_l(t) + Q_l^{(+)} y(\tau) + R_l y(\tau_1)], \tag{3.78}$$

其中 $\tau_0 = t/\epsilon > 0$, $\tau_1 = (1-t)/\epsilon < 0$, $\tau = (t-t^*)/\epsilon$, 这里 $\bar{y}_l(t)$ 称为正则项级数系数; $L_l y(\tau_0), R_l y(\tau_1)$ 称为边界层项级数系数; 而 $Q_l^{(\mp)} y(\tau)$ 称为内部转移层项级数的系数.

同时我们假设转移点 t^* 和在 t^* 的函数值 $y_i(t^*, \epsilon)(i = 1, 2, \cdots, n)$ 也有下面形式展开式:

$$t^* = t_0 + \epsilon t_1 + \cdots + \epsilon^l t_l + \cdots, \tag{3.79}$$

$$\boldsymbol{y}(t^*, \epsilon) = \boldsymbol{y}_0^* + \epsilon \boldsymbol{y}_1^* + \cdots + \epsilon^l \boldsymbol{y}_l^* + \cdots, \tag{3.80}$$

这里的 t_l 和 $\boldsymbol{y}_l^*$ 都是暂时未知的, 一般说来, $\boldsymbol{y}(t^*, \epsilon)$ 中的一个分量可事先取定, 例如 $y_1(t^*, \epsilon) = \frac{1}{2}(\alpha_1(t^*) + \beta_1(t^*))$.

根据边界层函数法可以写出 (3.77), (3.78) 中各正则项系数 $\boldsymbol{y}_l(t)(l \geqslant 0)$ 所满足的方程:

$$\boldsymbol{f}(\boldsymbol{y}_0(t), t) = 0. \tag{3.81}$$

所得方程 (3.81) 就是退化系统 (3.67), 所以, 根据条件 H 3.11 和阶梯状解的特点取

$$\boldsymbol{y}_0(t) = \begin{cases} \boldsymbol{\alpha}(t), & 0 \leqslant t \leqslant t_0, \\ \boldsymbol{\beta}(t), & t_0 \leqslant t \leqslant 1, \end{cases}$$

这里的 t_0 后面再确定.

本节仅构造从 $\boldsymbol{\alpha}(t)$ 转向 $\boldsymbol{\beta}(t)$ 的阶梯状解, 这样的讨论完全适合于构造从 $\boldsymbol{\beta}(t)$ 转向 $\boldsymbol{\alpha}(t)$ 的阶梯状解.

正则项系数 $\boldsymbol{y}_l(t)(l \geqslant 1)$ 满足下面线性方程:

$$\boldsymbol{y}_{l-1}'(t) = \boldsymbol{f}_{\boldsymbol{y}}(\boldsymbol{y}_0(t), t)\boldsymbol{y}_l(t) + \boldsymbol{h}_l(t), \tag{3.82}$$

其中 $\boldsymbol{h}_l(t)$ 是仅依赖于 $\boldsymbol{y}_0(t), \cdots, \boldsymbol{y}_{l-1}(t)$ 的已知向量函数. 由条件 H 3.13 方程 $\boldsymbol{f}_{\boldsymbol{y}}(\boldsymbol{y}_0(t), t)$ 非奇异, 所以可唯一求得

$$\boldsymbol{y}_l(t) = \boldsymbol{f}_{\boldsymbol{y}}^{-1}(\boldsymbol{y}_0(t), t)[\boldsymbol{y}_{l-1}'(t) - \boldsymbol{h}_l(t)]. \tag{3.83}$$

往下写出内部转移层项函数 $Q_0^{(-)}\boldsymbol{y}(\tau)$ 满足的方程和边值

$$\begin{cases} \dfrac{\mathrm{d}}{\mathrm{d}\tau}Q_0^{(-)}\boldsymbol{y} = \boldsymbol{f}(\boldsymbol{\alpha}(t_0) + Q_0^{(-)}\boldsymbol{y}, t_0), & (3.84) \\ Q_0^{(-)}\boldsymbol{y}(0) = \boldsymbol{y}_0^* - \boldsymbol{\alpha}(t_0), \ Q^{(-)}\boldsymbol{y}(-\infty) = 0, & (3.85) \end{cases}$$

令 $\tilde{y}^{(-)}(\tau) = \boldsymbol{\alpha}(t_0) + Q_0^{(-)}\boldsymbol{y}(\tau)$, 则 (3.84), (3.85) 可化成下面自治系统:

$$\begin{cases} \dfrac{\mathrm{d}}{\mathrm{d}\tau}\tilde{y}^{(-)} = \boldsymbol{f}(\tilde{y}^{(-)}, t_0), & (3.86) \\ \tilde{y}^{(-)}(0) = \boldsymbol{y}_0^*, \ \tilde{y}^{(-)}(-\infty) = \boldsymbol{\alpha}(t_0). & (3.87) \end{cases}$$

再写出 $Q_0^{(+)}\boldsymbol{y}(\tau)$ 满足的方程和边值

$$\begin{cases} \dfrac{\mathrm{d}}{\mathrm{d}\tau}Q_0^{(+)}\boldsymbol{y} = \boldsymbol{f}(\boldsymbol{\beta}(t_0) + Q_0^{(+)}\boldsymbol{y}, t_0), & (3.88) \\ Q_0^{(+)}\boldsymbol{y}(0) = \boldsymbol{y}_0^* - \boldsymbol{\beta}(t_0), \ Q_0^{(+)}\boldsymbol{y}(+\infty) = 0, & (3.89) \end{cases}$$

同样, 对 (3.88), (3.89) 作变量替换

$$\tilde{y}^{(+)}(\tau) = \boldsymbol{\beta}(t_0) + Q_0^{(+)}\boldsymbol{y}(\tau)$$

之后可写成

$$\begin{cases} \dfrac{\mathrm{d}}{\mathrm{d}\tau}\tilde{y}^{(+)} = \boldsymbol{f}(\tilde{y}^{(+)}, t_0), & (3.90) \\ \tilde{y}^{(+)}(0) = \boldsymbol{y}_0^*, \ \tilde{y}^{(+)}(+\infty) = \boldsymbol{\beta}(t_0). & (3.91) \end{cases}$$

系统 (3.86) 和系统 (3.90) 在形式上是一样的, 考虑它们的联合形式

$$\begin{cases} \dfrac{\mathrm{d}\tilde{y}}{\mathrm{d}\tau} = \boldsymbol{f}(\tilde{y}, t_0). & (3.92) \\ \tilde{y}(-\infty) = \boldsymbol{\alpha}(t_0), \quad \tilde{y}(0) = \boldsymbol{y}_0^*, \quad \tilde{y}(+\infty) = \boldsymbol{\beta}(t_0). & (3.93) \end{cases}$$

边值条件 (3.93) 说明问题 (3.92), (3.93) 的解是连接平衡点 M_1 和 M_2 的异宿轨道. 根据 3.4 节的讨论已经知道: 为了使系统 (3.92) 存在连接平衡点 M_1 和 M_2 的异宿轨道, t_0 必须由 (3.73) 或者 (3.74) 确定, 而 y_p^* 的值为 $y_p^* = Y_p(y_1^*, t_0), p = 2, 3, 4$, 其中 y_1^* 是介于 $\alpha_1(t_0), \beta_1(t_0)$ 之间的任意实数.

求出 t_0 后 $Q_0^{(\mp)}\boldsymbol{y}(\tau)$ 就完全确定了.

往下写出边界层级数的系数 $L_0\boldsymbol{y}(\tau_0)$ 和 $R_0\boldsymbol{y}(\tau_1)$ 所满足的方程和边值

$$
\begin{cases}
\dfrac{\mathrm{d}}{\mathrm{d}\tau_0}L_0\boldsymbol{y} = \boldsymbol{f}(\boldsymbol{\alpha}(0) + L_0\boldsymbol{y}, 0), & (3.94) \\[2mm]
AL_0\boldsymbol{y}(0) = A[\boldsymbol{y}^0 - \boldsymbol{\alpha}(0)], \quad L_0\boldsymbol{y}(+\infty) = 0 & (3.95)
\end{cases}
$$

和

$$
\begin{cases}
\dfrac{\mathrm{d}}{\mathrm{d}\tau_1}R_0\boldsymbol{y} = \boldsymbol{f}(\boldsymbol{\beta}(1) + R_0\boldsymbol{y}, 1), & (3.96) \\[2mm]
BR_0\boldsymbol{y}(0) = B[\boldsymbol{y}^1 - \boldsymbol{\beta}(1)], \quad R_0\boldsymbol{y}(-\infty) = 0. & (3.97)
\end{cases}
$$

H 3.17　假设 $\{AL_0\boldsymbol{y} = A[\boldsymbol{y}^0 - \boldsymbol{\alpha}(0)]\} \cap W^{\mathrm{s}}(\boldsymbol{\alpha}(0)) \neq \varnothing$, $\{BR_0\boldsymbol{y} = B[\boldsymbol{y}^1 - \boldsymbol{\beta}(1)]\} \cap W^{\mathrm{u}}(\boldsymbol{\beta}(1)) \neq \varnothing$, 其中 $W^{\mathrm{s}}(\boldsymbol{\alpha}(0))$, $W^{\mathrm{u}}(\boldsymbol{\beta}(1))$ 分别是系统 (3.94), (3.96) 在平衡点 $M(\boldsymbol{\alpha}(0))$, $M(\boldsymbol{\beta}(1))$ 附近的稳定流形和不稳定流形.

在条件 H3.17 下, (3.94), (3.95) 和 (3.96), (3.97) 的解都存在且满足下面不等式:

$$
\| L_0\boldsymbol{y}(\tau_0) \| \leqslant C\mathrm{e}^{-\kappa_0\tau_0}, \quad \tau_0 \geqslant 0;
$$
$$
\| R_0\boldsymbol{y}(\tau_1) \| \leqslant C\mathrm{e}^{\kappa_0\tau_1}, \quad \tau_1 \leqslant 0,
$$

其中 C 和 κ_0 都是实常数. 这里及往下在估计式中的任意常数 C 和 κ_0 可以取不同的值, 我们只是用同一个字母表示而已.

到此为止, 我们已确定了 $\boldsymbol{y}_l(t)(l \geqslant 0)$ 和 $L_0\boldsymbol{y}(\tau_0), Q_0^{(\top)}\boldsymbol{y}(\tau), R_0\boldsymbol{y}(\tau_1)$.

继续写出 $Q_l^{(\mp)}\boldsymbol{y}(\tau)(l \geqslant 1)$ 满足的方程和定解条件

$$
\begin{cases}
\dfrac{\mathrm{d}}{\mathrm{d}\tau}Q_l^{(-)}\boldsymbol{y} = \boldsymbol{f}_{\boldsymbol{y}}(\boldsymbol{\alpha}(t_0) + Q_0^{(-)}\boldsymbol{y}, t_0)Q_l^{(-)}\boldsymbol{y} + \boldsymbol{g}_l^{(-)}, & (3.98) \\[2mm]
BQ_l^{(-)}\boldsymbol{y}(0) = B[\boldsymbol{y}_l^* - \boldsymbol{\gamma}_l^{(-)}], \quad Q_l^{(-)}\boldsymbol{y}(-\infty) = 0, & (3.99)
\end{cases}
$$

以及

$$
\begin{cases}
\dfrac{\mathrm{d}}{\mathrm{d}\tau}Q_l^{(+)}\boldsymbol{y} = \boldsymbol{f}_{\boldsymbol{y}}(\boldsymbol{\beta}(t_0) + Q_0^{(+)}\boldsymbol{y}, t_0)Q_l^{(+)}\boldsymbol{y} + \boldsymbol{g}_l^{(+)}, & (3.100) \\[2mm]
AQ_l^{(+)}\boldsymbol{y}(0) = A[\boldsymbol{y}_l^* - \boldsymbol{\gamma}_l^{(+)}], \quad Q_l^{(+)}\boldsymbol{y}(+\infty) = 0, & (3.101)
\end{cases}
$$

其中 $\boldsymbol{g}_l^{(\mp)}, \boldsymbol{\gamma}_l^{(\mp)}$ 是仅依赖于 $\boldsymbol{y}_p(t), Q_{p-1}^{(\mp)}\boldsymbol{y}(\tau)$ 和 $t_p(0 \leqslant p \leqslant l)$ 的已知函数. 对所写出的线性边值问题 (3.98), (3.99) 和 (3.100), (3.101) 不需添加任何其他条件, 它们的解 $Q_l^{(\mp)}\boldsymbol{y}(\tau)$ 都存在且有下面估计:

$$
\| Q_l^{(-)}\boldsymbol{y}(\tau) \| \leqslant C\mathrm{e}^{\kappa_l\tau}, \quad \tau \leqslant 0;
$$
$$
\| Q_l^{(+)}\boldsymbol{y}(\tau) \| \leqslant C\mathrm{e}^{-\kappa_l\tau}, \quad \tau \geqslant 0. \tag{3.102}
$$

这里顺便指出: 根据边值条件可得 t_l 满足的方程为

$$H_4'(t_0)t_l = k_l, \quad l \geqslant 1, \tag{3.103}$$

这里 k_l 是已知的实数. 由条件 H 3.16 系数 t_l 可唯一确定. 得到了 t_l 之后 $Q_l^{(\mp)}\boldsymbol{y}(\tau)$ 也就完全确定了.

写出确定 $L_l\boldsymbol{y}(\tau_0)$ 和 $R_l\boldsymbol{y}(\tau_1)(l \geqslant 1)$ 的方程和边值

$$\begin{cases} \dfrac{\mathrm{d}}{\mathrm{d}\tau_0}L_l\boldsymbol{y} = \boldsymbol{f}_{\boldsymbol{y}}(\boldsymbol{\alpha}(0) + L_l\boldsymbol{y}, 0)L_l\boldsymbol{y} + \boldsymbol{G}_l^0, & (3.104) \\ AL_l\boldsymbol{y}(0) = -A\boldsymbol{y}_l(0), \quad L_l\boldsymbol{y}(+\infty) = 0, & (3.105) \end{cases}$$

以及

$$\begin{cases} \dfrac{\mathrm{d}}{\mathrm{d}\tau_1}R_l\boldsymbol{y} = \boldsymbol{f}_{\boldsymbol{y}}(\boldsymbol{\beta}(1) + R_l\boldsymbol{y}, 1)R_l\boldsymbol{y} + \boldsymbol{G}_l^1, & (3.106) \\ BR_l\boldsymbol{y}(0) = -B\boldsymbol{y}_l(1), \quad R_l\boldsymbol{y}(-\infty) = 0; & (3.107) \end{cases}$$

这里 $\boldsymbol{G}_l^0, \boldsymbol{G}_l^1$ 都是已知向量函数. 由前面讨论可知线性问题 (3.104), (3.105) 和 (3.106), (3.107) 的解都是存在的, 且有下面指数估计式:

$$\| L_l\boldsymbol{y}(\tau_0) \| \leqslant Ce^{-\kappa_l\tau_0}, \quad \tau \geqslant 0;$$
$$\| R_l\boldsymbol{y}(\tau_1) \| \leqslant Ce^{\kappa_l\tau_1}, \quad \tau \leqslant 0.$$

这样就求得了级数 (3.77), (3.78) 和 (3.79) 的任意项系数 $L_l\boldsymbol{y}(\tau_0)$, $Q_l^{(\mp)}\boldsymbol{y}(\tau)$, $R_l\boldsymbol{y}(\tau_1)$, t_l, 也就是说, 形式渐近级数 (3.77), (3.78), (3.79) 完全被构造.

3.6 阶梯状解的存在性和极限定理

问题 (3.65), (3.69) 的具有阶梯状空间对照结构的解 $\boldsymbol{y}(t, \epsilon)$ 可以看成是左右两个问题 (3.75), (3.76) 具有纯边界层的解 $\boldsymbol{y}^{(\mp)}(t, \epsilon)$ 在空间连续缝接而成的, 而边值问题 (3.75) 的解 $\boldsymbol{y}^{(-)}(t, \epsilon)$ 是存在的, 并有下面渐近展开式:

$$\boldsymbol{y}^{(-)}(t, \epsilon) = \boldsymbol{\alpha}(t) + L_0\boldsymbol{y}(\tau_0) + Q_0^{(-)}\boldsymbol{y}(\tau) + O(\epsilon), \quad 0 \leqslant t \leqslant t^*, \tag{3.108}$$

其中 $\tau_0 = t/\epsilon$, $\tau = (t - t^*)/\epsilon$.

同样, 边值问题 (3.76) 的解 $\boldsymbol{y}^{(+)}(t, \epsilon)$ 也是存在的, 渐近展开式为

$$\boldsymbol{y}^{(+)}(t, \epsilon) = \boldsymbol{\beta}(t) + Q_0^{(+)}\boldsymbol{y}(\tau) + R_0\boldsymbol{y}(\tau_1) + O(\epsilon), \quad t^* \leqslant t \leqslant 1, \tag{3.109}$$

其中 $\tau_1 = (t-1)/\epsilon$.

这里需要指出的是: 在得到渐近展开式 (3.108), (3.109) 时, t^* 被看成是参数, 不必展开成 ϵ 的幂级数 (3.79), 其中 $Q_0^{(\mp)} y(\tau)$ 满足类似于 (3.84), (3.85) 和 (3.88), (3.89) 的方程和边值, 只要把式中的 t_0 换成 t^* 即可, 而 $L_0 \boldsymbol{y}(\tau_0)$, $R_0 \boldsymbol{y}(\tau_1)$ 满足 (3.94), (3.95) 和 (3.96), (3.97).

记 $\boldsymbol{\Delta}(t^*) = \boldsymbol{y}^{(-)}(t^*, \epsilon) - \boldsymbol{y}^{(+)}(t^*, \epsilon)$, 其中 $\boldsymbol{\Delta} = (\Delta_1, \Delta_2, \Delta_3, \Delta_4)^{\mathrm{T}}$.

考虑到在 $t = t^*$ 处 $L_0 \boldsymbol{y}(\tau_0)$, $R_0 \boldsymbol{y}(\tau_1)$ 都是指数小量, 所以有

$$\boldsymbol{\Delta}(t^*) = [\boldsymbol{\alpha}(t^*) + Q_0^{(-)} \boldsymbol{y}(0)] - [\boldsymbol{\beta}(t^*) + Q_0^{(+)} \boldsymbol{y}(0)] + O(\epsilon), \quad |O(\epsilon)| = C\epsilon. \quad (3.110)$$

左右边值问题 (3.75), (3.76) 中给出的 y_1^* 是相同的, 但是, 右问题 (3.76) 中的 y_p^*, $p = 2, 3$ 并非任意的, 它们是由左问题 (3.75) 所完全确定的, 即 $y_p^* = y_p^{(-)}(t^*, \epsilon)$, $p = 2, 3$. 这就意味着左右问题 (3.75), (3.76) 的解 $\boldsymbol{y}^{(\mp)}(t^*, \epsilon)$ 的前三个分量在 t^* 处已经相同. 我们将利用 $y_4^{(-)}(t^*, \epsilon) = y_4^{(+)}(t^*, \epsilon)$ 来确定 t^*. 考虑差值

$$\begin{aligned}
\Delta_4(t^*) &= y_4^{(-)}(t^*, \epsilon) - y_4^{(+)}(t^*, \epsilon) \\
&= [\alpha_4(t^*) + Q_0^{(-)} y_4(0)] - [\beta_4(t^*) + Q_0^{(+)} y_4(0)] + O(\epsilon) \\
&= \tilde{y}_4^{(-)}(0, t^*) - \tilde{y}_4^{(+)}(0, t^*) + O(\epsilon),
\end{aligned} \quad (3.111)$$

即得到

$$\Delta_4(t^*) = H_4(t^*) + O(\epsilon). \quad (3.112)$$

对式 (3.112) 进行泰勒展开:

$$\Delta_4(t^*) = H_4(t_0) + \frac{\mathrm{d}}{\mathrm{d}t} H_4(t_0)(t^* - t_0) + O(|t^* - t_0|^2) + O(\epsilon). \quad (3.113)$$

如果在 (3.113) 中取 $t^* = t_0 \pm K\epsilon$, 并考虑到条件 H 3.16 可得

$$\Delta_4(t^*) = H'(t_0)(\pm K\epsilon) + O(\epsilon). \quad (3.114)$$

在 (3.114) 中先取 K 充分大, 例如 $K > C$, 然后固定 K 再取 ϵ 充分小, 就能使 (3.114) 的右端为异号. 由介值定理存在 $\bar{t}^* \in (t_0 - K\epsilon, t_0 + K\epsilon)$, 使得 $\Delta_4(\bar{t}^*) = 0$, 即

$$\boldsymbol{y}^{(-)}(\bar{t}^*, \epsilon) = \boldsymbol{y}^{(+)}(\bar{t}^*, \epsilon).$$

这样, 就得到了在 $\bar{t}^*$ 附近具有转移层的阶梯状空间对照结构解:

$$\boldsymbol{y}(t, \epsilon) = \begin{cases} \boldsymbol{y}^{(-)}(t, \epsilon), & 0 \leqslant t \leqslant \bar{t}^*, \\ \boldsymbol{y}^{(+)}(t, \epsilon), & \bar{t}^* \leqslant t \leqslant 1. \end{cases} \quad (3.115)$$

把上面得到的结论归结为下面定理.

定理 3.3 如果满足条件 H3.10~H3.17, 那么存在 $\epsilon_0 > 0$, 当 $0 < \epsilon \leqslant \epsilon_0$ 时, 问题 (3.77), (3.78) 具有阶梯状空间对照结构的解 (3.115) 存在, 且有下面渐近表达式:

$$\boldsymbol{y}(t,\epsilon) = \begin{cases} \boldsymbol{\alpha}(t) + L_0\boldsymbol{y}(\tau_0) + Q_0^{(-)}\boldsymbol{y}(\tau) + O(\epsilon), & 0 \leqslant t \leqslant \bar{t}^*, \\ \boldsymbol{\beta}(t) + Q_0^{(+)}\boldsymbol{y}(\tau) + R_0\boldsymbol{y}(\tau_1) + O(\epsilon), & \bar{t}^* \leqslant t \leqslant 1. \end{cases}$$

对情况 (1) 进行了详细讨论之后, 很容易把研究的方法和所得到的结果推广到任意有限维系统 (3.65) 和定解条件 (3.66). 当平衡点 M_1, M_2 的类型完全一样时 (包括正负特征值的个数) 就有可能出现从 $\boldsymbol{\alpha}(t)$ 转到 $\boldsymbol{\beta}(t)$ (或者从 $\boldsymbol{\beta}(t)$ 转移到 $\boldsymbol{\alpha}(t)$) 的阶梯状空间对照结构. 这里特别需要指出的是条件 H 3.18, H 3.19 的表述

H 3.18 假设系统 (3.68) 存在 $n-1$ 个线性无关首次积分

$$\varphi_j(\tilde{y}_1, \tilde{y}_2, \cdots, \tilde{y}_n, \bar{t}) = C_j, \quad j = 1, 2, \cdots, n-1. \tag{3.116}$$

由此可得存在连接 $M_1(\boldsymbol{\alpha}(\bar{t}), \bar{t}), M_2(\boldsymbol{\beta}(\bar{t}), \bar{t})$ 异宿轨道的必要条件为

$$\varphi_j(\boldsymbol{\alpha}(\bar{t}), \bar{t}) = \varphi_j(\boldsymbol{\beta}(\bar{t}), \bar{t}), \quad j = 1, 2, \cdots, n-1. \tag{3.117}$$

H 3.19 假设方程组 (3.117) 是相容的, 且关于 $\bar{t}$ 可解.

至于其他条件的给出都是类似的. 利用边界层函数法同样可以构造出与 (3.77), (3.78) 相同的解的渐近展开式和转移点的渐近展开式 (3.79), 再用缝接法可得到类似于定理 3.3 的结论, 在此不再重复.

3.7 例 子

针对上面的讨论我们给出下面例子来构造具有阶梯状空间对照结构的零次渐近解:

$$\begin{cases} \epsilon\dfrac{\mathrm{d}u}{\mathrm{d}t} = v, \quad \epsilon\dfrac{\mathrm{d}v}{\mathrm{d}t} = (u^2 - 1)(u - a(t)), \quad 0 < t < 1, & (3.118) \\ \epsilon\dfrac{\mathrm{d}w}{\mathrm{d}t} = -\sqrt{2}(w - u), \quad \epsilon\dfrac{\mathrm{d}x}{\mathrm{d}t} = -\sqrt{2}(x - v), \\ u(0, \epsilon) = u^0, \quad w(0, \epsilon) = w^0, \\ v(1, \epsilon) = v^1, \quad x(0, \epsilon) = x^0, & (3.119) \end{cases}$$

这里 $a(t)$ 是光滑函数, 且 $|a(t)| < 1$. 为了简化计算要求 $a(0) = a(1) = 0$, 而 u^0, v^1, w^0 和 t^0 都是给定的实数.

显然, (3.118) 的退化系统有两组孤立解: $\{\bar{u}_1 = -1, \bar{v}_1 = 0, \bar{w}_1 = -1, \bar{x}_1 = 0\}$, $\{\bar{u}_2 = 1, \bar{v}_2 = 0, \bar{w}_2 = 1, \bar{x}_2 = 0\}$. 平衡点 $M_1(-1, 0, -1, 0)$ 和 $M_2(1, 0, 1, 0)$ 是下面辅

助系统的两个鞍点 ($\bar{t}$ 固定, $\bar{t} \in (0,1)$):

$$\begin{cases} \dfrac{\mathrm{d}u}{\mathrm{d}\tau} = v, \\ \dfrac{\mathrm{d}v}{\mathrm{d}\tau} = (u^2-1)(u-a(\bar{t})) \equiv F, \\ \dfrac{\mathrm{d}w}{\mathrm{d}\tau} = -\sqrt{2}(w-u), \\ \dfrac{\mathrm{d}x}{\mathrm{d}\tau} = -\sqrt{2}(x-v), \end{cases} \tag{3.120}$$

因为对应的特征方程

$$(\lambda^2 - F_u(M_{1,2}))(\lambda+1)^2 = 0$$

有四个异号实特征根

$$\lambda_{1,2} = \pm\sqrt{F_u(M_{1,2})}, \quad \lambda_{3,4} = -1 < 0,$$

其中 $F_u(M_{1,2}) = 2(1 \pm a(\bar{t})) > 0$.

为了求出内部层函数, 在变换

$$u = Q_0^{(\mp)}u \mp 1, \quad v = Q_0^{(\mp)}v, \quad w = Q_0^{(\mp)}w \mp 1, \quad x = Q_0^{(\mp)}x$$

之后, $\{u,v,w,t\}$ 满足与 (3.120) 一样的方程组和下面的边值条件: 当 $-\infty < \tau < 0$ 时, 定解条件为

$$u(0) = u_0, \tag{3.121}$$

$$u(-\infty) = -1, \quad v(-\infty) = 0, \quad w(-\infty) = -1, \quad x(-\infty) = 0;$$

当 $0 < \tau < \infty$ 时, 边值条件为

$$u(0) = u_0, \quad w(0) = w_0, \quad x(0) = x_0 \tag{3.122}$$

$$u(\infty) = 1, \quad v(\infty) = 0, \quad w(\infty) = 1, \quad x(\infty) = 0.$$

考虑到系统 (3.120) 的前两个方程不含有 w, x, 所以该系统实际上是解耦的, 可从 (3.120) 的前两个方程确定 t_0.

很容易找出系统 (3.120) 的一个首次积分

$$v^2(\tau) - 2\int F(u,t_0)\,\mathrm{d}u = C.$$

让该首次积分分别过 $M_{1,2}$:

$$[v^{(\mp)}(\tau)]^2 - 2\int_{\mp 1}^{u^{(\mp)}(\tau)} F(u,t_0)\,\mathrm{d}u = 0. \tag{3.123}$$

从 (3.123) 解出

$$v^{(-)}(0) = \left[2 \int_{-1}^{u_0} F(u, t_0)\, \mathrm{d}u \right]^{\frac{1}{2}}, \quad v^{(+)}(0) = -\left[2 \int_{1}^{u_0} F(u, t_0)\, \mathrm{d}u \right]^{\frac{1}{2}}.$$

因为 $v^{(-)}(0) = v^{(+)}(0)$, 所以求 t_0 的方程为

$$\int_{-1}^{1} (u^2 - 1)(u - a(t_0))\, \mathrm{d}u = 0,$$

即 $a(t_0) = 0$.

把 $a(t_0) = 0$ 代入 (3.120), 得到满足边值条件 (3.122) 的解 $\tau \geqslant 0$,

$$u^{(+)}(\tau) = \frac{C - \mathrm{e}^{-\sqrt{2}\tau}}{C + \mathrm{e}^{-\sqrt{2}\tau}}, \quad v^{(+)}(\tau) = \frac{2\sqrt{2}C\mathrm{e}^{-\sqrt{2}\tau}}{(C + \mathrm{e}^{-\sqrt{2}\tau})^2},$$

$$w^{(+)}(\tau) = \mathrm{e}^{-\sqrt{2}\tau}\left(w_0 - 1 - \frac{2}{C}\ln\frac{1 + C\mathrm{e}^{\sqrt{2}\tau}}{1 + C} \right) + 1, \tag{3.124}$$

$$t^{(+)}(\tau) = \left[t_0 - \frac{2C}{(2 + C)(1 + C)} \right]\mathrm{e}^{-\sqrt{2}\tau} + \frac{2C\mathrm{e}^{-\sqrt{2}\tau}}{(C + 2\mathrm{e}^{-\sqrt{2}\tau})(C + \mathrm{e}^{-\sqrt{2}\tau})},$$

其中 $C = \dfrac{1 + u_0}{1 - u_0}$.

同样可得满足边值条件 (3.121) 的解 $\tau \leqslant 0$,

$$u^{(-)}(\tau) = \frac{C\mathrm{e}^{\sqrt{2}\tau} - 1}{C\mathrm{e}^{\sqrt{2}\tau} + 1}, \quad v^{(-)}(\tau) = \frac{2\sqrt{2}C\mathrm{e}^{\sqrt{2}\tau}}{(1 + C\mathrm{e}^{\sqrt{2}\tau})^2}, \tag{3.125}$$

$$w^{(-)}(\tau) = \frac{-2\ln(1 + C\mathrm{e}^{\sqrt{2}\tau})}{C\mathrm{e}^{\sqrt{2}\tau}} + 1, \quad t^{(-)}(\tau) = \frac{2C\mathrm{e}^{\sqrt{2}\tau}}{(C\mathrm{e}^{\sqrt{2}\tau} + 2)(C\mathrm{e}^{\sqrt{2}\tau} + 1)}.$$

由此可得连接 M_1 和 M_2 的异宿轨道

$$u(\tau) = \frac{C\mathrm{e}^{\sqrt{2}\tau} - 1}{C\mathrm{e}^{\sqrt{2}\tau} + 1}, \quad v(\tau) = \frac{2\sqrt{2}C\mathrm{e}^{\sqrt{2}\tau}}{(1 + C\mathrm{e}^{\sqrt{2}\tau})^2}, \quad -\infty \leqslant \tau \leqslant +\infty,$$

$$w(\tau) = \frac{-2\ln(1 + C\mathrm{e}^{\sqrt{2}\tau})}{C\mathrm{e}^{\sqrt{2}\tau}} + 1, \quad t(\tau) = \frac{2C\mathrm{e}^{\sqrt{2}\tau}}{(C\mathrm{e}^{\sqrt{2}\tau} + 2)(C\mathrm{e}^{\sqrt{2}\tau} + 1)}.$$

因为不难验证

$$\lim_{\tau \to \mp\infty} u(\tau) = \mp 1, \quad \lim_{\tau \to \mp\infty} v(\tau) = 0, \quad \lim_{\tau \to \mp\infty} w(\tau) = \mp 1, \quad \lim_{\tau \to \mp\infty} t(\tau) = 0.$$

从 (3.124), (3.125) 就能得到具有指数衰减性质的内部层函数 $Q_0^{(\mp)}\bar{y}(\tau)$,

$$Q_0^{(-)}u(\tau) = \frac{2Ce^{\sqrt{2}\tau}}{Ce^{\sqrt{2}\tau}+1}, \quad Q_0^{(-)}v(\tau) = \frac{2\sqrt{2}Ce^{\sqrt{2}\tau}}{(1+Ce^{\sqrt{2}\tau})^2}, \quad \tau \leqslant 0,$$

$$Q_0^{(-)}w(\tau) = \frac{2[Ce^{\sqrt{2}\tau}-\ln(1+Ce^{\sqrt{2}\tau})]}{Ce^{\sqrt{2}\tau}}, \quad Q_0^{(-)}t(\tau) = \frac{2Ce^{\sqrt{2}\tau}}{(Ce^{\sqrt{2}\tau}+2)(Ce^{\sqrt{2}\tau}+1)},$$

以及

$$Q_0^{(+)}u(\tau) = \frac{-2e^{-\sqrt{2}\tau}}{e^{-\sqrt{2}\tau}+C}, \quad Q_0^{(+)}v(\tau) = \frac{-2\sqrt{2}Ce^{-\sqrt{2}\tau}}{(C+e^{-\sqrt{2}\tau})^2}, \quad \tau \geqslant 0,$$

$$Q_0^{(+)}w(\tau) = \frac{-2e^{-\sqrt{2}\tau}\ln(1+Ce^{-\sqrt{2}\tau})}{C}, \quad Q_0^{(+)}t(\tau) = \frac{2Ce^{-\sqrt{2}\tau}}{(2e^{-\sqrt{2}\tau}+C)(e^{-\sqrt{2}\tau}+C)}.$$

同样可求得在 $t=0$ 邻域的边界层函数 $L_0\bar{y}(\tau_0)$, $\tau_0 \geqslant 0$,

$$L_0u(\tau_0) = \frac{2e^{-\sqrt{2}\tau_0}}{e^{-\sqrt{2}\tau_0}-A}, \quad L_0v(\tau_0) = \frac{2\sqrt{2}Ae^{-\sqrt{2}\tau_0}}{(e^{-\sqrt{2}\tau_0}-A)^2},$$

$$L_0w(\tau_0) = \left(y_2^0+1-\frac{2}{A}\ln\frac{Ae^{\sqrt{2}\tau_0}-1}{A-1}\right)e^{-\sqrt{2}\tau_0},$$

$$L_0t(\tau_0) = y_3^0 e^{-\sqrt{2}\tau_0} + \frac{4A\tau_0 e^{-\sqrt{2}\tau_0}}{(e^{-\sqrt{2}\tau_0}-A)((1+\sqrt{2}\tau_0)e^{-\sqrt{2}\tau_0}-A)},$$

其中 $A = \dfrac{y_1^0-1}{y_1^0+1}$.

而在 $t=1$ 邻域的边界层函数 $R_0\bar{y}(\tau_1)\tau_1 \leqslant 0$ 为

$$R_0u(\tau_1) = \frac{2Ae^{\sqrt{2}\tau_1}}{1-Ae^{\sqrt{2}\tau_1}}, \quad R_0v(\tau_1) = \frac{2\sqrt{2}Ae^{\sqrt{2}\tau_1}}{1-Ae^{\sqrt{2}\tau_1}}, \quad R_0w(\tau_1) = -2-\frac{2\ln|Ae^{\sqrt{2}\tau_1}-1|}{Ae^{\sqrt{2}\tau_1}},$$

$$R_0t(\tau_1) = \frac{4A\tau_1 e^{\sqrt{2}\tau_1}}{(1-Ae^{\sqrt{2}\tau_1})((1+\sqrt{2}\tau_1)-Ae^{\sqrt{2}\tau_1})},$$

这里 $y_4^1 = \dfrac{2\sqrt{2}A}{(1-A)^2}$.

这样就构造出了零次渐近解 $(\boldsymbol{y}=(u,v,w,t)^{\mathrm{T}})$:

$$\boldsymbol{y}(t,\epsilon) = \begin{cases} \boldsymbol{\alpha}(t)+L_0\boldsymbol{y}(\tau_0)+Q_0^{(-)}\boldsymbol{y}(\tau)+O(\epsilon), & 0 \leqslant t \leqslant t^*, \\ \boldsymbol{\beta}(t)+Q_0^{(+)}\boldsymbol{y}(\tau)+R_0\boldsymbol{y}(\tau_1)+O(\epsilon), & t^* \leqslant t \leqslant 1, \end{cases}$$

其中 $t^* = t_0+O(\epsilon)$, $\boldsymbol{\alpha}(t)=(-1,0,-1,0)^{\mathrm{T}}$, $\boldsymbol{\beta}(t)=(1,0,1,0)$.

3.8 可化为空间对照结构的复杂问题

给出可能出现空间对照结构的各类问题.

(1) 由两个二阶方程组成的方程组:

$$\begin{cases} \epsilon^4 y'' = F(y,z,t), \quad \epsilon^2 z'' = G(y,z,t), \\ y(0,\epsilon)=y^0, \quad z(0,\epsilon)=z^0, \quad y(1,\epsilon)=y', \quad z(1,\epsilon)=z'. \end{cases} \tag{3.126}$$

H 3.20 假设把 z,t 看作参数时, 方程 $F(y,z,t)=0$ 有 3 个解 $y=\varphi_i(z,t)$, $i=1,2,3$, 不妨认为 $\varphi_1(z,t)<\varphi_2(z,t)<\varphi_3(z,t)$, 并且 $F_y|_{y=\varphi_1,\varphi_3}>0$, $F_y|_{y=\varphi_2}<0$.

H 3.21 函数 $G_i(z,t)=G(\varphi_i(z,t),z,t)(i=1,3)$ 有解 $z=\psi_i(t)$, 并且 $G_{iz}|_{z=\psi_i}>0$.

类似于以前的方法进行讨论, 借助于两个辅助问题 $P^{(-)}(0\leqslant t\leqslant t^*)$ 和 $P^{(+)}$ $(t^*\leqslant t\leqslant 1)$ 在 t^* 点处分量 y 和 z 的光滑性条件, 用边界层函数法构造渐近解. 在转移层邻域 $y(t,\epsilon)$, $z(t,\epsilon)$ 可表示成

$$w^{(\mp)}(t,\epsilon)=\bar{w}^{(\mp)}(t,\epsilon)+Q^{(\mp)}w(\tau_1,\epsilon)+Pw^{(\mp)}(\tau_2,\epsilon), \tag{3.127}$$

其中 $\tau_1=(t-t^*)/\epsilon$, $\tau_2=(t-t^*)/\epsilon^2$, $w=(y,z)$.

请注意内部层是用不同尺度的函数 $Q_iw(\tau_1)$ 和 $P_iw(\tau_2)$ 来描述的. 在 $t=0$ 和 $t=1$ 处的边界层没有指出, 如果要写的话, 也要用不同的尺度.

由于方程组在 Q_iy, Q_iz 和 P_iy, P_iz 前小参数的量级是不一样的, 还是可以用边界层函数法做. 写出确定各项的方程和边值. 例如,

$$\begin{cases} \dfrac{\mathrm{d}^2}{\mathrm{d}\tau_2^2}P_0^{(-)}y=F(\varphi_1(z_0,t_0)+P_0^{(-)},z_0,t_0), \\ P_0^{(-)}y(0)=\varphi_2(z_0,t_0)-\varphi_1(z_0,t_0), \quad P_0^{(-)}y(-\infty)=0, \\ P_0z\equiv 0. \end{cases}$$

$$\begin{cases} \dfrac{\mathrm{d}^2}{\mathrm{d}\tau_1^2}Q_0^{(-)}z=G(\varphi_1(\psi_1(t_0)+Q_0^{(-)}z,t_0),\psi_1(t_0)+Q_0^{(-)}z,t_0), \\ Q_0^{(-)}z(0)=z(0)-\psi_1(t_0), \quad Q_0^{(-)}z(-\infty)=0, \\ Q_0^{(-)}y=\varphi_1(\psi_1(t_0),t_0)-\varphi_1(\psi_1(t_0)+Q_0^{(-)},t_0), \end{cases}$$

这里 t_0 是 t^* 展开式的主项, z_0 是 $z(t^*,\epsilon)$ 按 ϵ 幂展开式的主项, 它们是由光滑性条件所得到的

$$\begin{cases} \displaystyle\int_{\psi_1(z_0)}^{z_0}G(\psi_1(z,t_0),z,t_0)\mathrm{d}z=\int_{\psi_3(z_0)}^{z_0}G(\varphi_1(z,t_0),z,t_0)\mathrm{d}z, \\ \displaystyle\int_{\varphi_1(z_0,t_0)}^{\varphi_3(z_0,t_0)}F(y,z_0,t_0)\mathrm{d}y=0. \end{cases}$$

只要假设该方程组是可解的, 并且相应的泛函行列式非零, 就能求出 (t_0, z_0).

(2) 在高阶导数前具有相同幂次的方程组边值问题.

$$\begin{cases} \epsilon^2 z'' = F(z, v, t, y), & \epsilon^2 v'' = G(z, v, t, y), \\ z(0, \epsilon) = z^0, & v(0, \epsilon) = v^0, \\ z(1, \epsilon) = z^1, & v(1, \epsilon) = v^1. \end{cases} \tag{3.128}$$

这里 t 是自变量, y 看成是某个参数, 往下再作解释. 问题 (3.128) 比问题 (3.126) 更复杂. 因为关于 G 函数的方程不能分离成两个单独的二阶方程. 虽然这样, 但可以讨论某一类特殊情况.

假设 F 和 G 是某个解析函数 $\varphi(z, t, y)$ 的实部和虚部 (t, y 是参数), 所以有

$$\frac{\partial F}{\partial z} = \frac{\partial G}{\partial v}, \quad \frac{\partial F}{\partial v} = -\frac{\partial G}{\partial z}.$$

对固定的 t, y 方程组

$$\begin{cases} \dfrac{\mathrm{d}^2 \tilde{z}^2}{\mathrm{d}\tau^2} = F(\tilde{z}, \tilde{v}, t, y), \\ \dfrac{\mathrm{d}^2 \tilde{v}^2}{\mathrm{d}\tau^2} = G(\tilde{z}, \tilde{v}, t, y). \end{cases}$$

有两个首次积分 $\left(\tilde{p} = \dfrac{\mathrm{d}\tilde{z}}{\mathrm{d}\tau}, \tilde{q} = \dfrac{\mathrm{d}\tilde{v}}{\mathrm{d}\tau}\right)$

$$\frac{1}{2}(\tilde{p}^2 - \tilde{q}^2) = \int F \mathrm{d}z - G \mathrm{d}v + C_1, \tag{3.129}$$

$$\tilde{p}\tilde{q} = \int G \mathrm{d}z + F \mathrm{d}v + C_2.$$

H 3.22　　假设退化方程有两个解 $z = \varphi_1(t, y), v = \psi_1(t, y)$ 和 $z = \varphi_2(t, y), v = \psi_2(t, y)$, 并且矩阵

$$\begin{pmatrix} F_z & F_v \\ G_z & G_v \end{pmatrix}_{z=\varphi_i, v=\psi_i}$$

的特征值非零或负实部, 那么在相空间 $(\tilde{z}, \tilde{v}, \tilde{p}, \tilde{q})$ 上 $M_1(\varphi_1, \psi_1, 0, 0)$, $M_2(\varphi_2, \psi_2, 0, 0)$ 是鞍点型的.

为了证明两函数 z, v 在某一点 t^* 存在阶梯状空间对照结构, 要求存在连接两鞍点的 M_1, M_2 异宿轨道. 从 (3.8) 可知经过 $M_i(i = 1, 2)$ 的轨道为

$$\frac{1}{2}(\tilde{p}^2 - \tilde{q}^2) = \int_{(\varphi_i, \psi_i)}^{(\tilde{z}, \tilde{v})} F \mathrm{d}z - G \mathrm{d}v,$$

$$\tilde{p}\tilde{q} = \int_{(\varphi_i, \psi_i)}^{(\tilde{z}, \tilde{v})} G \mathrm{d}z + F \mathrm{d}v.$$

由此可得连接 M_1 和 M_2 的轨道有下面形式:

$$\int_{(\varphi_1,\psi_1)}^{(\varphi_2,\psi_2)} F\mathrm{d}z - G\mathrm{d}v = 0, \qquad \int_{(\varphi_1,\psi_1)}^{(\varphi_2,\psi_2)} G\mathrm{d}z + F\mathrm{d}v = 0, \tag{3.130}$$

这就是确定 (t_0, z_0) 的方程组, 其中 t_0 是转移点 t^* 展开式的主项, y_0 是相应参数 y 的主项. 可见在 (3.128) 中除了变量 t 还要引入参数 y. 如果没有 y, 方程组一般而言无解 (两个方程一个变量 t). 换言之, 参数 y 的引入能在一族方程组 (3.128) 中产生空间对照结构. 所以假设方程组 (3.8) 关于 (t, y) 可解, $t = t_0$, $y = y_0$, 并且相应的函数行列式非零. 同样可以证明这类问题具有空间对照结构的解, 并且能构造出渐近解.

例 3.1

$$\begin{cases} \epsilon^2 \dfrac{\mathrm{d}^2 z}{\mathrm{d}t^2} = (z^2 - v^2 - 1)(z - \alpha) - 2zv(v - \beta), \\[2mm] \epsilon^2 \dfrac{\mathrm{d}^2 v}{\mathrm{d}t^2} = (z^2 - v^2 - 1)(v - \beta) + 2zv(z - \alpha), \end{cases} \tag{3.131}$$

其中 $\alpha = t - y - 0,2$, $\beta = 2t - y$, $\varphi_1 = -1$, $\psi_1 = 0$; $\varphi_2 = 1$, $\psi_2 = 0$. 从 (3.8) 可得 $\alpha = 0$, $\beta = 0$, 即 $t_0 = 0,2$, $y_0 = 0,4$.

利用 $z = z + \mathrm{i}v$, 易得连接 $\tilde{z}$, $\tilde{v}$ 的轨道

$$\epsilon^2 \frac{\mathrm{d}^2 z}{\mathrm{d}t^2} = (z^2 - 1)(z - a(t, y)),$$

其中 $a(t, y) = \alpha(t, y) + \mathrm{i}\beta(t, y)$. 因为 $a(t_0, y_0) = 0$, 所以

$$\frac{\mathrm{d}^2 \tilde{z}}{\mathrm{d}\tau^2} = (\tilde{z}^2 - 1)\tilde{z}, \quad \tau = (t - t_0)/\epsilon.$$

由此可得

$$\tilde{z} = [1 - \mathrm{e}^{-\sqrt{2}(t-t_0)/\epsilon}]/[1 + \mathrm{e}^{-\sqrt{2}(t-t_0)/\epsilon}],$$

即

$$\tilde{z} = [1 - \mathrm{e}^{-\sqrt{2}(t-t_0)/\epsilon}]/[1 + \mathrm{e}^{-\sqrt{2}(t-t_0)/\epsilon}], \quad \tilde{v} = 0.$$

可见只有变量 z 会产生阶梯状.

例 3.2 讨论下面复系统 ($z = z + \mathrm{i}v$, $\xi = t + \mathrm{i}y$):

$$\epsilon^2 \frac{\mathrm{d}^2 z}{\mathrm{d}\xi^2} = z(t + \varphi_1)(z - \varphi_2),$$

其中 $\varphi_1 = -t + 1 + \mathrm{i}y$, $\varphi_2 = t + 2\mathrm{i}(y - 0.2)$, 从 (3.8) 可得 $t_0 = 0.5$, $y_0 = 0.4$, 即 $\xi_0 = 0.5 + 0.4\mathrm{i}$, $\varphi_1 = \varphi_2 = \varphi(\xi_0) = 0.5 + 0.4\mathrm{i}$.

$$\tilde{z} = \varphi(\xi_0) = [1 - \mathrm{e}^{-\sqrt{2}\varphi(\xi_0)(\xi-\xi_0)/\epsilon}]/[1 + \mathrm{e}^{-\sqrt{2}\varphi(\xi_0)(\xi-\xi_0)/\epsilon}].$$

分离实部和虚部可得

$$\tilde{z} = \frac{0.5[1 - e^{-\sqrt{2}\Delta t/\epsilon}] + 0.8e^{-0.5\sqrt{2}\Delta t/\epsilon}\sin(0.4\sqrt{2}\Delta t/\epsilon)}{1 + e^{-\sqrt{2}\Delta t/\epsilon} + 2e^{-0.5\sqrt{2}\Delta t/\epsilon}\cos(0.4\sqrt{2}\Delta t/\epsilon)} \to \begin{cases} -0.5, & t < t_0, \\ 0.5, & t > t_0, \end{cases}$$

$$\tilde{v} = \frac{e^{-\sqrt{2}\Delta t/\epsilon}\sin(0.4\sqrt{2}\Delta t/\epsilon) + 0.4[1 - e^{-0.5\sqrt{2}\Delta t/\epsilon}]}{1 + e^{-\sqrt{2}\Delta t/\epsilon} + 2e^{-0.5\sqrt{2}\Delta t/\epsilon}\cos(0.4\sqrt{2}\Delta t/\epsilon)} \to \begin{cases} -0.4, & t < t_0, \\ 0.4, & t > t_0. \end{cases}$$

注意到 $\tilde{z}, \tilde{v}$ 并不是单调趋于极限的, 在指数小衰减因子前有无穷大振荡部分, 这是因为在鞍点的特征值既有实的又有虚的, 这在单个方程情况下是不可能的.

(3) 讨论下面问题更有意义:

$$\epsilon^2 y'' = F(\sqrt{\epsilon}y', y, t),$$

或者

$$\epsilon^4 y'' = F(\epsilon y', y, t) \tag{3.132}$$

首先讨论 (3.132) 的特殊情况

$$\begin{cases} \epsilon^4 y'' = A(y,t)\epsilon y' + B(y,t), \\ y(0,\epsilon) = y^0, \quad y(1,\epsilon) = y^1. \end{cases} \tag{3.133}$$

先讨论纯边界层解 (没有转移层). 事实上在端点的邻域会产生不同类型的边界层.

假设退化方程 $B(y,t) = 0$ 有解 $y = \varphi(t)$, 并且

$$A(\varphi(t), t) < 0, \quad B_y(\varphi(t), t) > 0. \tag{3.134}$$

用边界层函数法构造形式渐近解

$$y(t, \epsilon) = \bar{y}(t, \epsilon) + Qy(\tau_0, \epsilon) + Ry(\tau_1, \epsilon),$$

$$\tau_0 = t/\epsilon^3, \quad \tau_1 = (t-1)/\epsilon.$$

对变量 $z = \epsilon y'$ 也作同样展开式. 但是级数 $Qz(\tau_0, \epsilon)$ 从 $O(\epsilon^{-2})$ 开始, 而 Qy 从 $O(1)$ 开始.

$$Qz(\tau_0, \epsilon) = \epsilon^{-2}Q_{-2}z + \epsilon^{-1}Q_{-1}z + Q_0z + \cdots,$$

$$Qy(\tau_0, \epsilon) = Q_0y + \epsilon Q_1y + \cdots.$$

无论是 $\bar{z}$ 还是 $\bar{y}$ 右边界层级数都从 $O(1)$ 开始. 这样左边界层就出现了快层 (τ_0 是 ϵ^{-3} 阶的), 关于 ϵ 它有奇异性, 即它的量阶为 ϵ^{-2}, 用微分不等式可以证明解的存在性.

如果满足条件

$$A(\varphi(t),t) > 0, \quad B_y(\varphi(t),t) > 0, \tag{3.135}$$

则 "快" 边界层出现在右端点, 而 "慢" 边界层出现在左端点.

该问题也可以出现阶梯状解. 如果问题 $P^{(-)}$ 满足条件 (3.135), 而 $P^{(+)}$ 满足条件 (3.134), 则内部层函数 $Q_i^{(\mp)}y$, $Q_i^{(\mp)}z$ 是快变量. 如果问题 $P^{(-)}$ 满足条件 (3.134), 而 $P^{(+)}$ 满足条件 (3.135), 则内部层函数 $Q_i^{(\mp)}y$, $Q_i^{(\mp)}z$ 是慢变量. 在第一种情况 t_0 由下面方程确定:

$$\int_{\varphi_1(t)}^{\varphi_2(t)} A(y,t)\mathrm{d}y = 0.$$

而在第二种情况 t_0 由方程

$$\varphi_{3t} - \varphi_{1t} = 0$$

确定.

例 3.3 给出奇异摄动方程

$$\epsilon^4 y'' = \epsilon a y y'' + y(y - \varphi_1(t))(y - \varphi_3(t)),$$

这里 $\varphi_1 < 0$, $\varphi_3 > 0$.

显然 $B_y(\varphi_i, t) > 0$. 如果 $a > 0$, 则 $A(\varphi_1, t) < 0$, $A(\varphi_3, t) > 0$, 这时内部层是慢的, 如果 $a < 0$, 则 $A(\varphi_1, t) > 0$, $A(\varphi_3, t) < 0$, 这时内部层是快的.

如果在 (3.133) 中方程右端关于 $\epsilon y'$ 是非线性的, 一般来说边界层函数法失效, 这是因为 $\epsilon y'$ 是无穷大量. 但是如果方程右端的非线性项是 $\epsilon y'$ 的二次多项式, 那么边界层函数法仍有效.

(4) 可以存在这样的空间对照结构, 转移点是已知的. 讨论下面问题:

$$\begin{cases} \epsilon^2 y'' = (y - \varphi_1(t))(y - \varphi_2(t))\varphi(t), \quad 0 < t < 1, \\ y(0,\epsilon) = y(1,\epsilon) = 0, \end{cases}$$

这里 $\varphi_1(t) < 0$, $\varphi_2(t) > 0$. 当 $t < t_0$ 时 $\varphi(t) < 0$, $\varphi(t_0) = 0$, 当 $t > t_0$ 时 $\varphi(t) > 0$. 在该问题中存在事先已知的转移点 t_0, 并在 t_0 邻域出现阶梯状空间对照结构. 事实上, 当 $t < t_0$ 时, $M_1(\varphi_1, 0)$ 是鞍点, 而 $M_2(\varphi_2, 0)$ 是中心; 而当 $t > t_0$ 时 $M_2(\varphi_2, 0)$ 是鞍点, 而 $M_1(\varphi_1, 0)$ 是中心. 在 t_0 存在从鞍点 M_1 到 M_2 的转移.

可以用微分不等式来证明该解的存在性, 但是求渐近解的主项时很困难.

第4章 转移型空间对照结构

4.1 在抛物方程中转移层的形成和传播

讨论下面非线性反应扩散方程:

$$\varepsilon^2(u_{xx} - u_t) = f(u, x, t). \tag{4.1}$$

它是许多物理、化学和生物问题中的数学模型, 其中 ε^2 常常是小量, 有着不同的物理背景. 例如它可以是小扩散系数或热传导系数, 在化学动力学中它是快速反应速度的逆常数. 由于小参数 ε 的影响, 方程 (4.1) 的解 $u(x, t, \varepsilon)$ 会出现一种有趣的现象–空间对照结构, 即产生剧烈的内部转移层, 它是动力学行为最本质的部分.

我们将研究这样的问题: 对方程 (4.1) 给出一般初值函数, 讨论它的解是怎样随着时间变化形成空间对照结构, 即产生内部转移层, 以及随后该转移层表现出的各种重要形态.

在区域 $D = \{0 \leqslant x \leqslant 1, t > 0\}$ 上对方程 (4.1) 给出下面初值和第二类边值:

$$u(x, 0, \varepsilon) = u^0(x), \quad 0 \leqslant x \leqslant 1, \tag{4.2}$$

$$u_x(0, t, \varepsilon) = u_x(1, t, \varepsilon) = 0, \quad t > 0, \tag{4.3}$$

这里函数 $f(u, x, t)$ 和 $u^0(x)$ 都充分光滑. 如果在方程 (4.1) 中令 $\varepsilon = 0$, 则得到退化方程

$$f(u, x, t) = 0, \quad 0 \leqslant x \leqslant 1, \ t \geqslant 0. \tag{4.4}$$

在许多实际问题中可取 $f(u, x, t)$ 是关于 u 的非线性立方函数.

H 4.1 假设 (4.4) 在 $G = \{\underline{u} \leqslant u \leqslant \bar{u}, 0 \leqslant x \leqslant 1, t > 0\}$ 上有三个孤立根 $u = \varphi_i(x, t)$, $i = 0, 1, 2$. 并且 $\underline{u} < \varphi_1(x, t) < \varphi_0(x, t) < \varphi_2(x, t) < \bar{u}$, 以及 $f_u(\varphi_i(x, t), x, t) > 0$, $i = 1, 2$, $(x, t) \in \bar{D} = \{0 \leqslant x \leqslant 1, \ t \geqslant 0\}$.

要求 (4.2) 中的初值函数 $u^0(x)$ 满足下面条件:

H 4.2 假设存在 $x_0 \in (0, 1)$ 使得

$$u^0(x) \begin{cases} < \varphi_0(x, 0), & 0 \leqslant x < x_0, \\ = \varphi_0(x_0, 0), & x = x_0, \\ > \varphi_0(x, 0), & x_0 < x \leqslant 1. \end{cases}$$

条件 H4.2 说明初值函数 $u = u^0(x)$ 与 $u = \varphi_0(x, 0)$ 只交于一点, 并在 x_0 的邻域产生内部转移层, 当然也可以有若干个内部转移层. 下一节将证明这种转移层是在 $O(\varepsilon^2 |\ln \varepsilon|)$ 的时间区间内形成的.

4.1.1 在 $0 \leqslant t \leqslant A\varepsilon^2 |\ln \varepsilon|$ 上的渐近解

在条件 H4.1, H4.2 下关于 (4.1)~(4.3) 解的存在性容易得到. 这可以用常数 $\underline{u}, \bar{u}$ 作为 (4.1)~(4.3) 的上下解来证明解 $u(x, t, \varepsilon)$ 的存在性, 并得到下面估计:

$$\underline{u} < u(x, t, \varepsilon) < \bar{u}, \quad 0 \leqslant x \leqslant 1, \quad t \geqslant 0.$$

为了构造 $0 \leqslant t \leqslant t_A = A\varepsilon^2 |\ln \varepsilon|$ 上的渐近解, 需要做变量替换 $\tau = t/\varepsilon^2$, 其中 A 在讨论的过程中确定. 我们把 (4.1)~(4.3) 的解写成 $\bar{u}(x, \tau, \varepsilon) = u(x, \varepsilon^2\tau, \varepsilon)$.

$$
\begin{cases}
\varepsilon^2 \bar{u}_{xx} - \bar{u}_\tau = f(\bar{u}, x, \varepsilon^2\tau), & 0 < x < 1, \ \tau > 0, & (4.5) \\
\bar{u}(x, 0, \varepsilon) = u^0(x), & 0 < x < 1, & (4.6) \\
\bar{u}_x(0, \tau, \varepsilon) = \bar{u}_x(1, \tau, \varepsilon) = 0, & \tau > 0. & (4.7)
\end{cases}
$$

令 $\varepsilon = 0$ 得到 (4.5) 的退化问题

$$-\tilde{u}_\tau = f(\tilde{u}, x, 0), \ \tau > 0, \quad \tilde{u}(x, 0) = u^0(x), \tag{4.8}$$

其中 x 作为参数.

由条件 H4.1, H4.2 可知对任意 $x \in [0, 1]$, (4.8) 的解 $\tilde{u}(x, \tau)$ 关于 τ 是单调的, 并且

$$\lim_{\tau \to \infty} \tilde{u}(x, \tau) = \begin{cases} \varphi_1(x, 0), & 0 \leqslant x < x_0, \\ \varphi_2(x, 0), & x_0 < x \leqslant 1, \end{cases} \tag{4.9}$$

$$\tilde{u}(x_0, \tau) = \varphi_0(x_0, 0), \quad \tau \geqslant 0.$$

可以选取任意小的正数 δ, 使得

$$\delta < \min(x_0, 1 - x_0). \tag{4.10}$$

从极限关系式 (4.9) 可得: 对任意的 $\eta > 0$, 可以找到 $\tau_\delta = \tau_\delta(\eta)$ 使得

$$|\tilde{u}(x, \tau) - \varphi_1(x, 0)| \leqslant \eta, \quad 0 \leqslant x \leqslant x_0 - \delta, \ \tau \geqslant \tau_\delta,$$
$$|\tilde{u}(x, \tau) - \varphi_2(x, 0)| \leqslant \eta, \quad x_0 + \delta \leqslant x \leqslant 1, \ \tau \geqslant \tau_\delta. \tag{4.11}$$

引进记号

$$\min \left\{ \min_{0 \leqslant x \leqslant 1} f_u(\varphi_1(x, 0), x, 0), \ \min_{0 \leqslant x \leqslant 1} f_u(\varphi_2(x, 0), x, 0) \right\} = 2m. \tag{4.12}$$

从 H4.2 可得 $m > 0$, 所以存在 $\eta_0 > 0$, $\forall x \in [0,1]$, 当 $|u - \varphi_i(x,0)| \leqslant \eta_0$, $i = 1, 2$ 时, 有

$$f_u(u, x, 0) \geqslant m. \tag{4.13}$$

引理 4.1   如果 m 和 η 来自于 (4.12), (4.13). 那么对任意满足 (4.10) 的 $\delta > 0$, 存在 $\tau_\delta > 0$, 使得

$$|\tilde{u}(x,\tau) - \varphi_1(x,0)| \leqslant \eta_0 e^{-m(\tau - \tau_\delta)}, \quad 0 \leqslant x \leqslant x_0 - \delta, \ \tau \geqslant \tau_\delta, \tag{4.14}$$

$$|\tilde{u}(x,\tau) - \varphi_2(x,0)| \leqslant \eta_0 e^{-m(\tau - \tau_\delta)}, \quad x_0 + \delta \leqslant x \leqslant 1, \ \tau \geqslant \tau_\delta. \tag{4.15}$$

证明   对任意 $\delta > 0$, 取 $\tau_\delta = \tau_\delta(\eta_0)$. 在 $0 \leqslant x \leqslant x_0 - \delta$ 上方程 (4.8) 的右端可写成

$$\begin{aligned} f(\tilde{u}(x,\tau), x, 0) &= f(\varphi_1(x,0), x, 0) + f_u^*(\tilde{u}(x,\tau) - \varphi_1(x,0)) \\ &= f_u^*(\tilde{u}(x,\tau) - \varphi_1(x,0)), \end{aligned} \tag{4.16}$$

其中 f_u^* 在某点取值. 把方程 (4.8) 写成

$$\frac{\partial}{\partial \tau}(\tilde{u}(x,\tau) - \varphi_1(x,0)) = -f_u^*(\tilde{u}(x,\tau) - \varphi_1(x,0)). \tag{4.17}$$

从 (4.11), (4.13) 直接可得 (4.14) 的估计. 估计式 (4.15) 可同样得到. 引理 4.1 证毕.

往下将估计 $\tilde{u}_x(x,\tau)$ 和 $\tilde{u}_{xx}(x,\tau)$, 记 $\tilde{f}_u(x,\tau) = f_u(\tilde{u}(x,\tau), x, 0)$. 当 $0 \leqslant x \leqslant 1, \tau \geqslant 0$ 时, $\underline{u} \leqslant \tilde{u}(x,\tau) \leqslant \bar{u}$, 所以 $f_u(\tilde{u}, x, 0)$ 在 $\underline{u} \leqslant u \leqslant \bar{u}$, $0 \leqslant x \leqslant 1$ 上有界. 即存在 $p > 0$, 使得

$$-f_u(u, x, \tau) \leqslant p, \quad 0 \leqslant x \leqslant 1, \ \tau \geqslant 0. \tag{4.18}$$

对 (4.8) 关于 x 求导可得 $\tilde{u}_x(x,\tau)$ 满足的微分方程. 利用 (4.17) 的写法可得

$$|\tilde{u}_x(x,\tau)| \leqslant C e^{p\tau}, \quad 0 \leqslant x \leqslant 1, \ \tau \geqslant 0. \tag{4.19}$$

同样的做法可以得到

$$|\tilde{u}_{xx}(x,\tau)| \leqslant C e^{2p\tau}, \quad 0 \leqslant x \leqslant 1, \ \tau \geqslant 0.$$

引理 4.2   如果满足条件 H4.1, H4.2 并且 $0 < A < \dfrac{1}{p}$, 而 p 取自 (4.18). 那么 (4.5)~(4.7) 的解 $\bar{u}(x,\tau,\varepsilon)$ 有表达式

$$\bar{u}(x,\tau,\varepsilon) = \tilde{u}(x,\tau) + O(\varepsilon^{1-pA}), \quad 0 \leqslant x \leqslant 1, \ 0 \leqslant \tau \leqslant \tau_A = A|\ln \varepsilon|. \tag{4.20}$$

证明　引进函数

$$U(x,\tau,\varepsilon) = \tilde{u}(x,\tau) + R(x,\tau,\varepsilon),$$

其中

$$R(x,\tau,\varepsilon) = \varepsilon[\tilde{u}_x(0,\tau)\sigma(x)\mathrm{e}^{-x/\varepsilon} - \tilde{u}_x(1,\tau)\sigma(1-x)\mathrm{e}^{-(1-x)/\varepsilon}], \tag{4.21}$$

$\sigma(x)$ 是截断函数:

$$\sigma(x) = \begin{cases} 1, & 0 \leqslant x \leqslant \delta, \\ 0, & 2\delta \leqslant x \leqslant 1, \end{cases}$$

这里 δ 是不依赖于 ε 且充分小, 但固定的一个数.

从估计式 (4.19) 可得

$$\begin{cases} L_\varepsilon U = \varepsilon^2 U_{xx} - U_t - f(U,x,\varepsilon^2\tau) = O(\varepsilon^{p\tau}), & 0 \leqslant x \leqslant 1,\ 0 \leqslant \tau \leqslant \tau_A, \\ U_x(0,\tau,\varepsilon) = U_x(1,\tau,\varepsilon) = 0, & U(x,0,\varepsilon) = u^0(x). \end{cases}$$

重新回到 (4.5)~(4.7), 作变量替换

$$\bar{u}(x,\tau,\varepsilon) = U(x,\tau,\varepsilon) + \omega(x,\tau,\varepsilon)\mathrm{e}^{p\tau}. \tag{4.22}$$

可得确定 $\omega(x,\tau,\varepsilon)$ 的问题

$$\begin{cases} \varepsilon^2\omega_{xx} - \omega_\tau - (p + h(x,\tau,\varepsilon))\omega = \mathrm{e}^{-p\tau}L_\varepsilon U = O(\varepsilon), \\ \omega_x(0,\tau,\varepsilon) = \omega_x(1,\tau,\varepsilon) = 0,\ \omega(x,0,\varepsilon) = 0, & 0 < x < 1,\ 0 < \tau \leqslant \tau_A, \end{cases} \tag{4.23}$$

其中

$$h(x,\tau,\varepsilon) = \int_0^1 F_u(U + s\omega\mathrm{e}^{p\tau}, x, \varepsilon^2\tau)\mathrm{d}s > -p.$$

因为在 (4.23) 中系数 $p + h(x,\tau,\varepsilon) > 0$, 根据最大值原理:

$$\omega(x,\tau,\varepsilon) = O(\varepsilon), \quad 0 \leqslant x \leqslant 1,\ 0 \leqslant \tau \leqslant \tau_A.$$

再从 (4.22) 可得

$$\bar{u}(x,\tau,\varepsilon) = U(x,\tau,\varepsilon) + O(\varepsilon)\mathrm{e}^{p\tau} = U(x,\tau,\varepsilon) + O(\varepsilon^{1-pA}),$$
$$0 \leqslant x \leqslant 1, \quad 0 \leqslant \tau \leqslant \tau_A(\varepsilon). \tag{4.24}$$

从 (4.21) 对 $R(x,\tau,\varepsilon)$ 有下面估计:

$$R(x,\tau,\varepsilon) = O(\varepsilon\mathrm{e}^{p\tau}) = O(\varepsilon^{1-pA}),$$

所以

$$U(x,\tau,\varepsilon)=\tilde{u}(x,\tau)+R(x,\tau\varepsilon)$$
$$=\tilde{u}(x,\tau)+O(\varepsilon^{1-pA}).$$

这样, 从 (4.24) 就得到了表达式 (4.20). 引理 4.2 证毕.

　　根据引理 4.1 和引理 4.2 就能得到产生空间对照结构的结论.

　　定理 4.1　如果满足条件 H4.1, H4.2, 实数 m 和 p 由 (4.13), (4.18) 确定, 而 δ 满足 (4.20), $A=\dfrac{1}{p+m}$, $r=\dfrac{m}{p+m}$. 那么对充分小的 ε, 问题 (4.5)~(4.7) 的解 $u(x,t,\varepsilon)$ 在时刻 $t=t_A(\varepsilon)=A\varepsilon^2|\ln\varepsilon|$ 有下面表达式:

$$u(x,t_A(\varepsilon),\varepsilon)=\varphi_1(x,0)+O(\varepsilon^r),\quad 0\leqslant x\leqslant x_0-\delta,$$
$$u(x,t_A(\varepsilon),\varepsilon)=\varphi_2(x,0)+O(\varepsilon^r),\quad x_0+\delta\leqslant x\leqslant 1. \tag{4.25}$$

　　证明　由引理 4.2,

$$u(x,t_A(\varepsilon),\varepsilon)=\tilde{u}(x,\tau_A(\varepsilon),\varepsilon)$$
$$=\tilde{u}(x,\tau_A)+O(\varepsilon^{1-PA})$$
$$=\tilde{u}(x,\tau_A)+O(\varepsilon^r),$$

再根据引理 4.1,

$$|\tilde{u}(x,\tau_A)-\varphi_1(x,0)|\leqslant \eta_0 e^{-m(\tau_A-\tau_\delta)}=O(\varepsilon^{mA})=O(\varepsilon^r),\quad 0\leqslant x\leqslant x_0-\delta,$$

所以

$$u(x,t_A(\varepsilon),\varepsilon)=\varphi_1(x,0)+O(\varepsilon^r),\quad 0\leqslant x\leqslant x_0-\delta.$$

同样可以得到 (4.25) 中第二个表达式. 定理 4.1 证毕.

　　表达式 (4.25) 表明在时刻 $t_A(\varepsilon)=A\varepsilon^2|\ln\varepsilon|$, $A=\dfrac{1}{p+m}$, (4.1)~(4.3) 的解 $u(x,t,\varepsilon)$ 在点 x_0 的 δ 邻域之外与 $\varphi_{1,2}(x,0)$ 的误差为 $O(\varepsilon^r)$, 也就是从这时刻起在 x_0 的邻域形成具有内部层的空间对照结构.

4.1.2　在 $t\geqslant t_A(\varepsilon)$ 时转移层的传播

　　引进新尺度 $s=t/\varepsilon$, 并在有限时间区间上 $s_A(\varepsilon)\leqslant s\leqslant\bar{s}$ 上讨论方程 (记 $\hat{u}(x,s,\varepsilon)=u(x,\varepsilon s,\varepsilon)$)

$$\varepsilon^2\hat{u}_{xx}-\varepsilon\hat{u}_s=f(\hat{u},x,\varepsilon s), \tag{4.26}$$

其中 $s_A=t_A(\varepsilon)/\varepsilon=A\varepsilon|\ln\varepsilon|$, $A=\dfrac{1}{p+m}$ 是定理 4.1 中给出的数. 对 (4.26) 给出下面初值条件:

$$\hat{u}(x, s_A(\varepsilon), \varepsilon) = u_A(x, \varepsilon), \quad 0 \leqslant x \leqslant 1$$

和边值条件

$$\hat{u}_x(0, s, \varepsilon) = \hat{u}_x(1, s, \varepsilon) = 0, \quad s_A(\varepsilon) \leqslant s \leqslant \bar{s},$$

这里 $u_A(x, \varepsilon) = u(x, t_A(\varepsilon), \varepsilon)$.

研究表明转移层的传播与下面函数的符号有关:

$$I(x, t) = \int_{\varphi_1(x,t)}^{\varphi_2(x,t)} f(u, x, t) \mathrm{d}u. \tag{4.27}$$

H 4.3 假设存在 $x_1 \in (x_0, 1]$, 使得

$$I(x, 0) > 0, \quad x_0 \leqslant x \leqslant x_1.$$

先引进两个辅助边值问题:

$$\begin{cases} \dfrac{\mathrm{d}^2}{\mathrm{d}\rho^2} Q^{(-)}u + v \dfrac{\mathrm{d}}{\mathrm{d}\rho} Q^{(-)}u = f(\varphi_1(x, 0) + Q^{(-)}u, x, 0), & \rho < 0, \\ Q^{(-)}u(0) = \varphi_0(x, 0) - \varphi_1(x, 0), \quad Q^{(-)}u(-\infty) = 0 \end{cases} \tag{4.28}$$

和

$$\begin{cases} \dfrac{\mathrm{d}^2}{\mathrm{d}\rho^2} Q^{(+)}u + v \dfrac{\mathrm{d}}{\mathrm{d}\rho} Q^{(+)}u = f(\varphi_2(x, 0) + Q^{(+)}u, x, 0), & \rho > 0, \\ Q^{(+)}u(0) = \varphi_0(x, 0) - \varphi_2(x, 0), \quad Q^{(+)}u(+\infty) = 0, \end{cases} \tag{4.29}$$

其中 v 和 x 看成参数.

在条件 H4.3 下, 对任意 $x \in [x_0, x_1]$ 和某个 v, 可以证明 (4.28), (4.29) 有解 $Q^{(\mp)}u(\rho, v, x)$, 并满足指数估计

$$|Q^{(\mp)}u(\rho, v, x)| \leqslant C\mathrm{e}^{-\kappa|\rho|},$$

这里 κ 是某个正常数, 而对每一个 $x \in [x_0, x_1]$ 都唯一存在满足下面等式的 v ($v = v_0(x)$):

$$\frac{\mathrm{d}}{\mathrm{d}\rho} Q^{(-)}u(0, v_0(x), x) = \frac{\mathrm{d}}{\mathrm{d}\rho} Q^{(+)}u(0, v_0(x), x). \tag{4.30}$$

从等式 (4.30) 可知下面的分段函数在 $\{-\infty < \rho < +\infty, \ x_0 \leqslant x \leqslant x_1\}$ 上是光滑的

$$\tilde{Q}y(\rho, v_0(x), x) = \begin{cases} Q^{(-)}u(\rho, v_0(x), x) + \varphi_1(x, 0), & \rho \leqslant 0, \ x_0 \leqslant x \leqslant x_1, \\ Q^{(+)}u(\rho, v_0(x), x) + \varphi_2(x, 0), & \rho \geqslant 0, \ x_0 \leqslant x \leqslant x_1, \end{cases}$$

并且函数 $v_0(x)$ 满足下面关系式:

$$v_0(x) = \frac{I(x,0)}{\displaystyle\int_{-\infty}^{+\infty}\left[\frac{\partial \tilde{Q}}{\partial \rho}(\rho, v_0(x), x)\right]^2 \mathrm{d}\rho}. \tag{4.31}$$

关系式 (4.31) 也可看成是确定 $v_0(x)$ 的方程.

在 $v_0(x)$ 确定后讨论初值问题

$$\begin{cases} \dfrac{\mathrm{d}x}{\mathrm{d}s} = v_0(x), & s \geqslant s_A(\varepsilon), \tag{4.32} \\ x(s_A(\varepsilon)) = x^0. \tag{4.33} \end{cases}$$

从条件 H4.3 和 (4.31) 可得 $v_0(x) > 0$, $x_0 \leqslant x \leqslant x_1$. 所以 (4.32), (4.33) 的解 $x = \bar{x}(s)$ 存在, 并且至少在 $s_A(\varepsilon) \leqslant s \leqslant s_1$ 上单调递增, 这里 s_1 由 $\bar{x}(s_1) = x_1$ 确定.

函数 $x = \bar{x}(s)$ 反映了转移层在 $s_A(\varepsilon) \leqslant s \leqslant s_1$ 上的传播, 可以用微分不等式来证明这一点, 该方法也为往下研究转移层波的传播打下了基础.

4.1.3　在大时间区间内可能出现的转移层情况

往下将讨论两种情况.

(1) 假设 $f(u,x,t)$ 关于 t 以 T 为周期. 把问题 (4.1)~(4.3) 中的初始条件改为

$$u(x,t) = u(x,t+T). \tag{4.34}$$

在条件 H4.1 下 (4.1), (4.3), (4.34) 可以存在两个渐近稳定的 T 周期解, 其中当 ε 充分小时一个解趋近于 $\varphi_1(x,t)$, 而另一个解趋近于 $\varphi_2(x,t)$, 关于具有内部转移层的 T 周期解的存在性与下面条件有关.

H 4.4　假设方程 $I(x,t) = 0$ 在 $0 < x^0(t) < 1$ 上有唯一 T 周期解 $x = x^0(t)$, 并且对所有的 t: $I_x(x^0(t),t) < 0$.

在条件 H4.4 满足的情况下可以存在具有内部转移层且渐近稳定的 T 周期解 $u(x,t,\varepsilon)$, 并有下面极限关系式:

$$\lim_{\varepsilon \to 0} u(x,t,\varepsilon) = \begin{cases} \varphi_1(x,t), & 0 \leqslant x < x^0(t), \\ \varphi_2(x,t), & x^0(t) < x \leqslant 1. \end{cases} \tag{4.35}$$

初边值问题 (4.1)~(4.3) 的解 $u(x,t,\varepsilon)$ 趋向于已知周期函数 $u_i(x,t,\varepsilon)(i=1,2,3)$ 中的哪一个与条件 H4.3 或者条件 H4.4 有关.

如果条件 H4.3 $(I(x,0) > 0)$ 对所有的 $x \in [0,1]$ 都成立, 那么在 x_0 附近产生的内部层在 $O(\varepsilon)$ 时间内趋于右边界, 并在那里消失, 接下来 $u(x,t,\varepsilon)$ 将停留在 T 周期解 $u_1(x,t,\varepsilon)$ 的附近.

定理 4.2 如果满足条件 H4.1~H4.3, 那么对充分小的 $\varepsilon > 0$, 初边值问题 (4.1)~(4.3) 存在唯一解 $u(x, t, \varepsilon)$, 并且

$$\lim_{t \to \infty} |u(x, t, \varepsilon) - u_1(x, t, \varepsilon)| = 0; \tag{4.36}$$

如果 $I(x, 0) < 0, x \in [0, 1]$, 则

$$\lim_{t \to \infty} |u(x, t, \varepsilon) - u_2(x, t, \varepsilon)| = 0.$$

如果满足条件 H4.1, H4.2, H4.4, 那么在点 x_0 邻域形成的波峰快速 (时间为 $O(\varepsilon)$ 量阶) 接近于具有转移层解 $u_3(x, t, \varepsilon)$ 的波峰, 以后将留在它附近, 而 $u_3(x, t, \varepsilon)$ 的波峰在做周期运动的 $x = x^0(t)$ 附近.

(2) 如果方程 (4.1) 的右端不依赖于时间, 即 $f = f(u, x)$, 那么在条件 H4.1, H4.2, H4.4 之下: $I(x, t) \equiv I(x)$, 问题 (4.1)~(4.3) 存在具有内部转移层的稳态解 $u_s(x, \varepsilon)$, 其中内部层出现在点 x^0 附近, 而 x^0 是方程 $I(x) = 0$ 的根. 在 x_0 的邻域, 问题 (4.5)~(4.7) 已经形成内部转移层 $u(x, t, \varepsilon)$ 所产生的波峰在 $O(\varepsilon)$ 时间内趋向于稳态解 $u_s(x, \varepsilon)$ 的波峰, 并且该稳态解当 $t \to \infty$ 时是解 $u(x, t, \varepsilon)$ 的极限.

4.2 转移型空间对照结构理论

讨论抛物型方程

$$\begin{cases} \varepsilon^2(u_{xx} - u_t) = F(u, x, t), & 0 < x < 1, \ -\infty < t < +\infty, \\ u(0, t, \varepsilon) = u^0(t), & u(1, t, \varepsilon) = u^1(t), \end{cases} \tag{4.37}$$

这里假设 F 是 t 的周期函数, 为了方便起见不妨设 $u^0(t) = u^1(t) = 0$. 问题 (4.37) 可能出现关于 t 的周期解, 该周期解呈现下面的几何特征:

(1) 当 t 变化时, 解随之变形但保持阶梯状.

(2) 随着 t 的变化阶梯状会消失, 变成纯边界层解, 随后又重新出现阶梯状, 等等.

具有特征 (2) 的解称为转移型空间对照结构. 构造在 $0 \leqslant x \leqslant 1, t \in \mathbf{R}$ 上一致有效的渐近解是一个比较复杂的问题, 这里仅介绍目前已有的一些结果, 必须说明现已得到的许多结果都与数值计算有关, 它们为理论推断提供了依据, 这些理论推断就数学本身而言是很严格的. 对 (4.37) 而言, 目前所得到的结果还没有严格的数学证明, 但与大量的计算结果非常吻合.

4.2.1 相对稳定的转移型空间对照结构

先讨论情况 (1), 作如下假设:

H 4.5　在 $G = \{|u| \leqslant l,\ 0 \leqslant x \leqslant 1,\ -\infty < t < +\infty\}$ 上函数 $F(u,x,t)$ 关于 t 是周期的, 并对所有的变量连续和一阶偏导数连续.

H 4.6　在 $D = \{0 \leqslant x \leqslant 1,\ -\infty < t < +\infty\}$ 上退化方程 $F(u,x,t) = 0$ 有三个根 $u = \varphi_i(x,t)$, $i = 1,2,3$. 不妨认为 $\varphi_1(x,t) < \varphi_2(x,t) < \varphi_3(x,t)$, 并且要求 $F_u(\varphi_i,x,t) > 0$, $i = 1,3$, 而 $F_u(\varphi_2,x,t) < 0$.

H 4.7　方程
$$I(x,t) = \int_{\varphi_1(x,t)}^{\varphi_3(x,t)} F(u,x,t)\mathrm{d}u = 0$$
在 $\delta < x_0(t) < 1 - \delta$ 上有解 $x = x_0(t)$, 其中 $\delta > 0$. 虽然当 $\varepsilon \to 0$ 时 δ 可充分小, 但是它是固定的.

H 4.8　对任意 t 要求 $I'_x(x,t)|_{x=x_0(t)} < 0$.

H 4.9　假设在相平面 $\left(u, \dfrac{\mathrm{d}u}{\mathrm{d}\tau}\right)$ 上方程 $\dfrac{\mathrm{d}^2u}{\mathrm{d}\tau^2} = F(u,0,t)$ 从 $\dfrac{\mathrm{d}u}{\mathrm{d}\tau} \neq 0$ 出发, 当 $\tau \to \infty$ 时进入鞍点 $(\varphi_1(0,t),0)$ 的轨线与垂线 $u = 0$ 相交 (相交点对应于 $\tau = 0$); 在相平面 $\left(u, \dfrac{\mathrm{d}u}{\mathrm{d}\tau}\right)$ 上方程 $\dfrac{\mathrm{d}^2u}{\mathrm{d}\tau^2} = F(u,1,t)$ 从 $\dfrac{\mathrm{d}u}{\mathrm{d}\tau} \neq 0$ 出发, 当 $\tau \to -\infty$ 时进入鞍点 $(\varphi_3(1,t),0)$ 的轨线与垂线 $u = 0$ 相交 (交点对应于 $\tau = 0$).

定理 4.3　如果满足条件 H4.5~H4.9, 那么问题 (4.37) 存在阶梯状空间对照结构, 并有极限关系
$$\lim_{\varepsilon \to 0} u(x,t,\varepsilon) = \begin{cases} \varphi_1(x,t), & 0 < x < x_0(t), \\ \varphi_3(x,t), & x_0(t) < x < 1, \end{cases} \tag{4.38}$$
其中 $x_0(t)$ 是解和曲线 $u = \varphi_2(x,t)$ 相交的主项.

考虑到 $x_0(t)$ 是周期函数, 所以 $u(x,t,\varepsilon)$ 也是周期变化的, 但阶梯状保持不变.

注释 4.1　从 $\varphi_3(x,t)$ 转到 $\varphi_1(x,t)$ 的转移型空间对照结构也有类似的结论.

往下将用微分不等式方法证明定理 4.3. 因为我们感兴趣的是解和极限式 (4.38) 的存在性, 所以在此只构造零阶渐近解.

记上下解为 $\beta(x,t)$ 和 $\alpha(x,t)$. 令
$$x_\alpha = x_0 + \eta, \quad x_\beta = x_0 - \eta,$$
其中 $\eta = \dfrac{\eta_0}{|\ln \varepsilon|}$, η_0 是某个正常数.
$$\beta(x,t) = \begin{cases} \beta^{(-)}(x,t), & x < x_\beta, \\ \beta^{(+)}(x,t), & x > x_\beta, \end{cases}$$
这里

$$\beta^{(\mp)}(x,t) = \bar{u}_{0\beta}^{(\mp)}(x,t) + \varepsilon\bar{u}_{1\beta} + Q_{0\beta}^{(\mp)}u(\tau_\beta,t) + \varepsilon Q_{1\beta}^{(\mp)}u(\tau_\beta,t)$$

$$+ L_{0\beta}(\tau_0,t) + \varepsilon L_{1\beta} + R_{0\beta}(\tau_1,t) + \varepsilon R_{1\beta}, \tag{4.39}$$

$\tau_0 = x/\varepsilon$, $\tau_1 = (x-1)/\varepsilon$, $\tau_\beta = (x-x_\beta)/\varepsilon$. 其中 $\bar{u}_{0\beta}^{(-)} = \varphi_1(x,t)$, $0 < x < x_\beta$; $\bar{u}_{0\beta}^{(+)} = \varphi_3(x,t)$, $x_\beta < x < 1$, 而 $\bar{u}_{1\beta} = \gamma$ 为常数.

内部层函数 $Q_{0\beta}^{(-)}u$ 由下面边值问题而定:

$$\begin{cases} \dfrac{\mathrm{d}^2}{\mathrm{d}\tau_\beta^2}Q_{0\beta}^{(-)}u = F(\varphi_1(x_\beta,t) + Q_{0\beta}^{(-)}u, x_\beta, t), & \tau_\beta < 0, \\ Q_{0\beta}^{(-)}u(0,t) = -\varphi_1(x_\beta,t), & Q_{0\beta}^{(-)}u(-\infty,t) = 0. \end{cases} \tag{4.40}$$

确定 $Q_{0\beta}^{(+)}u$ 的边值问题同 (4.40) 一样, 只要把 (4.40) 中的 φ_1 改成 φ_3, $-\infty$ 改成 $+\infty$ 即可.

而内部层函数 $Q_{1\beta}^{(-)}u$ 是下面问题的解:

$$\begin{cases} \dfrac{\mathrm{d}^2}{\mathrm{d}\tau_\beta^2}Q_{1\beta}^{(-)}u = F_u(\varphi_1(x_\beta,t) + Q_{0\beta}^{(-)}u, x_\beta, t)Q_{1\beta}^{(-)}u + h_1(\tau_\beta), \\ Q_{1\beta}^{(-)}u(0,t) = 0, \ Q_{1\beta}^{(-)}u(-\infty,t) = 0, \quad \tau_\beta < 0, \end{cases} \tag{4.41}$$

其中

$$h_1(\tau_\beta) = [F_u(\varphi_1(x_\beta,t) + Q_{0\beta}^{(-)}u, x_\beta, t)\varphi_{1x}(x_\beta,t) + F_u(\varphi_1(x_\beta,t) + Q_{0\beta}^{(-)}u, x_\beta, t)]\tau_\beta$$

$$+\gamma[F_u(\varphi_1(x_\beta,t) + Q_{0\beta}^{(-)}u, x_\beta, t) - F_u(\varphi_1(x_\beta,t), x_\beta, t)] + x_0\dfrac{\mathrm{d}}{\mathrm{d}\tau}Q_{0\beta}^{(-)}u.$$

如果把 (4.41) 中的 φ_1 改成 φ_3, $-\infty$ 改成 $+\infty$ 就可得到求 $Q_{1\beta}^{(+)}u$ 的问题.

边界层函数 $L_{0\beta}$, $L_{1\beta}$ 是下面问题的解:

$$\begin{cases} \dfrac{\mathrm{d}^2}{\mathrm{d}\tau^2}L_{0\beta} = F(\varphi_1(0,t) + L_{0\beta}, 0, t), & 0 < \tau_0 < \infty, \\ L_{0\beta}(0,t) = -\varphi_1(0,t), & L_{0\beta}(\infty,t) = 0 \end{cases} \tag{4.42}$$

以及

$$\begin{cases} \dfrac{\mathrm{d}^2}{\mathrm{d}\tau^2}L_{1\beta} = F_u(\varphi_1(0,t) + L_{0\beta}, 0, t)L_{1\beta} + h_1^{(-)}(\tau_0), & \tau_0 > 0, \\ L_{1\beta}(0,t) = 0, & L_{1\beta}(+\infty,t) = 0, \end{cases} \tag{4.43}$$

其中

$$h_1^{(-)}(\tau_0) = [F_u(\varphi_1(0,t) + L_{0\beta}, 0, t)\varphi_{1x}(0,t) + F_x(\varphi_1(0,t) + L_{0\beta}, 0, t)]\tau_0$$

$$+\gamma[F_u(\varphi_1(0,t) + L_{0\beta}, 0, t) - F_u(\varphi_1(0,t), 0, t)] - \omega|L_{0\beta}|,$$

这里 $\omega = \mathrm{const} > 0$ 充分大, 但不依赖于 ε. 右边界层函数 $R_{0\beta}$ 和 $R_{1\beta}$ 的确定类似于 (4.42) 和 (4.43), 只是把 (4.42) 和 (4.43) 右端的 φ_1 换成 φ_3, $+\infty$ 换成 $-\infty$ 和 $\omega |L_{0\beta}|$ 换成 $\omega |R_{0\beta}|$ 即可.

下解 $\alpha(x,t)$ 具有下面形式:

$$\alpha(x,t) = \begin{cases} \alpha^{(-)}(x,t), & x < x_\alpha, \\ \alpha^{(+)}(x,t), & x > x_\alpha, \end{cases}$$

其中

$$\alpha^{(\mp)}(x,t) = \bar{u}_{0\alpha}^{(\mp)}(x,t) + \varepsilon \bar{u}_{1\alpha} + Q_{0\alpha}^{(\mp)} u(\tau_0,t) + \varepsilon Q_{1\alpha}^{(\mp)} u(\tau_\alpha,t)$$
$$+ L_{0\alpha}(\tau_0,t) + \varepsilon L_{1\alpha} + R_{0\alpha}(\tau_1,t) + \varepsilon R_{1\alpha}.$$

在 $\alpha^{(\mp)}(x,t)$ 表达式中各项的确定完全类似于 $\beta^{(\mp)}(x,t)$, 只是把相应方程中的 γ, ω 换成 $-\gamma$, $-\omega$ 即可.

具体的常数 η, γ 和 ω 可这样选取, 使得满足下面 Naguma 条件:

(1) $L\beta \leqslant 0$, $L\alpha \geqslant 0$, 这里 $Lu = \varepsilon^2(u_{xx} - u_t) - F(u,x,t)$;

(2) $\beta_x(x_\beta - 0, t, \varepsilon) \geqslant \beta_x(x_\beta + 0, t, \varepsilon)$, $\alpha_x(x_\alpha - 0, t, \varepsilon) \leqslant \alpha_x(x_\alpha + 0, t, \varepsilon)$;

(3) $\beta(x,t) \geqslant \alpha(x,t)$, $0 \leqslant x \leqslant 1$, $-\infty < t < +\infty$;

(4) $\beta(0,t) \geqslant 0$, $\beta(1,t) \geqslant 0$, $\alpha(0,t) \leqslant 0$, $\alpha(1,t) \leqslant 0$.

为了证明问题 (4.37) 的解存在, 并且有极限式 (4.38), 只要验证满足 Naguma 条件即可.

验证 (1), 对任意 $\gamma > 0$, 把 α, β 代入 L 可知成立.

验证 (2), 计算差值

$$\beta_x(x_\beta - 0, t, \varepsilon) - \beta_x(x_\beta + 0, t, \varepsilon)$$
$$= \left[\frac{\mathrm{d}}{\mathrm{d}x} \bar{u}_{0\beta}^{(-)}(x,t) + \varepsilon^{-1} \frac{\mathrm{d}}{\mathrm{d}\tau_\beta} Q_{0\beta}^{(-)} u(\tau_\beta,t) + O(\varepsilon) \right]$$
$$- \left[\frac{\mathrm{d}}{\mathrm{d}x} \bar{u}_{0\beta}^{(+)}(x,t) + \varepsilon^{-1} \frac{\mathrm{d}}{\mathrm{d}\tau_\beta} Q_{0\beta}^{(+)} u(\tau_\beta,t) + O(\varepsilon) \right],$$

可知 $\beta_x(x_\beta - 0, t, \varepsilon) - \beta_x(x_\beta + 0, t, \varepsilon)$ 与 $\frac{\mathrm{d}}{\mathrm{d}\tau_\beta} Q_{0\beta}^{(-)} u(\tau_\beta,t) - \frac{\mathrm{d}}{\mathrm{d}\tau_\beta} Q_{0\beta}^{(+)} u(\tau_\beta,t)$ 有相同的符号.

$$\frac{\mathrm{d}}{\mathrm{d}\tau_\beta} Q_{0\beta}^{(-)} u(\tau_\beta,t) - \frac{\mathrm{d}}{\mathrm{d}\tau_\beta} Q_{0\beta}^{(+)} u(\tau_\beta,t)$$
$$= \left[2 \int_{\varphi_1(x_\beta,t)}^{\varphi_2(x_\beta,t)} F(u,x_\beta,t) \mathrm{d}u \right]^{\frac{1}{2}}$$
$$- \left[2 \int_{\varphi_3(x_\beta,t)}^{\varphi_2(x_\beta,t)} F(u,x_\beta,t) \mathrm{d}u \right]^{\frac{1}{2}}$$
$$= \Phi(x_\beta,t).$$

根据条件 H4.7, $\Phi(x_0,t)=0$, 而由条件 H4.8

$$\frac{\mathrm{d}\Phi}{\mathrm{d}x_\beta}|_{x_\beta=x_0} = \left[\left(2\int_{\varphi_1(x_0,t)}^{\varphi_2(x_0,t)} F(u,x_0,t)\mathrm{d}u\right)\right]^{-\frac{1}{2}}\int_{\varphi_1(x_0,t)}^{\varphi_3(x_0,t)} F(u,x_0,t)\mathrm{d}u < 0.$$

所以

$$\frac{\mathrm{d}}{\mathrm{d}\tau_\beta}Q_{0\beta}^{(-)}u(\tau_\beta,t) - \frac{\mathrm{d}}{\mathrm{d}\tau_\beta}Q_{0\beta}^{(+)}u(\tau_\beta,t) > 0,$$

即

$$\beta_x(x_\beta-0,t,\varepsilon) - \beta_x(x_\beta+0,t,\varepsilon) > 0.$$

同理, 对 α 也可以验证 (2) 成立.

验证 (3), 只要选择充分大的 ω, 条件 (3) 就可以满足.

验证 (4), 只要 $L_{1\beta}$, $L_{1\alpha}$, $R_{1\beta}$, $R_{1\alpha}$ 存在, 条件 (4) 就成立.

这样, 我们就证明了当阶梯状保持时转移型空间对照结构的存在性.

4.2.2 拟线性适定问题

讨论边值问题

$$\begin{cases} \varepsilon^2 u_{xx} = F(u,x,t), & 0 < x < 1, \ -\infty < t < +\infty, \\ u(0,t,\varepsilon) = 0, & u(1,t,\varepsilon) = 0. \end{cases} \tag{4.44}$$

该问题的右端不含有 u_t, 但它的解含有参数 t, 通常它被称为拟线性适定问题.

定理 4.4 如果满足条件 H4.5~ H4.9, 则问题 (4.44) 存在具有阶梯状的周期解, 并且有极限表达式 (4.38).

定理 4.4 的证明完全类似于定理 4.3 的证明, 不同之处只在于边界层和内部层函数的构造, 以及在方程 (4.41) 中没有右边最后一项.

注释 4.2 如果在 (4.37) 中 u_t 的前面不是 ε^2 而是 ε , 则定理 4.3 和定理 4.4 就大不一样了. 这时转移点的主项 $x_0(t)$ 不是由条件 H4.7 确定而是由下面的微分方程来确定:

$$\frac{\mathrm{d}^2\tilde{u}}{\mathrm{d}\tau^2} - x_0'(t)\frac{\mathrm{d}\tilde{u}}{\mathrm{d}\tau} = F(\tilde{u},x_0(t),t),$$

其中

$$\tilde{u} = \begin{cases} Q_0^{(-)}u + \varphi_1(x_0,t), & x \leqslant x_0, \\ Q_0^{(+)}u + \varphi_3(x_0,t), & x \geqslant x_0. \end{cases}$$

往下的讨论需要用到下面两个定理.

H 4.10 把条件 H4.9 中的 $\varphi_3(1,t)$ 换成 $\varphi_1(1,t)$.

定理 4.5　　如果满足条件 H4.5, H4.7, H4.10, 则 (4.44) 的纯边界层解 $u(x,t)$ 在 $[0,1]$ 上存在, 且 Lyapunov 渐近稳定, 且当 $\varepsilon \to 0$ 时, 该解 $u(x,t)$ 趋近于 $\varphi_1(x,t)$.

同样可得到在 $[0,1]$ 上趋向于 $\varphi_3(x,t)$ 的结论.

定理 4.6　　在定理 4.4 的条件下, 问题 (4.44) 从 $\varphi_1(x,t)$ 转向 $\varphi_3(x,t)$ 的阶梯状解是渐近稳定的, 如果在条件 H4.8 中不等式反号的话, 那么从 $\varphi_3(x,t)$ 转向 $\varphi_1(x,t)$ 的解也是渐近稳定的.

4.2.3　数值计算和分析

给出两个例子.

例 4.1

$$\begin{cases} \varepsilon^2(u_{xx} - u_t) = (u^2-1)(u-0.5x+0.73\sin t+0.25), & 0<x<1,\ t>0, \\ u(0,t,\varepsilon)=u(1,t,\varepsilon)=0,\ u(x,0,\varepsilon)=\sin(2\pi x), & \varepsilon^2=10^{-3}. \end{cases}$$

例 4.2

$$\begin{cases} \varepsilon^2(u_{xx} - u_t) = (u^2-1)(u-0.4x\sin t), & 0<x<1,\ t>0, \\ u(0,t,\varepsilon)=u(1,t,\varepsilon)=0,\ u(x,0,\varepsilon)=\sin(n(\pi)x), & \varepsilon^2=10^{-3}. \end{cases}$$

我们用 100 个点把 $(0,1)$ 区间进行等分, 采用拟线性方法进行数值计算. 这两个例子都是以时间 t 为初值, 它们的解很快进入以 2π 为周期的状态.

对例 4.1 考查 17 个不同时刻解的形状, 对例 4.2 考查 8 个不同时刻解的形状, 依次记为 $(1),(2),\cdots$.

(1) 对应于时刻 $t=0$, 这时初值函数是 $\sin(2\pi x)$. 由此往下阶梯状从 $+1$ 到 -1 开始向右移动, 一直到阶梯状消失, 出现上方纯边界层, 该结构 $(4)\sim(8)$ 保持相当时间. 从 (9) 开始又出现阶梯状, 它向左移动, 到了 (11) 阶梯状又消失, 出现了下方纯边界层解, 该结构 $(12)\sim(14)$ 也保持相当时间. 到 (15) 又出现阶梯状, 它向右移动到 (16), 这样一直重复进行下去.

从 (9) 到 (11), (15) 到 (17) 称为 "快跑", 从 (4) 到 (8) 和从 (12) 到 (14) 称为 "暂停", 最引人注目的时刻是 $(3),(9),(11),(15)$ 和 (17). 由数值计算相应的时刻为:

$$t_3=0.3, \quad t_9=3.4, \quad t_{11}=3.6, \quad t_{15}=6.7, \quad t_{17}=6.9. \tag{4.45}$$

"暂停" 持续时间为: $t_9-t_3=3.1$, $t_{15}-t_{11}=3.1$.

"快跑" 持续时间为: $t_{11}-t_9=0.2$, $t_{17}-t_{15}=0.2$.

考虑到 (4.37) 的解近似于 (4.44) 的解, 而且它们具有相同的极限转移过程, 作为尝试, 用拟线性适定情况讨论例 4.1 和例 4.2, 对应于 (4.45) 的时刻记为 $\tilde{t}_3,\ \tilde{t}_9,\ \tilde{t}_{11}$, $\tilde{t}_{15},\ \tilde{t}_{17}$.

从定理 4.6 可得从 +1 到 −1 阶梯状的稳定性. 事实上,

$$\int_{\varphi_3}^{\varphi_1} F_x \mathrm{d}u = \int_{+1}^{-1} (u^2-1)(-0.5)\mathrm{d}u < 0.$$

往下将从定理 4.5 推得上方、下方纯边界层解的存在和稳定条件.

先讨论对应于 $x=1$ 时的相平面, 条件 H4.9 对应的方程为

$$\frac{\mathrm{d}^2\tilde{u}}{\mathrm{d}\tau^2} = (\tilde{u}^2-1)(\tilde{u}-\varphi), \quad \tilde{u}(0,t,0)=0, \quad \tilde{u}(-\infty,t,0)=0,$$

其中 $\varphi=\varphi_2(1,t)=0.25-0.73\sin t$. 对方程积分一次可得

$$\frac{1}{2}p^2 = (u-1)^2\left[\frac{1}{4}u^2 + u\left(\frac{1}{2}-\frac{1}{3}\varphi\right) + \left(\frac{1}{4}-\frac{2}{3}\varphi\right)\right],$$

其中 $p=\dfrac{\mathrm{d}\tilde{u}}{\mathrm{d}\tau}$. 如果 $\varphi \leqslant \dfrac{3}{8}$, 则条件 H4.9 要求的轨线存在; 当 $\varphi=\dfrac{3}{8}$ 时,

$$\frac{1}{2}p^2 = \frac{u}{2}(u-1)^2\left(u+\frac{3}{2}\right).$$

在相平面上有经过 (0,0) 的绳索套. 当 $\varphi > \dfrac{3}{8}$ 时满足条件 H4.9 要求的轨线没有. 特别当 $\varphi=\dfrac{3}{8}$ 时, $\sin t=\left(0.25-\dfrac{3}{8}\right)/0.73=-0.17$, 所以在 $x=1$ 处要存在边界层, $\sin t$ 的取值范围必须为 $-0.17\leqslant\sin t\leqslant 1$. 至于在左端点 $x=0$, 有 $\varphi=\varphi_2(0,t)=-0.25-0.73\sin t<\varphi_2(1,t)$. 所以当在右端点满足条件 $\varphi_2(1,t)\leqslant\dfrac{3}{8}$ 时, 左端点也满足, 这样上方纯边界层解是稳定的.

下方纯边界层解稳定的条件是 $-1\leqslant\sin t\leqslant 0.17$. 由上面的准备, 就可以解释解为什么是这样变化的了. 稳定的阶梯状 (2) 把状态 (1) 迅速拉向自己, 并随着 $\sin t$ 的改变开始向右运动, 这个过程一直持续到下半部分不是很小为止 (即满足条件 H4.7: $\delta < x_0 < 1-\delta$). 在这之后 x_0 接近于 1 阶梯状消失, 解迅速扩张成稳定的上方纯边界层解 (4)~(8). 如果不考虑结构改变时的刹那间, 就可以近似算出从 (1) 到 (3) 时间, 即 x_0 跑到 1 的时刻. 由条件 H4.7 可以算出 x_0: $x_0=(0.73\sin t+0.25)/0.5$, $\sin t=0.25/0.73=0.34$, 所以 $\tilde{t}_3=0.34$. 它与 (4.45) 的 t_3 相当吻合. 虽然这个数值有些偏高, 这是因为在阶梯状拉长时, 速度比拉长本身要快. 这样解就趋近于稳定状态 (上方暂停). 它一直持续到 $\varphi_2(1,t)=\dfrac{3}{8}$, $\sin t=-0.17$. 由此可得 $t=\tilde{t}_9=\pi+0.17=3.31$. 该值与 (4.45) 中的 t_9 也很吻合. 往下是向左" 快跑", 它的终止时刻类似于 $\tilde{t}_3$ 也可以算出, 但要用到条件 $x_0=0$, 即 $\sin t=-0.25/0.73=-0.34$. 由此可得 $\tilde{t}_{11}=\tilde{t}_3+\pi=-3.48$. 它与 (4.45) 中的 t_{11} 也很吻合. 最后 $\tilde{t}_{15}$ 从 $\varphi_2(0,t)=-\dfrac{3}{8}$

求出. 它一直到下方纯边界层消失为止. 这时 $\sin t = 0.17$, $\tilde{t}_{15} = \tilde{t}_9 + \pi = 6.45$, 这也和 (4.45) 中的 t_{15} 很吻合.

这样从拟线性适定问题的讨论得到下面数值:

$$\tilde{t}_3 = 0.34, \quad \tilde{t}_9 = 3.31, \quad \tilde{t}_{11} = 3.48, \quad \tilde{t}_{15} = 6.45, \quad \tilde{t}_{17} = 6.62.$$

它们都和 (4.45) 很吻合.

所得的 "快跑" 时间 ($\tilde{t}_{11} - \tilde{t}_9 = 0.17$) 比数值计算得到的 0.2 要小, 这是因为理论值是从 $\tilde{t}_9 = 3.31$ 开始算的, 这时上方纯边界层解开始消失, 而阶梯状的转向点坐标为 $x_0 = 0.25$, 该阶梯状拉长着解, 破坏原来结构, 使上方纯边界层消失. 这个拉长时间刚好补偿 0.17 到 0.2. 更详细的讨论在下一节.

对例 4.2 也可作类似的分析, 在计算机上得到下面数值:

$$\hat{t}_3 = 1.4, \quad \hat{t}_5 = 1.6, \quad \hat{t}_6 = 4.5, \quad \hat{t}_8 = 4.7.$$

从拟线性适定问题理论计算可得

$$\hat{\hat{t}}_3 = 1.2, \quad \hat{\hat{t}}_5 = \pi/2 = 1.57, \quad \hat{\hat{t}}_6 = \hat{\hat{t}}_3 + \pi = 4.34, \quad \hat{\hat{t}}_8 = \hat{\hat{t}}_5 + \pi = 4.71.$$

4.2.4 "快跑" 阶段

给出方程

$$\varepsilon^2(u_{xx} - u_t) = (u^2 - 1)(u - \varphi(x,t)), \tag{4.46}$$

对 x 从 0 到 1 进行积分

$$\varepsilon^2 u_x|_{x=1} - \varepsilon^2 u_x|_{x=0} - \varepsilon^2 \int_0^1 \frac{\partial u}{\partial t} \mathrm{d}x = \int_0^1 (u^2 - 1)(u - \varphi(x,t))\mathrm{d}x. \tag{4.47}$$

当 $x \in (0,1)$ 时, 记 $x = r(t,\varepsilon)$, 这时 $u(x,t,\varepsilon) = 0$(也就是 $r(t,\varepsilon)$ 表示波峰的状态). 我们认为在运动时波不改变自己的断面 (侧面) 形状

$$\int_0^1 \frac{\partial u}{\partial t} \mathrm{d}x = \frac{\partial}{\partial t} \int_0^1 u\mathrm{d}x = 2\frac{\mathrm{d}r}{\mathrm{d}t} \tag{4.48}$$

考虑 (4.47) 右端的积分

$$\int_0^1 (u^2 - 1)(u - \varphi(x,t))\mathrm{d}x = \int_0^{\frac{r}{2}} + \int_{\frac{r}{2}}^{\frac{r+1}{2}} + \int_{\frac{r+1}{2}}^1. \tag{4.49}$$

当 $0 < x < \dfrac{r}{2}$, 即在 "快跑" 时, 我们认为满足拟线性适定条件 $\dfrac{\partial u}{\partial t} \approx 0$, 则有

$$\int_0^{\frac{r}{2}} (u^2 - 1)(u - \varphi(x,t))\mathrm{d}x = \varepsilon^2 \int_0^{\frac{r}{2}} u_{xx}\mathrm{d}x = -\varepsilon^2 u_x|_{x=0} + \mathrm{Exp}(\varepsilon), \tag{4.50}$$

其中 $\mathrm{Exp}(\varepsilon)$ 是当 $\varepsilon \to 0$ 时的指数式小量. 同样对 (4.49) 中最后一项有类似的假设,

$$\int_{\frac{r+1}{2}}^{1} (u^2-1)(u-\varphi(x,t))\mathrm{d}x = \varepsilon^2 \int_{\frac{r+1}{2}}^{1} u_{xx}\mathrm{d}x = \varepsilon^2 u_x|_{x=1} + \mathrm{Exp}(\varepsilon). \qquad (4.51)$$

这样, 从 (4.47)~(4.50) 可得

$$-2\varepsilon^2 \frac{\mathrm{d}r}{\mathrm{d}t} = \int_{\frac{r}{2}}^{\frac{r+1}{2}} (u^2-1)(u-\varphi(x,t))\mathrm{d}x + \mathrm{Exp}(\varepsilon). \qquad (4.52)$$

在波的 $x=r$ 邻域, 我们认为具有非线性立方奇异摄动问题解的典型式子:

$$u = \frac{1-\mathrm{e}^{\sqrt{2}(x-r)/\varepsilon}}{1+\mathrm{e}^{\sqrt{2}(x-r)/\varepsilon}},$$

所以有关系式

$$\int_{\frac{r}{2}}^{\frac{r+1}{2}} (u^2-1)u\mathrm{d}x = \mathrm{Exp}(\varepsilon).$$

这是因为被积函数是奇函数和指数小.

引进边界层函数法中使用的内变量 $\tau = (x-r)/\varepsilon$. 按下面公式可以把 $\varphi(x,t)$ 延续到整个实数轴 $-\infty < x < +\infty$.

$$\hat{\varphi}(x,t) = \begin{cases} \varphi(0,t)\mathrm{e}^{-x^2/\varepsilon^2}, & x < 0, \\ \varphi(x,t), & 0 \leqslant x \leqslant 1, \\ \varphi(1,t)\mathrm{e}^{-(x-1)^2/\varepsilon^2}, & x > 1. \end{cases}$$

经过简单计算可得

$$\int_{\frac{r}{2}}^{\frac{r+1}{2}} (u^2-1)(u-\varphi(x,t))\mathrm{d}x = \varepsilon \int_{-\infty}^{+\infty} \left\{ \left[\frac{1-\mathrm{e}^{\sqrt{2}(x-r)/\varepsilon}}{1+\mathrm{e}^{\sqrt{2}(x-r)/\varepsilon}} \right]^2 -1 \right\} \hat{\varphi}(r+\varepsilon\tau,t)\mathrm{d}\tau + \mathrm{Exp}(\varepsilon) \qquad (4.53)$$
$$= 2\sqrt{2}\varepsilon\varphi(r,t) + O(\varepsilon^2).$$

所以有

$$\varepsilon \frac{\mathrm{d}r}{\mathrm{d}t} = -\sqrt{2}\varphi(r,t) + O(\varepsilon). \qquad (4.54)$$

定理 4.7　假设下面成立:

(1) $\varphi(x,t)$ 在 D 中连续可微, 并且 $0 < \dfrac{\partial \varphi}{\partial x} \leqslant \kappa < \infty$,

(2) $\tilde{r}(t,\varepsilon)$ 是下面方程:

$$\varepsilon \frac{\mathrm{d}\tilde{r}}{\mathrm{d}t} = -\sqrt{2}\varphi(\tilde{r},t) \qquad (4.55)$$

的解, 那么表达式

$$\tilde{u}(x,t,\varepsilon) = \frac{1 - e^{\sqrt{2}(x-\tilde{r})/\varepsilon}}{1 + e^{\sqrt{2}(x-\tilde{r})/\varepsilon}} \tag{4.56}$$

是方程 (4.46) 的近似解, 误差为 $O(\varepsilon)$.

证明 把 (4.56) 代入 (4.46), 并考虑等式左右两边的误差

$$\begin{aligned}
\delta &= \varepsilon^2(\tilde{u}_{xx} - \tilde{u}_t) - (\tilde{u}^2 - 1)[\tilde{u} - \varphi(x,t)] \\
&= -\varepsilon^2 \tilde{u}_t + (\tilde{u}^2 - 1)\varphi(x,t) \\
&= -\varepsilon 2\sqrt{2} e^{\sqrt{2}(x-\tilde{r})/\varepsilon}[1 + e^{\sqrt{2}(x-\tilde{r})/\varepsilon}]^{-2} \mathrm{d}\tilde{r}/\mathrm{d}t \\
&\quad - 4e^{\sqrt{2}(x-\tilde{r})/\varepsilon}[1 + e^{\sqrt{2}(x-\tilde{r})/\varepsilon}]^{-2}\varphi(x,t) \\
&= 4e^{\sqrt{2}(x-\tilde{r})/\varepsilon}[1 + e^{\sqrt{2}(x-\tilde{r})/\varepsilon}]^{-2}[\varphi(\tilde{r},t) - \varphi(x,t)].
\end{aligned}$$

因为 $|\partial\varphi/\partial x| \leqslant k$, 所以

$$|\delta| \leqslant 4ke^{\sqrt{2}(x-\tilde{r})/\varepsilon}[1 + r^{\sqrt{2}(x-\tilde{r})/\varepsilon}]^{-2}|x - \tilde{r}| = O(\varepsilon).$$

证毕.

往下分析 "快跑" 时的运动. 假设 "快跑" 从 $t = t_*$ 开始, 给出 (4.55) 的初值, 可得关于 $\tilde{r}(t,\varepsilon)$ 的奇异摄动初值问题:

$$\varepsilon\frac{\mathrm{d}\tilde{r}}{\mathrm{d}t} = -\sqrt{2}\varphi(\tilde{r},t), \quad \tilde{r}(t_*,\varepsilon) = 1.$$

注意到 $\varphi(1,t^*) = \dfrac{3}{8}$ (参看上一节), 则该问题渐近解的主项可写成

$$\tilde{r}(t,\varepsilon) = \bar{r}_0(t) + L_0 r(t/\varepsilon) + O(\varepsilon),$$

这里 $\bar{r}_0(t)$ 是退化方程 $\varphi(\tilde{r},t) = 0$ 的解, 它表示沿着 x 轴点 $r(\varepsilon)$ 的慢运动, 而 $L_0 r(t,\varepsilon)$ 表示趋向于该慢变量 $\bar{r}_0(t)$ 的指数型急转.

把所得结果用于 (4.1), 则 $\varphi(\tilde{r},t) = 0.5\tilde{r} - 0.73\sin t - 0.25$, $t^* = 3.31$, 而初值为 $\tilde{r}(3.31,\varepsilon) = 1$. 由此可得

$$\tilde{r}(t,\varepsilon) = 1.46\sin t + 0.5 + 0.75e^{(3.31-t)/\sqrt{2}\varepsilon} + O(\varepsilon).$$

根据这个公式得到的 "快跑" 时间 $\Delta t = 0.19$ 与数值结果 $\Delta\tilde{t} = 0.2$ 相差 $0.01 < \dfrac{\varepsilon}{3}$, 即相对误差为 5%.

4.3 奇异摄动抛物型方程纯边界层解

给出下面奇异摄动抛物型方程和边值条件:

$$\begin{cases} \varepsilon^2(u_{xx} - u_t) = (u^2 - 1)(u - \Phi(t)), & 0 < x < 1, \ -\infty < t < +\infty, \quad (4.57) \\ u(0, t, \varepsilon) = u^0, \ u(1, t, \varepsilon) = u^1, \quad |u^0|, |u^1| < 1. \quad (4.58) \end{cases}$$

假设 $\Phi(t)$ 是周期为 2π 的周期函数, 并且 $|\Phi(t)| < 1$, 小参数 $\varepsilon > 0$, 要求方程的解是 2π 为周期的:

$$u(x, t, \varepsilon) = u(x, t + 2\pi, \varepsilon). \tag{4.59}$$

问题 (4.57), (4.58) 在确定条件下既可以存在纯边界层的周期解, 也有可能出现具有转移型的边界层解.

假设 (4.57) 的退化方程有三个根:

$$\varphi_{-1} = -1 < \varphi_0 = \Phi(t) < \varphi_1 = 1,$$

并且要求 $F_u \mid_{u=-1,1} > 0$, $F_u \mid_{u=\Phi} < 0$.

引进两个辅助方程

$$\frac{\mathrm{d}^2 \tilde{u}}{\mathrm{d}\tau_0^2} = (\tilde{u}^2 - 1)(\tilde{u} - \Phi(t)), \quad \tau_0 = x/\varepsilon, \tag{4.60}$$

$$\frac{\mathrm{d}^2 \hat{u}}{\mathrm{d}\tau_1^2} = (\hat{u}^2 - 1)(\hat{u} - \Phi(t)), \quad \tau_1 = (x - 1)/\varepsilon. \tag{4.61}$$

对 (4.60) 可以给出两个边值问题:

$$\tilde{u}(0) = u^0, \quad \tilde{u}(+\infty) = \varphi_1 = 1, \tag{4.62}$$

或者

$$\tilde{u}(0) = u^0, \quad \tilde{u}(+\infty) = \varphi_{-1} = -1. \tag{4.63}$$

对 (4.61) 也可以给出两个边值问题:

$$\hat{u}(0) = u^1, \quad \hat{u}(-\infty) = 1, \tag{4.64}$$

或者

$$\hat{u}(0) = u^1, \quad \hat{u}(-\infty) = -1. \tag{4.65}$$

这样, 我们就得到四个边值问题①(4.60), (4.62); ② (4.60), (4.63); ③ (4.61), (4.64); ④ (4.61), (4.65). 可用相平面分析法来解释它们的解是否存在. 例如, 针对方程 (4.60), 其中 t 固定. 讨论①和②解的存在性. 在相平面 $\left(\tilde{u}, \dfrac{d\tilde{u}}{d\tau_0} = \tilde{z}\right)$ 上可以有三种情况 ((a), (b), (c)).

对情况 (a), 点 $A(-1,0)$ 和 $C(1,0)$ 是鞍点, 而 $B(\varPhi,0)$ 是中心. 直线 $u = u^0$ 有两种状态: 状态 1 和状态 2. 在状态 2 垂线 $u = u^0$ 既与进入到 C 的轨线又与进入到 A 的轨线相交 ($\tau_0 \to +\infty$). 由此可知, 无论是①的解还是②的解都存在. 在状态 1, 垂线 $u = u^0$ 仅与进入 A 的轨线相交, 所以②的解存在而①的解不存在.

对情况 (a) 还能看出随着时间 t 的变化相图也在改变, 绳索套在变小. 这样, 状态 2 中的垂线 $u = u^0$ 可变成状态 1, 这时①的解将不存在. 只有②的解存在. u^0 最大可能值 $u^0 = u^*$ 是轨线顶点, 同样可以讨论 (b) 情况.

情况 (c) 表示存在连接 A, C 的两条轨线 (称为构成胞腔). 这时, 对任意初值 u^0 无论是①, 还是②解都存在. 对③和④解的存在性讨论完全是类似的. 只是 $\tau_1 \to -\infty$, 把 u^0 换成 u^1.

引进左边界函数 $L^{(1)}(\tau_0,t)$ 和 $L^{(-1)}(\tau_0,t)$:

$$L^{(1)}(\tau_0,t) = \tilde{u}^{(1)}(\tau_0,t) - 1, \quad L^{(-1)}(\tau_0,t) = \tilde{u}^{(-1)}(\tau_0,t) + 1, \tag{4.66}$$

其中 $\tilde{u}^{(1)}$ 是①的解. $\tilde{u}^{(-1)}$ 是②的解.

左边界函数满足方程 (4.60) 和边值条件

$$L^{(1)}(0,t) = u^0 - 1, \quad L^{(1)}(+\infty,t) = 0,$$

$$L^{(-1)}(0,t) = u^0 + 1, \quad L^{(-1)}(+\infty,t) = 0.$$

同样引进右边界函数

$$R^{(1)}(\tau_1,t) = \hat{u}^{(1)}(\tau_1,t) - 1, \quad R^{(-1)}(\tau_1,t) = \hat{u}^{(-1)}(\tau_1,t) + 1, \tag{4.67}$$

满足方程 (4.61) 和边值条件

$$R^{(1)}(0,t) = u^1 - 1, \quad R^{(1)}(-\infty,t) = 0,$$

$$R^{(-1)}(0,t) = u^1 + 1, \quad R^{(-1)}(-\infty,t) = 0.$$

边界函数的存在性直接与问题 (4.60),(4.61) 的解和边值条件 (4.62) ~ (4.65) 相联系的, 也就是说如果 (4.60),(4.62)((4.61),(4.63)) 的解存在, 那么 $L^{(1)}$ (或 $R^{(1)}$) 的解存在. 如果 (4.60),(4.63) 的解存在 (或 (4.61),(4.65)), 那么 $L^{(-1)}$ (或 $R^{(-1)}$) 存在.

定理 4.8 如果边界函数 $L^{(1)}(\tau_0, t)$ 和 $R^{(1)}(\tau_1, t)$ 存在, 那么 (4.57) ~ (4.59) 的解 $u^{(1)}(x, t, \varepsilon)$ 存在并且有下面的渐近公式:

$$u^{(1)}(x, t, \varepsilon) = 1 + L^{(1)}(\tau_0, t) + R^{(1)}(\tau_1, t) + O(\varepsilon), \quad 0 \leqslant x \leqslant 1, \ -\infty < t < \infty. \quad (4.68)$$

如果存在边界函数 $L^{(-1)}(\tau_0, t)$ 和 $R^{(-1)}(\tau_1, t)$, 那么 (4.57) ~ (4.59) 的解 $u^{(-1)}(x, t, \varepsilon)$ 存在. 并且有下面的渐近公式:

$$u^{(-1)}(x, t, \varepsilon) = -1 + L^{(1)}(\tau_0, t) + R^{(1)}(\tau_1, t) + O(\varepsilon), \quad 0 \leqslant x \leqslant 1, -\infty < t < \infty. (4.69)$$

这里解 $u^{(1)}$ 和 $u^{(-1)}$ 称为纯边界层解. 边界函数在相应的边界上起作用, 保证解满足边值条件, 并且在离开边界时, 迅速衰减. 随着时间变化水平线 $u = \varPhi(t)$ 时而向上, 时而向下移动. 同样, 边界函数也随着时间在变化.

注释 4.3 定理 4.8 是很早已知的结果, 余项为 $O(\varepsilon)$. 可以把渐近展开式 (4.68) 写到 $O(\varepsilon^k)$, 其中解 $u^{(1)}$ 的存在性依赖于解 $\tilde{u}^{(1)}$ 和 $\hat{u}^{(1)}$ 的存在性. 如上所说 $\tilde{u}^{(1)}$ 或 $\hat{u}^{(1)}$ 可以不存在, 这样 $u^{(1)}$ 可以变成 $u^{(-1)}$. 这个转变过程相当复杂直到现在还没研究透. 如果解 $u^{(1)}$ 和 $u^{(-1)}$ 变化得很缓慢, 则称为状态 halt(1) 和 halt(2). 从状态 halt 的一种变成另一种是非常快的, 速度为 ε^{-1} 量级, 称为 "快跑". 方程 (1) 的解经过运行从状态 halt(1) 到 halt(2) 或者相反称为转移型边界层. 在计算机的大量计算中可以观察到这种解. 不同于纯边界层解, 转移型边界层解的存在性证明目前还没有.

因为方程 (4.57) 的右端不含 x, 所以可以得到一系列被严格证明的事实, 并以此为基础来展示转移型边界层解的详细性态, 从而得到研究转移型边界层解的要点和数值结果, 我们称这种研究方法是数值解析的.

4.3.1 关于方程 (4.57) 解的若干性质, 转移型边界层解的数值-解析研究

定理 4.9 方程 (4.60) 和 (4.61) 可以降阶, 问题 (4.60),(4.62) 和 (4.60),(4.63) 相应可写成

$$\frac{\mathrm{d}\tilde{u}}{\mathrm{d}\tau_0} = -\sqrt{2}(\tilde{u} - 1)\left[\frac{1}{4}(\tilde{u} + 1)^2 - \frac{1}{3}\varPhi(t)(\tilde{u} + 2)\right]^{\frac{1}{2}},$$

$$\frac{\mathrm{d}\tilde{u}}{\mathrm{d}\tau_0} = -\sqrt{2}(\tilde{u} + 1)\left[\frac{1}{4}(\tilde{u} - 1)^2 - \frac{1}{3}\varPhi(t)(\tilde{u} - 2)\right]^{\frac{1}{2}}. \quad (4.70)$$

而问题 (4.61), (4.64) 和 (4.61), (4.65) 可写成

$$\frac{\mathrm{d}\hat{u}}{\mathrm{d}\tau_1} = -\sqrt{2}(\hat{u} - 1)\left[\frac{1}{4}(\hat{u} + 1)^2 - \frac{1}{3}\varPhi(t)(\hat{u} + 2)\right]^{\frac{1}{2}},$$

$$\frac{\mathrm{d}\hat{u}}{\mathrm{d}\tau_1} = -\sqrt{2}(\hat{u}+1)\left[\frac{1}{4}(\hat{u}-1)^2 - \frac{1}{3}\Phi(t)(\hat{u}-2)\right]^{\frac{1}{2}}. \tag{4.71}$$

注释 4.4   因为方程 (4.57) 右端不含 x. 所以用通常方法可对方程降阶. 从 (4.70) 和 (4.71) 可以写出当解 $\tilde{u}^{(1)}$, $\tilde{u}^{(-1)}$ 和 $\hat{u}^{(1)}$, $\hat{u}^{(-1)}$ 消失时 $\Phi(t)$ 的显式.

定理 4.10   当 $\Phi_{i,k}$ 取下面值时 $\tilde{u}^{(1)}$, $\tilde{u}^{(-1)}$, $\hat{u}^{(1)}$, $\hat{u}^{(-1)}$ 消失:

$$\Phi_{0,1} = \frac{3(u^0+1)^2}{4(u^0+2)}, \quad \Phi_{0,-1} = \frac{3(u^0-1)^2}{4(u^0-2)},$$

$$\Phi_{1,1} = \frac{3(u^1+1)^2}{4(u^1+2)}, \quad \Phi_{1,-1} = \frac{3(u^1-1)^2}{4(u^1-2)}. \tag{4.72}$$

函数 $\Phi_{i,k}$ 的第一个下标 i 取 0 或 1 表示在边界 $x=0$ 或 $x=1$, 在这边界上对应于 $\tilde{u}$ 或 $\hat{u}$. 第二个下标 k 取 1 或者 -1 表示函数 $\tilde{u}^{(k)}$ 或 $\hat{u}^{(k)}$, 它在这时消失.

为了得到 (4.72)(如 $\Phi_{0,1}$) 要求方程 (4.70) 右端即导数为零, 而右端代入 $u=u^0$, 这时 u^0 正好是鞍点 $(1,0)$ 的顶点. 对 (4.72) 中其他公式可类似得到.

为了描述 "快跑" 状态引进波峰函数, 它们具有从 1 至 -1 或反相的阶梯状. 波峰函数与 $u=0$ 轴交点记为 $r(t,\varepsilon)$, $r(t,\varepsilon)$ 函数满足方程

$$\varepsilon\frac{\mathrm{d}r}{\mathrm{d}t} = \sqrt{2}\,\Phi(t). \tag{4.73}$$

定理 4.11   函数

$$u^{(+)}(t,x,\varepsilon) = \frac{1 - \mathrm{e}^{\sqrt{2}(x-r)/\varepsilon}}{1 + \mathrm{e}^{\sqrt{2}(x-r)/\varepsilon}} \tag{4.74}$$

是方程 (4.57) 的解.

注释 4.5   (1) 当 $\varepsilon \to 0$ 时, 从 (4.74) 可得

$$u^{(+)}(t,x,\varepsilon) \to \begin{cases} -1, & x-r>0, \\ 1, & x-r<0. \end{cases} \tag{4.75}$$

(2) 如果在 (4.73) 或 (4.74) 中把 $\sqrt{2}$ 替换成 $-\sqrt{2}$ 以及在 (4.75) 中 -1 和 $+1$ 换位, 则从 $U^{(+)}$ 可得 $U^{(-)}$, 也有类似于定理 4.10 的结论. 从 (4.73) 可见波峰函数的速度为 ε^{-1} 量阶.

4.3.2 数值例子

例 4.3   在方程 (4.57) 中取 $\Phi(t) = 0.8\sin t$, 而边值条件 $u^0 = u^1 = 0$. 由 (4.72) 可得

$$\Phi_{0,1} = \Phi_{1,1} = \frac{3}{8}, \quad \Phi_{0,-1} = \Phi_{1,-1} = -\frac{3}{8}.$$

从 $t = 0$ 开始随着 t 的增加可以观察问题 (4.57), (4.58) 解的变化. 当 $t = 0$ 时 $\tilde{u}^{(1)}$ 存在, 因为 $\Phi(0) = 0 < \frac{3}{8}$, 当 $t = t_0 = 0.49$ 时解的结构发生了变化, t_0 是方程 $0.8 \sin t = \frac{3}{8}$ 的解. Φ 从 0 到 $-\frac{3}{8}$ 时 $\tilde{u}^{(-1)}$ 存在, 也就是 $t = 0$ 到 $t_1 = \pi + 0.49$. 虽然 $t = 0.49$ 时 $\tilde{u}^{(1)}$ 的结构发生了变化, 但它不能一下子变到 $\tilde{u}^{(-1)}$, 因为当 $\Phi = \frac{3}{8}$ 时 $\tilde{u}^{(1)}$ 的导数为 0, 而 $\tilde{u}^{(-1)}$ 的导数小于零. 当 $t = 0.49$ 时 $\tilde{u}^{(1)}$ 和 $\tilde{u}^{(-1)}$ 是非光滑连接的, 它们光滑的连接是 "快跑" 的中间状态, 需要用抛物方程的解来刻画它.

考虑粗略的计算, 忽略 "快跑" 的时间 $O(\varepsilon)$. 因为根据公式 (4.73) 速度的量阶为 $O(\varepsilon^{-1})$. 所以 "快跑" 的量阶为 $O(\varepsilon)$. 同样注意到当 $u^0 = u^1$ 时, 关于 x 的运动量是镜面对称的, 对称轴为 $x = 0.5$.

如果忽略 "快跑" 的值, 可以说当 $t = 0.49$ 时 $\tilde{u}^{(1)}$ 消失而 $\tilde{u}^{(-1)}$ 产生, 所以当 $0 < t < 0.49$ 以及 $\pi + 0.49$ 时, $\tilde{u}^{(1)}$(状态 halt(1)) 存在, 而 $\tilde{u}^{(-1)}$ (状态 halt(-1)) 从 0.49 到 $\pi + 0.49$ 也存在. 这两种状态和正好是 2π.

注意到我们忽略的 "快跑" 过程, 由定理 4.11 我们希望得到近似表达式. $U^{(+)}$ 表示从 $x = 0$ 到 $x = 1$ 运动, 而 $U^{(-)}$ 是从 $x = 1$ 到 $x = 0$ 的运动. 这两个函数在 $x = 0.5$ 处相连接构成复合曲线, 但是不光滑的. 随着 t 的增加, 左右曲线越来越靠近, 而交点趋向于 $u = -1$. 正如平时所说的, 发生 "碰撞", 并沿着直线 $u = -1$ 消失.

所介绍的方法不能用来得到 $u^{(-)}$, 因为不满足边值, 而仅利用了 (4.74), 并且没考虑到 $\tilde{u}^{(-)}$, $\hat{u}^{(-)}$ 的存在性和它们与 $U^{(\mp)}$ 的互相关系. 在左边界 $x = 0$ 上这种相互关系是怎样发生的呢? 当然由于镜像对称在右边界 $x = 1$ 上也是类似的.

重新来看左边界, 并用合适的尺度观察 $\tilde{u}^{(-)}$ 和 $U^{(+)}$ 是怎样相交的. 在相交前复合曲线向下走, 而相交后向上走. 随着 t 的增加, 不光滑点趋近于 -1. 结果 $u^{(-)}$ 由左右边界层构成. 这样, 我们对 "快跑" 做了初步描述.

例 4.4 取其他的边值条件

$$u^0 = 0.5, \quad u^1 = 0.$$

本例与例 4.3 的结果是有区别的. $\hat{u}^{(1)}$ 在 $\tilde{u}^{(1)}$ 之前消失, 因为从 (4.72) 可得

$$\Phi_{1,1} = \frac{3}{8}, \quad \Phi_{0,1} = \frac{3(0.5 + 1)^2}{4(0.5 + 2)} \approx 0.675.$$

在 ε 量级的时间内 $\hat{u}^{(1)}$ 消失, 出现从右向左趋向于 $x = 0$ 的 "快跑", 这时 Φ 还没达到 $\Phi_{0,1} = 0.675$, 它仅比 $\frac{3}{6}$ 大 $O(\varepsilon)$.

"快跑" 的产生只是瞬间的, 这就意味着状态 halt(-1) 从 $\hat{u}^{(1)}$ 消失时开始, 即

在 $t = 0.49$ 开始 (因为 $u^1 = 0$), 一直持续到时间 t_1, t_1 可由公式 (4.72) 确定, 即

$$\Phi_{0,-1} = \frac{3(0.5-1)^2}{4(0.5-2)} \approx -0.125.$$

求 t_1 的方程为

$$-0.125 = 0.8\sin t_1,$$

可得 $t_1 = \pi + 0.157$.

在此之后出现状态 halt(1) 一直延续到 $t = 2\pi$, 也就是说到周期结束. 这样状态 halt(-1) 的长度为 $\pi + 0.157 - 0.49$, 而状态 halt(1) 的长度为 $\pi - 0.157 + 0.49$. 这两个状态长度和为 2π. 它们的差不为零, 而是 $2(0.49 - 0.157)$. 可见, 状态 halt(1) 比状态 halt(-1) 更长些.

看一下快跑状态, $u^{(1)}$ 在边界 $x = 1$ 上开始结构发生变化, 换句话说这个状态向 $x = 0$ 转移, 这里将遇到辅助解 $U^{(-)}$ 和 $\tilde{u}^{(1)}$. "快跑" 从 $t = 0.49$ 时刻开始并持续 $O(\varepsilon)$, 在 $t = 0.49$ 时 $\Phi = 0.8 \times 0.47 \simeq 0.346 < 0.675$, 并且从 $t = 0.49$ 到 $t = 0.49 + O(\varepsilon)$ 解 $\tilde{u}^{(1)}$ 一直存在, 仅当 $\Phi = 0.675$ 时消失. 当 $U^{(-)}$ 和 $\tilde{u}^{(1)}$ 连接时构成不光滑曲线, 可用作上解. 看得出随着时间增长不光滑点接近于直线 $u = 1$, 这个现象在计算机上也可得到.

例 4.5   假设 $\Phi(t) = 0.4\sin t$, 即 Φ 在 $[-0.4, +0.4]$ 上变化, 而 $u^0 = u^1 = 0.8$. 由公式 (4.72) $\Phi_{0,1} = \Phi_{1,1} = 0.87$, $\Phi_{0,-1} = \Phi_{1,-1} = -0.025$. 因为 $0.87 > 0.4$, 所以在 $t = 0$ 时形成的解 $\tilde{u}^{(1)}$ 的结构不会发生变化. 当 $t = 0$ 时 $\tilde{u}^{(-1)}$ 也存在, 但当 $\Phi = -0.025$ 时解的结构发生变化, 这时时间 t 由方程 $0.4\sin t = -0.025$ 确定, 之后 $\tilde{u}^{(-1)}$ 转向 $u^{(1)}$, 并保留状态 halt(1).

如果取 $\Phi = a\sin t$, 其中 $a > 0.9$, 那么这效应将消失, 因为 $0.9 > 0.87$. 这时构成转移型边界层解. 类似于例 4.4, 减少 a 值, 可以达到这种现状, $\tilde{u}^{(1)}$ 出现, 而 $\tilde{u}^{(-1)}$ 消失. 如果 a 非常小, 那么会产生两个边界层解 $u^{(1)}$ 和 $u^{(-1)}$, 它们单独存在并不会从一个转换到另一个.

通过分析可得有趣结果: 如果改变 u^0 和 u^1 以及表达式中 $\Phi = a\sin t$ 的 a 可以改变状态 halt(1) 和 halt(-1) 持续的长度, 并且可以在状态 halt 中使一个消失而剩另一个. 这样就出现了影响转移过程的可能, 即控制转移型空间对照结构.

4.3.3   当一个或两个边值在区间 $[-1,1]$ 之外情况 (在退化方程根之外)

假设在上面的例子中 $u^0 = u^1 = 1.5$. 两个纯边界层解 $u^{(1)}$ 和 $u^{(-1)}$, 在 $t = 0$ 时都存在. 解 $u^{(1)}$ 总是存在的, 至于 $u^{(-1)}$, 它随着 t 的增加开始出现, 然后将不存在, 因为水平线 $u = 1,5$ 不再与趋向 -1 的轨线相交, 但是解 $u^{(1)}$ 继续存在并且产生从 $u^{(-1)}$ 到 $u^{(1)}$ 的 "快跑". 注意到随着 t 的增加重新出现 $u^{(-1)}$, 但它不满足边值条件 $u^0 = u^1 = 1.5$, 因此它不可能是原问题的解.

最后例举右端更复杂的方程. 假设在 (4.57) 中,

$$F(u,t) = u(u - \varphi_1(t))(u - \varphi_2(t))(u - \varphi_3(t)),$$

其中 $\delta < \varphi_1(t) < \varphi_2(t) < \varphi_3(t)$, 边值条件为: $u^0 = \delta > 0$, $u^1 = \delta > 0$. 函数 F 的导数满足要求

$$F_u \mid_{u=\varphi_1} > 0, \quad F_u \mid_{u=\varphi_3} > 0, \quad F_u \mid_{u=0} < 0, \quad F_u \mid_{u=\varphi_2} > 0.$$

这种情况同本节开始所描述的情况是相一致的, 但是, 如果那里出现胞腔是显然的话, 那么, 现在胞腔的存在性需要证明. 在 t 时刻对应于胞腔的方程具有下面形式:

$$I = \int_{\varphi_1(t)}^{\varphi_3(t)} u(u - \varphi_1(t))(u - \varphi_2(t))(u - \varphi_3(t)) \, \mathrm{d}u = 0.$$

这里虽然求 t 的方程是个初等积分, 但是需要很复杂的数值计算.

4.4 拟线性奇异摄动方程的转移型空间对照结构

讨论下面奇异摄动边值问题:

$$\begin{cases} L_\varepsilon[u] = \varepsilon(u_{xx} - u_t) - A(u,x,t)u_x - B(u,x,t) = 0, \quad x \in (0,1), & (4.76) \\ u(0,t,\varepsilon) = u(1,t,\varepsilon) = 0, & (4.77) \end{cases}$$

其中 $\varepsilon > 0$, 是小参数, 区域 $\Omega = \{(x,t) | 0 < x < 1, t \in \mathbf{R}\}$. 下面将讨论周期解问题, 即 $u(x,t,\varepsilon) = u(x,t+T,\varepsilon)$.

首先给出下面条件:

H 4.11 $A \in C^3(\mathbf{R} \times \overline{\Omega})$, $B \in C^3(\mathbf{R} \times \overline{\Omega})$, 并且 A, B 都是关于 t 的周期函数 (周期为 T).

H 4.12   在 Ω 上退化方程 $L_0[u] = 0$ 有两个解 $u = \bar{u}^{(\mp)}(x,t)$, 它们满足下面关系式:

$$\bar{u}^{(-)}(0,t) = 0, \quad \bar{u}^{(+)}(1,t) = 0, \quad t \in \mathbf{R},$$

$$A(\bar{u}^{(-)}(x,t),x,t) > 0, \ A(\bar{u}^{(+)}(x,t),x,t) < 0, \quad (x,t) \in \Omega.$$

H 4.13   方程 $I(x) = \displaystyle\int_{\bar{u}^{(-)}(x)}^{\bar{u}^{(+)}(x)} A(\eta,x) \, \mathrm{d}\eta = 0$ 有解 $x = x_0(t)$, 并且 $0 < x_0(t) < 1$, 以及对一切 $t \in \mathbf{R}$, 都有 $I'_x(x_0(t),t) \neq 0$.

H 4.14   对一切 $u \in (\bar{u}^{(-)}(x_0(t),t), \bar{u}^{(+)}(x_0(t),t)), t \in \mathbf{R}$,

$$F(u,t) = \int_{\bar{u}^{(-)}(x_0,t)}^{u} A(\eta,x_0(t),t) \, \mathrm{d}\eta \neq 0.$$

H 4.15 对一切 $t \in \mathbf{R}$, $I'_x(x_0(t),t)[\bar{u}^{(+)}(x_0(t),t) - \bar{u}^{(-)}(x_0(t),t)]^{-1} < 0$.

如果满足上述条件, 则对充分小的 ε, 问题 (4.76), (4.77) 有解 $u(x,t,\varepsilon) \in C^{2,1}_{x,t}$ $(\bar{\Omega})$, 并有下面极限关系式:

$$\lim_{\varepsilon \to 0+} u(x,t,\varepsilon) = \begin{cases} \bar{u}^{(-)}(x,t), & 0 \leqslant x \leqslant x_0(t), \\ \bar{u}^{(+)}(x,t), & x_0(t) < x \leqslant 1. \end{cases}$$

对每个固定的 $t \in \mathbf{R}$, 问题 (4.76), (4.77) 的解 $u(x,t,\varepsilon)$ 类似于一维的阶梯状空间对照结构, 但是现在转移点 $x_0(t)$ 在移动, 随周期在区间 $(0,1)$ 中摆动. 还可能出现这种情况: 对某个 t 值 $x_0(t)$ 会达到边界 $[0,1]$, 例如 $x(t_1) = 1$, 甚至会走出区间 $[0,1]$. 自然会产生这种情况: 在 $t = t_1$ 时阶梯状空间结构变成了在 $x = 1$ 邻域的纯边界层解. 只要 $x_0(t)$ 在 1 的右边, 这边界解就一直保持着. 随后, 在某个 $t = t_2 > t_1$, 它又重新回到 $x = 1$ 点. 这时纯边界层解重新变成了运动的阶梯状空间对照结构. 这些结果基本上都是数值的, 可以进行定性分析. 这种类型的空间对照结构整体存在性的严格证明至今还没有, 目前对拟线性问题 (4.76), (4.77) 有一些结果.

定理 4.12 如果满足下面条件:

(1) $A \in C^3(\mathbf{R} \times \bar{\Omega})$, $B \in C^2(\mathbf{R} \times \bar{\Omega})$ 是周期为 T 的函数.

(2) 退化方程 $L_0[u] = 0$ 有两个解 $u = \bar{u}^{(\mp)}(x,t)$, 它们满足 $\bar{u}^{(-)}(0,t) = 0$, $\bar{u}^{(+)}(1,t) = 0$, 并且

$$A(\bar{u}^{(-)}(x,t),x,t) > 0, \quad \Lambda(\bar{u}^{(+)}(x,t),x,t) < 0, \quad (x,t) \in \Omega.$$

(3) 在 $(0,T)$ 上有两个点 $t_1 < t_2$, 使得

(a) 方程

$$I(x,t) = \int_{\bar{u}^{(-)}(x,t)}^{\bar{u}^{(+)}(x,t)} A(\eta,x,t)\mathrm{d}\eta = 0$$

在 $[0,t_1]\bigcup[t_2,T]$ 上有解 $x = x_0(t)$, 其中 $0 < x_0(t) < 1$. 并且当 $t = t_1$ 和 $t = t_2$ 时, $x_0(t) = 1$;

(b) $I(x,t) \neq 0, \forall (x,t) \in [0,1] \times (t_1,t_2)$.

(4) $F(u,t) = \int_{\bar{u}^{(-)}(x_0(t),t)}^{u} A(\eta,x_0(t),t)\,\mathrm{d}\eta$ 对一切 $t \in [0,t_1]\cup[t_1,T]$ 在 $\bar{u}^{(-)}(x_0(t),t)$ 和 $\bar{u}^{(+)}(x_0(t),t)$ 之间没有零点, 函数 $F_1(u,t) = \int_{\bar{u}^{(-)}(1,t)}^{u} A(\eta,b,t)\,\mathrm{d}\eta$ 对一切 $t \in (t_1,t_2)$ 在 $\bar{u}^{(-)}(1,t)$ 和 0 包括 0 之间不为零.

(5) 对所有 $t \in [0,t_1] \cup [t_2,T]$ 满足不等式

$$\frac{I'_x(x_0(t),t)}{\bar{u}^+(x_0(t),t) - \bar{u}^-(x_0(t),t)} < 0,$$

则存在 $\varepsilon_0 > 0$, $\forall \varepsilon \in (0, \varepsilon_0]$ 问题 (4.76), (4.77) 存在以 T 为周期的解 $u = u(x, t, \varepsilon) \in C_{x,t}^{2,1}(\bar{\Omega})$, 并且有下面关系式:

$$\lim_{\varepsilon \to 0+} u(x, t, \varepsilon) = \begin{cases} \bar{u}^{(-)}(x, t), & 0 \leqslant x < x_0(t), t \in [0, t_1] \cup [t_2, T], \\ \bar{u}^{(+)}(x, t), & x_0(t) < x \leqslant 1, t \in [0, t_1] \cup [t_2, T], \\ \bar{u}^{(-)}(x, t), & 0 \leqslant x < 1, t \in (t_1, t_2). \end{cases} \quad (4.78)$$

本定理的证明靠构造上下解, 用微分不等式方法来完成的.

注释 4.6 在证明 (4.76), (4.77) 解存在时所构造的上下解不仅给出了极限式 (4.78), 而且给出了渐近表达式

$$u(x, t, \varepsilon) = \begin{cases} \bar{u}^{(-)}(x, t) + O(\varepsilon), & 0 \leqslant x \leqslant x_0(t) - \delta, t \in [0, t_1] \cup [t_2, T], \\ \bar{u}^{(+)}(x, t) + O(\varepsilon), & x_0(t) + \delta \leqslant x \leqslant 1, t \in [0, t_1] \cup [t_2, T], \\ \bar{u}^{(-)}(x, t) + O(\varepsilon), & 0 \leqslant x \leqslant 1 - \delta, t \in (t_1, t_2). \end{cases}$$

其中 $\delta > 0$ 可任意小, 但当 $\varepsilon \to 0+$ 时是固定的数, 可以利用上下解技巧得到渐近解更精确的估计, 它的量级是 $O(\varepsilon)$, 并除了点 $(1, t_1)$ 和 $(1, t_2)$ 的 δ 邻域对一切 $(x, t) \in [0, 1] \cup [0, T]$ 是一致的.

注释 4.7 对上面所讨论的解所得到的结论是转移点 $x_0(t)$ 可超出到 $[a, b]$ 右边界外. 类似的结果对 $x_0(t)$ 超出到 $[a, b]$ 左边界外也是一样的, 或者既超出左边界又超出右边界 $x_0(t)$ 产生周期性的振荡.

4.5 抛物方程 Neumann 边值问题中的转移型空间对照结构

考虑数量奇异摄动抛物方程

$$\varepsilon^2 \left(\frac{\partial^2 u}{\partial x^2} - \frac{\partial u}{\partial t} \right) = f(u, x, t), \quad 0 < x < 1, \ t > 0, \quad (4.79)$$

其中 ε 是小参数, 初值条件

$$u(x, 0, \varepsilon) = u^0(x, \varepsilon), \quad 0 \leqslant x \leqslant 1, \quad (4.80)$$

Neumann 边值条件为

$$\frac{\partial u}{\partial x}(0, t, \varepsilon) = \frac{\partial u}{\partial x}(1, t, \varepsilon) = 0, \quad t > 0. \quad (4.81)$$

一般而言, 边值问题 (4.79)~(4.81) 的解在边界上会有边界层, 在区域内部会有内部层.

在一些数值计算的启发之后, 我们将对 (4.79)~(4.81) 右端为周期函数的初边值问题解结构的变化进行分析.

首先给出下面条件:

H 4.16　假设函数 $f : \mathbf{R} \times \mathbf{R} \times \mathbf{R} \longrightarrow \mathbf{R}$ 和 $u^0 : [0, 1] \times [0, \varepsilon_0] \longrightarrow \mathbf{R}$ 充分光滑, 其中 ε_0 是小的正数.

H 4.17　假设存在正数 T 使得

$$f(u, x, t) = f(u, x, t + T), \quad (u, x, t) \in \mathbf{R} \times \mathbf{R} \times \mathbf{R}.$$

H 4.18　假设退化方程 $f(u, x, t) = 0$ 在 $\mathbf{R} \times \mathbf{R} \times \mathbf{R}$ 中有三个根 $u = \varphi_i(x, t)$, $i = 0, 1, 2$, 满足

(1) 函数 $\varphi_i(x, t) : \mathbf{R} \times \mathbf{R}^+ \longrightarrow \mathbf{R}$ 充分光滑, 关于 t 周期为 T, $i = 0, 1, 2$.

(2) 不妨认为 $\varphi_1(x, t) < \varphi_0(x, t) < \varphi_2(x, t), (x, t) \in \mathbf{R} \times \mathbf{R}$.

(3) 并且要求 $\dfrac{\partial f}{\partial u}(\varphi_i(x, t), x, t) > 0$, $i = 1, 2$, $(x, t) \in \mathbf{R} \times \mathbf{R}$.

(4) 要求周期为 T 的函数 $x_0(t)$ 是方程 $I(x, t) = 0$ 的孤立根, 其中

$$I(x, t) = \int_{\varphi_1(x,t)}^{\varphi_2(x,t)} f(u, x, t) \, \mathrm{d}u, \tag{4.82}$$

并且

$$\frac{\partial I}{\partial x}(x_0(t), t) \neq 0, \quad 0 \leqslant t \leqslant T.$$

在研究初边值问题 (4.79)~(4.81) 的空间对照结构中 $x_0(t)$ 起着重要作用, 作为阶梯状空间对照结构, 记 (4.79)~(4.81) 的解为 $u(x, t, \varepsilon)$. 对于充分小的 ε, 其解当 $x < x_0(t)$ 时停留在 $\varphi_1(x, t)$(或 $\varphi_2(x, t)$) 附近, 当 $x > x_0(t)$ 时停留在 $\varphi_2(x, t)$(或 $\varphi_1(x, t)$) 附近, 即解在 $x_0(t)$ 附近快速地从 $\varphi_1(x, t)$ 变化到 $\varphi_2(x, t)$ (或者从 $\varphi_2(x, t)$ 变化到 $\varphi_1(x, t)$), 也就是在 $x_0(t)$ 的邻域处产生内部层, 点 $x_0(t)$ 称为转移点. 如果 $x_0(t)$ 满足

$$0 < x_0(t) < 1, \quad 0 \leqslant t \leqslant T, \tag{4.83}$$

则在假设 H4.17, H4.18 下, 边值问题 (4.79)~(4.81) 有渐近稳定的周期性空间对照结构解, 其中转移点 $x_0(t)$ 在 $(0, 1)$ 中也周期变化. 因此, 如果假设初始函数 $u_0(x, \varepsilon)$ 有阶梯状, 其转移点 $\tilde{x}_0$ 充分接近 $x_0(0)$, 则初边值问题 (4.79)~(4.81) 趋于一个周期的空间对照结构.

如果不等式 (4.83) 不成立, 即 $x_0(t)$ 越过了边界 $x = 1$ 或 $x = 0$, 则在条件 (4.83) 下得到的结果通常是错误的. 一些数值结果和形式分析结果表明, 如果条件 (4.83) 不满足, 在一些转移点处会产生不同时间尺度的新过程, 同时空间对照结构的类型将发生改变.

特别地, 我们将研究 (4.79)~(4.81) 的解 $u(t, x, \varepsilon)$ 从阶梯状空间对照结构的解到纯边界层解的转移.

先从数值研究着手, 考虑 (4.79) 右端函数为

$$f(u, x, t) = [u - \varphi_1(x)][u - \varphi_2(x)][u - \varphi_0(x, t)], \tag{4.84}$$

$$\varphi_0(x, t) = -0.5x + 0.63\sin(t + \alpha) + 0.25, \tag{4.85}$$

$$\varphi_{1,2} = \mp[(x - 0.5)^2 + 0.75], \tag{4.86}$$

其中常数 α 将在下面的过程中确定, 另外令 $\varepsilon^2 = 10^{-3}$.

有

$$I(x, t) = \frac{4}{3}[\varphi_1(x)]^2 \varphi_0(x, t).$$

这样 $I(x, t) = 0$ 等价于 $\varphi_0(x, t) = 0$. 对于给定 t, 点 $x_0(t)$ 表示为曲线 $u = \varphi_0(x, t)$ 与 x 轴的交点.

如果取 $\alpha = 0$, 则初始函数 $u^0(x, \varepsilon) = -\sin(2\pi x)$ 与 x 轴交于 $\tilde{x}_0 = x_0(0) = 0.5$. 在很小的一段时间后, 解呈现阶梯状, 这里不讨论这个过程. 随后这个阶梯状与转移点 $x_0(t)$ 一起向右移动, 这表明 $x_0(t)$ 移动的速率确定了阶梯状向右移动的速率. 数值计算告诉我们这个过程是慢转移的, 经过一段时间 $x_0(t)$ 越过边界 $x = 1$, 同时阶梯状空间对照结构变化为在 $\varphi_1(x)$ 附近只含有边界层的解.

同样取 $\alpha = 0$, 但初始函数 $u^0(x, \varepsilon)$ 在 $\tilde{x}_0 = 0.25$ 处有阶梯状, 其中 $x_0(0) - \tilde{x}_0 = 0.5 - \tilde{x}_0 = 0.25$ 不是小量. 在这种情况下, 根据数值计算结果, 解 $u(x, t, \varepsilon)$ 向右移动, 速率远大于 $x_0(t)$, 直到转移点达到 $x_0(t)$ (大约是 $t = 0.08$). 然后解就是缓慢地接近 φ_1, 我们称这种情况为快–慢转移.

如果其中 $\alpha = 5$, 它的特点是点 $x_0(0)$ 位于区间 $[0, 1]$ 之外. 在 $x > 1$, 初始函数 $u_0(x, \varepsilon)$ 有阶梯状, 与 x 轴交于 $\tilde{x}_0 = 0.5$. 可以看出解 $u(x, t, \varepsilon)$ 的阶梯状在 $x_0(t)$ 的方向上快速地向右移动, 当阶梯状移动到边界 $x = 1$ 时, 解就变化为一个位于 $\varphi_1(x)$ 附近的纯边界层解, 这种情况称为快转移.

下面将用上下解的方法来证明得到的结果. 记 $D = \{(x, t) : 0 < x < 1, 0 < t \leqslant T\}$, $I_{\varepsilon_0} = \{0 < \varepsilon \leqslant \varepsilon_0\}$.

定义 4.1　令 $\alpha(x, t, \varepsilon)$, $\beta(x, t, \varepsilon)$ 是 $\bar{D} \times \bar{I}_{\varepsilon_0}$ 到 **R** 上的连续映射, 它们关于 x 两次连续可微, 对 t 连续可微. 如果满足下面条件, 则称 $\alpha(x, t, \varepsilon)$, $\beta(x, t, \varepsilon)$ 是问题 (4.79)~(4.81) 的上下解:

(1) $\alpha(x, t, \varepsilon) \leqslant \beta(x, t, \varepsilon)$, $(x, t) \in \bar{D}$; $\qquad\qquad\qquad\qquad\qquad\qquad$ (4.87)

(2) $\varepsilon^2\left(\dfrac{\partial^2 \alpha}{\partial x^2} - \dfrac{\partial \alpha}{\partial t}\right) - f(\alpha, x, t, \varepsilon) \geqslant 0 \geqslant \varepsilon^2\left(\dfrac{\partial^2 \beta}{\partial x^2} - \dfrac{\partial \beta}{\partial t}\right) - f(\beta, x, t, \varepsilon)$, $(x, t) \in D$; $\quad$ (4.88)

(3) $\dfrac{\partial \alpha}{\partial x}(0, t, \varepsilon) \geqslant 0 \geqslant \dfrac{\partial \beta}{\partial x}(0, t, \varepsilon)$, $\dfrac{\partial \alpha}{\partial x}(1, t, \varepsilon) \leqslant 0 \leqslant \dfrac{\partial \beta}{\partial x}(1, t, \varepsilon)$, $0 \leqslant t \leqslant T$; $\quad$ (4.89)

(4) $\alpha(x, 0, \varepsilon) \leqslant u^0(x, \varepsilon) \leqslant \beta(x, 0, \varepsilon)$, $0 \leqslant x \leqslant 1$. $\qquad\qquad\qquad\qquad$ (4.90)

针对问题 (4.79)~(4.81), 如果存在上下解, 则有唯一解 $u(x,t,\varepsilon)$ 存在, 并满足下面不等式:

$$\alpha(x,t,\varepsilon) \leqslant u(x,t,\varepsilon) \leqslant \beta(x,t,\varepsilon).$$

注释 4.8　如果 α, β 关于 x 分段两次连续可微, 则要求 α, β 对 x 的一阶导数满足如下条件, $0 < \bar{x}(t) < 1$,

$$\frac{\partial \alpha}{\partial x}(\bar{x}(t) + 0, t, \varepsilon) \geqslant \frac{\partial \alpha}{\partial x}(\bar{x}(t) - 0, t, \varepsilon),$$
$$\frac{\partial \beta}{\partial x}(\bar{x}(t) + 0, t, \varepsilon) \geqslant \frac{\partial \beta}{\partial x}(\bar{x}(t) - 0, t, \varepsilon).$$

在条件 H4.16~H4.18 之下, 边值问题 (4.79)~(4.81) 可以存在两个不同的渐近稳定的周期解. 当 $\varepsilon \to 0$ 时, 一个解趋于 $\varphi_1(x,t)$, 另一个趋于 $\varphi_2(x,t)$. 下面的结果可以由上下解来得到.

命题 4.1　假设条件 H4.16~H4.18 成立, 则存在充分小的正数 ε_0, 使得对 $0 < \varepsilon < \varepsilon_0$ 边值问题 (4.79)~(4.81) 至少存在两个周期为 T 的解 $u_i(x,t,\varepsilon), i = 1, 2$, 且它们是渐近稳定的, 对任意固定的 $(x,t) \in [0,1] \times \mathbf{R}$ 有

$$\lim_{\varepsilon \to 0} u_i(x,t,\varepsilon) = \varphi_i(x,t), \quad i = 1, 2,$$

并且还有

$$S_{i,\varepsilon}^{\gamma} = \{(u,x,t) \mid \varphi_i(x,t) - \gamma\varepsilon < u < \varphi_i(x,t) + \gamma\varepsilon, \ 0 \leqslant x \leqslant 1, \ 0 \leqslant t \leqslant T\},$$

其中 γ 是正常数, 要求 $S_{i,\varepsilon}^{\gamma}$ 属于 $u_i(x,t,\varepsilon)$ 的吸引域.

由命题 4.1 得到的周期解对充分小的 ε 虽然含有边界层 (因为 $\varphi_i(x,t)$ 通常不满足边界条件 (4.81)), 但不含有任何的内部层.

为了使得边值问题 (4.79)~(4.81) 存在含有内部层的周期解, 需要用到 (4.82) 中的函数 $I(x,t)$.

H 4.19　假设方程

$$I(x,t) = 0$$

在 $[0,1] \times \mathbf{R}$ 中存在唯一的周期为 T 的光滑解 $x = x_0(t)$, 且对任意的 $t \in [0,T]$ 满足

(1) $0 < x_0(t) < 1$;

(2) $\dfrac{\partial}{\partial x} I(x_0(t), t) < 0$.

命题 4.2 在命题 4.1 的假设和 H4.19 下, 存在充分小的正数 ε_0, 使得对 $0 < \varepsilon < \varepsilon_0$ 边值问题 (4.79)~(4.81) 至少有三个周期解. 其中两个周期解如命题 4.1 中所描述的一样, 而第三个解 $u_3(x, t, \varepsilon)$ 表现为一个渐近稳定的周期的空间对照结构, 满足对任意固定的 $(x, t) \in [0, 1] \times \mathbf{R}$ 有

$$\lim_{\varepsilon \to 0} u_3(x, t, \varepsilon) = \begin{cases} \varphi_1(x, t), & 0 \leqslant x \leqslant x_0(t), \\ \varphi_2(x, t), & x_0(t) \leqslant x \leqslant 1. \end{cases}$$

即在 $x_0(t)$ 处产生内部层.

命题 4.2 的证明同样基于微分不等式方法.

注释 4.9 如果把条件 H4.19 中的 (2) 改为 $\dfrac{\partial}{\partial x} I(x_0(t), t) > 0$, 则同样可以证明存在另一个周期空间对照结构解 $u_4(x, t, \varepsilon)$, 并且有

$$\lim_{\varepsilon \to 0} u_4(x, t, \varepsilon) = \begin{cases} \varphi_2(x, t), & 0 \leqslant x \leqslant x_0(t), \\ \varphi_1(x, t), & x_0(t) \leqslant x \leqslant 1. \end{cases}$$

在下节中将考虑初边值问题 (4.79)~(4.81), 而且假设 $x_0(t)$ 可以穿过边界 $x = 1$.

4.5.1 从阶梯状空间对照结构到纯边界层解的慢转移

下面将讨论初边值问题 (4.79)~(4.81), 并附加条件

H 4.20 方程

$$I(x, t) = 0$$

在 $\mathbf{R} \times \mathbf{R}$ 中有唯一光滑周期解 $x = x_0(t)$, 且满足

(1) $\dfrac{\partial}{\partial x} I(x_0(t), t) < 0$;

(2) $0 < x_0(0) < 1$;

(3) 存在 $t_1 > 0$, 使得对 $t \in [0, t_1]$, 有 $\dfrac{\mathrm{d}}{\mathrm{d}t} x_0(t) \geqslant 0$, 且 $x_0(t_1) > 1$.

我们的目标是在条件 H4.16~H4.20 之下, 且初始函数 $u^0(x, \varepsilon)$ 具有某种内部转移层时, 证明初边值问题 (4.79)~(4.81) 当 $t \to +\infty$ 时, 有唯一渐近稳定周期的空间对照结构解 $u(x, t, \varepsilon)$.

证明的主要方法是基于构造有序的上下解. 为此构造边值问题 (4.79)~(4.81) 当 $x_0(t) \in (0, 1)$ 时在 $x_0(t)$ 附近有阶梯状内部层的上下解 $\beta(x, t, \varepsilon), \alpha(x, t, \varepsilon)$. 而初始函数所需满足的条件将在构造上下解过程中给出.

根据条件 H4.20, 存在充分小的 $\delta > 0$ 与 t_0 使得 $0 < x_0(0) \leqslant x_0(t) \leqslant 1 - \delta_0$, $0 \leqslant t \leqslant t_0$. 我们在 $0 \leqslant t \leqslant t_0$ 上构造 (4.79)~(4.81) 的上下解, 上下解与 $\varphi_1(x, t), \varphi_2(x, t)$ 有关, 在 t 时刻转移层的位置由 $x_0(t)$ 决定.

$$\beta(x, t, \varepsilon) = u_{0\beta}(x, t) + \gamma\varepsilon + Q_{0\beta}u(\xi_\beta, t) + \varepsilon Q_{1\beta}u(\xi_\beta, t) + \varepsilon(\mathrm{e}^{-\kappa\xi_0} + \mathrm{e}^{-\kappa\xi_1}), \quad (4.91)$$

$$\alpha(x, t, \varepsilon) = u_{0\alpha}(x, t) - \gamma\varepsilon + Q_{0\alpha}u(\xi_\alpha, t) + \varepsilon Q_{1\alpha}u(\xi_\alpha, t) - \varepsilon(\mathrm{e}^{-\kappa\xi_0} + \mathrm{e}^{-\kappa\xi_1}), \quad (4.92)$$

其中

$$u_{0\alpha}(x,t) = \begin{cases} \varphi_1(x,t), & 0 \leqslant x \leqslant x_\alpha(t), \\ \varphi_2(x,t), & x_\alpha(t) \leqslant x \leqslant 1, \end{cases}$$

$$u_{0\beta}(x,t) = \begin{cases} \varphi_1(x,t), & 0 \leqslant x \leqslant x_\beta(t), \\ \varphi_2(x,t), & x_\beta(t) \leqslant x \leqslant 1, \end{cases}$$

$$x_\alpha(t) = x_0(t) + \delta, \quad x_\beta(t) = x_0(t) - \delta,$$

这里 δ 是与 ε 无关的充分小的正数, 满足 $0 < \delta < \delta_0$. 函数 $Q_{i\alpha}u$, $Q_{i\beta}u$, $i = 1,2$, 是描述从 φ_1 转移到 φ_2 的内部层函数. 为了确定它们, 需要考虑下面的常微分方程边值问题, 其中 t 是参数, 而函数 $Q_{0\beta}^{(-)}u(\xi_\beta, t)$ 是下面问题的解, $\xi_\beta = (x - x_\beta(t))/\varepsilon$,

$$\begin{cases} \dfrac{\mathrm{d}^2}{\mathrm{d}\xi_\beta^2} Q_{0\beta}^{(-)}u = f(\varphi_1(x_\beta(t),t) + Q_{0\beta}^{(-)}u(x_\beta(t),t)), & \xi_\beta < 0, \\ Q_{0\beta}^{(-)}u(0,t) = \varphi_0(x_\beta(t),t) - \varphi_1(x_\beta(t),t), \quad Q_{0\beta}^{(-)}u(-\infty,t) = 0. \end{cases} \tag{4.93}$$

在条件 H4.16$\sim$ H4.20 下该边值问题在 $\xi_\beta \leqslant 0, t \geqslant 0$ 上有解 $Q_{0\beta}^{(-)}u(\xi_\beta, t)$, 且指数衰减. $Q_{0\beta}^{(+)}u$ 是下面问题的解:

$$\begin{cases} \dfrac{\mathrm{d}^2}{\mathrm{d}\xi_\beta^2} Q_{0\beta}^{(+)}u = f(\varphi_2(x_\beta(t),t) + Q_{0\beta}^{(+)}u(x_\beta(t),t)), & \xi_\beta < 0, \\ Q_{0\beta}^{(+)}u(0,t) = \varphi_0(x_\beta(t),t) - \varphi_2(x_\beta(t),t), \quad Q_{0\beta}^{(+)}u(-\infty,t) = 0. \end{cases} \tag{4.94}$$

函数 $Q_{1\beta}^{(-)}u(\xi_\beta, t)$ 和 $Q_{1\beta}^{(+)}u(\xi_\beta, t)$ 分别是下面边值问题的解:

$$\begin{cases} \dfrac{\mathrm{d}^2}{\mathrm{d}\xi_\beta^2} Q_{1\beta}^{(-)}u = f_u(\varphi_1(x_\beta(t),t) + Q_{0\beta}^{(-)}u(x_\beta(t),t))Q_{1\beta}^{(-)}u + h_1^{(-)}(\xi_\beta), & \xi_\beta < 0, \\ Q_{1\beta}^{(-)}u(0,t) = -\gamma, \quad Q_{1\beta}^{(-)}u(-\infty,t) = 0, \end{cases} \tag{4.95}$$

以及

$$\begin{cases} \dfrac{\mathrm{d}^2}{\mathrm{d}\xi_\beta^2} Q_{1\beta}^{(+)}u = f_u(\varphi_2(x_\beta(t),t) + Q_{0\beta}^{(+)}u(x_\beta(t),t))Q_{1\beta}^{(+)}u + h_1^{(+)}(\xi_\beta), & \xi_\beta < 0, \\ Q_{1\beta}^{(+)}u(0,t) = -\gamma, \quad Q_{1\beta}^{(+)}u(-\infty,t) = 0, \end{cases} \tag{4.96}$$

其中

$$\begin{aligned} h_1^{(-)}(\xi_\beta) = {} & \left[f_u(\varphi_1(x_\beta(t),t) + Q_{0\beta}^{(-)}u(\xi_\beta,t), x_\beta(t),t)\frac{\partial\varphi_1}{\partial x}(x_\beta(t),t) \right. \\ & \left. + f_x(\varphi_1(x_\beta(t),t) + Q_{0\beta}^{(-)}u(\xi_\beta,t), x_\beta(t),t) \right]\xi_\beta \\ & + \gamma[f_u(\varphi_1(x_\beta(t),t) + Q_{0\beta}^{(-)}u(\xi_\beta,t), x_\beta(t),t) - f_u(\varphi_1(x_\beta(t),t), x_\beta(t),t)]. \end{aligned}$$

可类似定义 $h_1^{(+)}(\xi_\beta)$, 并且 $Q_{0\beta}^{(\mp)}u$, $Q_{1\beta}^{(\mp)}u$ 都是指数衰减的.

利用 (4.93)~(4.96) 可以得到 $Q_{i\beta}u(\xi_\beta,t)$, $i=1,2$, 其中

$$Q_{i\beta}u(\xi_\beta,t) = \begin{cases} Q_{i\beta}^{(-)}u(\xi_\beta,t), & \xi_\beta < 0, \\ Q_{i\beta}^{(+)}u(\xi_\beta,t), & \xi_\beta > 0. \end{cases}$$

类似地可以定义函数 $Q_{i\alpha}u(\xi_\alpha,t)$, $i=1,2$, 其中 $\xi_\alpha = (x-x_\alpha(t))/\varepsilon$. (4.91) 和 (4.92) 中的项 $\mathrm{e}^{-\kappa\xi_0}$ 和 $\mathrm{e}^{-\kappa\xi_1}$ ($\xi_0 = x/\varepsilon, \xi_1 = (1-x)/\varepsilon$) 是为了保证在边界 $x=0, x=1$ 处满足不等式 (4.89), κ, γ 是适当的正数.

容易验证, 在给出的假设下 (4.91), (4.92) 中的函数 α, β 是初边值问题 (4.79)~(4.81) 的有序上下解, $0 \leqslant t \leqslant t_0, 0 \leqslant x \leqslant 1$, 因此问题 (4.79)~(4.81) 在区间 $[0, t_0]$ 上有唯一解, 且在 $x_0(t)$ 处有内部层.

通过构造好的上下解, 我们给出初始函数 $u_0(x,\varepsilon)$ 所满足的条件

H 4.21 函数 $u^0(x,\varepsilon) : [0,1] \times [0, \varepsilon_0] \to \mathbf{R}$ 充分光滑, 且满足

$$\alpha(x, 0, \varepsilon) \leqslant u^0(x, \varepsilon) \leqslant \beta(x, 0, \varepsilon),$$

其中 α, β 由 (4.91),(4.92) 定义.

可以证明在满足条件 H4.17~H4.21 之下, 初边值问题 (4.79)~(4.81) 在 $0 \leqslant t \leqslant t_0$ 上存在具有内部层的唯一解 $u(x, t, \varepsilon)$. 下面我们在区间 $[0, t_1]$ 上考虑, 其中 t_1 为条件 H4.20 中所定义, 不妨设 $x_0(t_1) = 1 + \eta$, 其中 η 是小正数. 为此在区间 $[t_0, t_1]$ 上引进下解 $\tilde{\alpha}$,

$$\tilde{\alpha}(x, t, \varepsilon) = \varphi_1(x, t) - \gamma\varepsilon - \varepsilon(\mathrm{e}^{-\kappa\xi_0} + \mathrm{e}^{-\kappa\xi_1}).$$

与 (4.92) 中 $\alpha(x, t, \varepsilon)$ 相比, $\tilde{\alpha}$ 没有中间层, 很容易验证它满足下解的条件.

我们仍然把 (4.91) 中的 $\beta(x, t, \varepsilon)$ 作为上解. 在边界 $x=1$ 处, 有

$$\frac{\partial\beta}{\partial x}(1, t, \varepsilon) = \frac{\partial\varphi_2}{\partial x}(1, t) + \frac{1}{\varepsilon}\frac{\partial}{\partial\xi_\beta}Q_{0\beta}u\Big|_{x=1} + \kappa + O(\varepsilon) + \frac{\partial}{\partial\xi_\beta}Q_{1\beta}u\Big|_{x=1}. \quad (4.97)$$

对充分大的 κ, 因为 $\dfrac{\partial\varphi_2}{\partial x}(x, t)$ 和 $\dfrac{\partial}{\partial\xi}Q_{1\beta}u(\xi_\beta,t)$ 有界, $\dfrac{\partial}{\partial\xi}Q_{0\beta}u(\xi_\beta,t)$ 总是正的, 所以这个表达式是非负的. 因此得到在区域 $[0, t_1] \times [0, 1]$ 上初边值问题 (4.79)~(4.81) 有唯一解. 如果取 δ, 使得 $x_0(t_1) - \delta > 1$, 考虑到 $Q_{i\beta}u(\xi_\beta)$ 是指数衰减的, 则对充分小的 ε, 解 $u(x, t, \varepsilon)$ 位于渐近稳定周期解 $u_1(x, t, \varepsilon)$ 的吸引域上. 这样, 当 $t \to \infty$ 时, 解 $u(x, t, \varepsilon)$ 趋于 $u_1(x, t, \varepsilon)$, 因此当 $t > t_1$ 时没有内部层, 为纯边界层, 因此有下面定理.

定理 4.13　　如果条件 H4.16∼ H4.21 成立, 则存在充分小的正数 ε_0, 当 $0 < \varepsilon \leqslant \varepsilon_0$ 时, 初边值问题 (4.79)∼(4.81) 有唯一解 $u(x,t,\varepsilon)$ 满足

$$\lim_{t \to +\infty}[u(x,t,\varepsilon) - u_1(x,t,\varepsilon)] = 0, \quad 0 \leqslant x \leqslant 1,$$

其中 u_1 是命题 4.1 中的周期为 T 的解.

注释 4.10　　从定理的证明可以看出, 对任意固定的 $t \in [0,\tilde{t}]$, 其中 $x_0(\tilde{t}) = 1$, 解 $u(x,t,\varepsilon)$ 在 $x_0(t)$ 处有内部层. 对任意固定的 $t > \tilde{t}$, $u(x,t,\varepsilon)$ 没有内部层仅有纯边界层.

4.5.2　从阶梯状空间对照结构到纯边界层解的快转移

本小节将在下面条件下考虑初边值问题 (4.79)∼(4.81):

H 4.22　　假设 $I(x,0) > 0$, $0 \leqslant x \leqslant 1$.

条件 H4.22 表明 $x_0(0)$ 位于区间 $[0,1]$ 以外, 对于 $I(x,0) < 0$ 的情况可以类似讨论.

数值计算表明在条件 H4.22 下, (4.79)∼(4.81) 的解 $u(x,t,\varepsilon)$ 从转移点在 $\tilde{x}_0 \in (0,1)$ 的阶梯状初始函数 $u^0(x,\varepsilon)$ 非常快地沿 $x_0(t)$ 方向移动到边界. 在内部层达到边界后, 解 $u(x,t,\varepsilon)$ 从空间对照结构变化为纯边界层解. 下面我们要证明这个结果. 因此, 我们首先构造边值问题 (4.79)∼(4.81) 的具有阶梯状的形式渐近解. 第二步, 我们利用渐近解来构造上下解并证明解的存在性.

1. 形式渐近解

在 (4.79)∼(4.81) 中, 对 t 作尺度变换, 令 $\tau = t/\varepsilon$, 考虑 τ 在有限区间上的边值问题

$$\begin{cases} \varepsilon^2 \dfrac{\partial^2 u}{\partial x^2} - \varepsilon \dfrac{\partial u}{\partial \tau} = f(u, x, \varepsilon\tau), & \tau \in (0, \tilde{\tau}),\ 0 < x < 1, & (4.98) \\[2mm] \dfrac{\partial u}{\partial x}(0, \varepsilon\tau, \varepsilon) = \dfrac{\partial u}{\partial x}(1, \varepsilon\tau, \varepsilon) = 0, & \tau \in (0, \tilde{\tau}), & (4.99) \end{cases}$$

这里 $\tilde{\tau}$ 是正数. 下面构造该边值问题的阶梯状形式渐近解, 为此记 (4.98), (4.99) 解 $u(x,\tau,\varepsilon)$ 的内部层转移点位置是 $\hat{x}(\tau,\varepsilon)$, 它具有渐近展开式

$$\hat{x}(\tau,\varepsilon) = \hat{x}_0(\tau) + \varepsilon \hat{x}_1(\tau) + \cdots. \quad (4.100)$$

引入记号

$$\rho(x,\tau,\varepsilon) = (x - \hat{x}(\tau,\varepsilon))/\varepsilon, \quad \rho_0 = x/\varepsilon, \quad \rho_1 = (1-x)/\varepsilon,$$
$$\bar{D}^{(-)} = \{(x,\tau) \in \mathbf{R}^2 : 0 \leqslant x \leqslant \hat{x}(\tau,\varepsilon),\ 0 \leqslant \tau \leqslant \tilde{\tau}\}, \quad (4.101)$$
$$\bar{D}^{(+)} = \{(x,\tau) \in \mathbf{R}^2 : \hat{x}(\tau,\varepsilon) \leqslant x \leqslant 1,\ 0 \leqslant \tau \leqslant \tilde{\tau}\}.$$

首先在 $\bar{D}^{(-)}$ 上考虑边值问题

$$\begin{cases} \varepsilon^2 \dfrac{\partial^2 u}{\partial x^2} - \varepsilon \dfrac{\partial u}{\partial \tau} = f(u, x, \varepsilon\tau), \quad \tau \in (0, \tilde{\tau}),\ 0 < x \leqslant \hat{x}(\tau, \varepsilon), & (4.102) \\[2mm] \dfrac{\partial u}{\partial x}(0, \varepsilon\tau, \varepsilon) = 0, \quad u(\hat{x}(\tau, \varepsilon), \varepsilon\tau, \varepsilon) = \varphi_0(\hat{x}(\tau, \varepsilon), \varepsilon\tau), \quad \tau \in (0, \tilde{\tau}). & (4.103) \end{cases}$$

假设该问题有形式渐近解

$$\begin{aligned} U^{(-)}(x, \tau, \varepsilon) &= \bar{u}^{(-)}(x, \tau, \varepsilon) + Q^{(-)}u(\rho, \tau, \varepsilon) + L(\rho_0, \tau, \varepsilon) \\ &= \sum_{i=0}^{\infty} \varepsilon^i [\bar{u}_i^{(-)}(x, \tau) + Q_i^{(-)}u(\rho, \tau) + L_i(\rho_0, \tau)]. \end{aligned} \quad (4.104)$$

再在 $\bar{D}^{(+)}$ 上考虑边值问题

$$\begin{cases} \varepsilon^2 \dfrac{\partial^2 u}{\partial x^2} - \varepsilon \dfrac{\partial u}{\partial \tau} = f(u, x, \varepsilon\tau), \quad \tau \in (0, \tilde{\tau}),\ \hat{x}(\tau, \varepsilon) < x \leqslant 1, & (4.105) \\[2mm] \dfrac{\partial u}{\partial x}(1, \varepsilon\tau, \varepsilon) = 0, \quad u(\hat{x}(\tau, \varepsilon), \varepsilon\tau, \varepsilon) = \varphi_0(\hat{x}(\tau, \varepsilon), \varepsilon\tau), \quad \tau \in (0, \tilde{\tau}), & (4.106) \end{cases}$$

形式渐近解为

$$\begin{aligned} U^{(+)}(x, \tau, \varepsilon) &= \bar{u}^{(+)}(x, \tau, \varepsilon) + Q^{(+)}u(\rho, \tau, \varepsilon) + R(\rho_1, \tau, \varepsilon) \\ &= \sum_{i=0}^{\infty} \varepsilon^i [\bar{u}_i^{(+)}(x, \tau) + Q_i^{(+)}u(\rho, \tau) + R_i(\rho_1, \tau)]. \end{aligned} \quad (4.107)$$

在 (4.102), (4.105) 中令 $\varepsilon = 0$, 得到正则解的零次近似方程

$$f(\bar{u}_0(x, \tau), x, 0) = 0.$$

根据条件 H4.18 有

$$\bar{u}_0(x, \tau) = \begin{cases} \bar{u}_0^{(-)}(x, \tau) = \varphi_1(x, 0), & (x, \tau) \in \bar{D}^{(-)}, \\ \bar{u}_0^{(+)}(x, \tau) = \varphi_2(x, 0), & (x, \tau) \in \bar{D}^{(+)}. \end{cases}$$

我们利用形式解 $U^{(-)}$, $U^{(+)}$ 的导数连续条件来确定 (4.100) 中的系数 $\hat{x}_k(\tau)$, 即

$$\varepsilon \frac{\partial}{\partial x} U^{(-)}(x, \tau, \varepsilon) = \varepsilon \frac{\partial}{\partial x} U^{(+)}(x, \tau, \varepsilon), \quad x = \hat{x}(\tau, \varepsilon). \quad (4.108)$$

为简单起见, 用 (4.101) 中的变量 ρ 将算子

$$L \equiv \varepsilon^2 \frac{\partial^2}{\partial x^2} - \varepsilon \frac{\partial}{\partial \tau}$$

重写为

$$L \equiv \frac{\partial^2}{\partial \rho^2} + v(\tau, \varepsilon) \frac{\partial}{\partial \rho} - \varepsilon \frac{\partial}{\partial \tau}, \quad (4.109)$$

其中 $v(\tau, \varepsilon) = \dfrac{\partial \hat{x}}{\partial \tau}(\tau, \varepsilon)$.

在 (4.109) 中令 $\varepsilon = 0$, 可以得到内部层函数的零次近似 $Q_0^{(\mp)} u$ 的边值问题 $(v_0(\tau) = \hat{x}_0'(\tau))$

$$
\begin{cases}
\dfrac{\mathrm{d}^2}{\mathrm{d}\rho^2} Q_0^{(\mp)} u + v_0(\tau) \dfrac{\mathrm{d}}{\mathrm{d}\rho} Q_0^{(\mp)} u = f(\varphi_{1,2}(\hat{x}_0(\tau), 0) + Q_0^{(\mp)} u, \hat{x}_0(\tau), 0), \\
Q_0^{(\mp)} u(\mp\infty, \tau) = 0, \quad Q_0^{(\mp)} u(0, \tau) = \varphi_0(\hat{x}_0(\tau), 0) - \varphi_{1,2}(\hat{x}_0(\tau), 0).
\end{cases} \quad (4.110)
$$

记

$$
\tilde{Q}_0(\rho, \tau) = \begin{cases}
\varphi_1(\hat{x}_0(\tau), 0) + Q_0^{(-)} u(\rho, \tau), & \rho < 0, \\
\varphi_2(\hat{x}_0(\tau), 0) + Q_0^{(+)} u(\rho, \tau), & \rho \geqslant 0,
\end{cases}
$$

这样 (4.110) 可写为

$$
\begin{cases}
\dfrac{\mathrm{d}^2}{\mathrm{d}\rho^2} \tilde{Q}_0 + v_0(\tau) \dfrac{\mathrm{d}}{\mathrm{d}\rho} \tilde{Q}_0 = f(\tilde{Q}_0, \hat{x}_0(\tau), 0), \quad \rho \in \mathbf{R}, \\
\tilde{Q}_0(0, \tau) = \varphi_0(\hat{x}_0(\tau), 0), \quad \tilde{Q}_0(-\infty, \tau) = \varphi_1(\hat{x}_0(\tau), 0), \\
\tilde{Q}_0(+\infty, \tau) = \varphi_2(\hat{x}_0(\tau), 0).
\end{cases} \quad (4.111)
$$

可见边值问题 (4.111) 的解是连接鞍点 $(\varphi_1, 0)$ 和 $(\varphi_2, 0)$ 的异宿轨道. 从已知结果可得 (4.111) 有解, 并且

$$
v_0(\tau) \equiv x_0'(\tau) = I(\hat{x}_0(\tau), 0) \left[\int_{-\infty}^{+\infty} \left(\frac{\partial}{\partial \rho} \tilde{Q}_0 \right)^2 \mathrm{d}\rho \right]^{-1}. \quad (4.112)
$$

当给定初值 $\hat{x}_0(0)$ 时, (4.112) 是确定 $\hat{x}_0(\tau)$ 的微分方程.

由 (4.108) 的零次条件可得

$$
\frac{\partial}{\partial \rho} Q_0^{(-)} u(0, \tau) = \frac{\partial}{\partial \rho} Q_0^{(+)} u(0, \tau),
$$

从问题 (4.110) 可知该条件是满足的.

在 (4.104), (4.107) 中的边界层函数 L, R 可以由边界层函数法得到, 在此不作考虑. 下面将确定渐近展开 (4.104) , (4.107) 的一次近似项. 比较 (4.98) 一阶项系数, 可得

$$
\bar{u}_1^{(-)}(x, \tau) = \frac{f_t(\varphi_1(\hat{x}_0(\tau), 0), \hat{x}_0(\tau), 0)}{f_u(\varphi_1(\hat{x}_0(\tau), 0), \hat{x}_0(\tau), 0)} \tau.
$$

同理, 将 φ_1 换为 φ_2 就能得到 $\bar{u}_1^{(+)}(x, \tau)$.

对于 $Q_1^{(-)}u$ 得到边值问题

$$\begin{cases} \dfrac{\mathrm{d}^2}{\mathrm{d}\rho^2}Q_1^{(-)}u + v_0(\tau)\dfrac{\mathrm{d}}{\mathrm{d}\rho}Q_1^{(-)}u - f_u(\tilde{Q}_0,\hat{x}_0(\tau),0)Q_1^{(-)}u = f_1^{(-)}(\rho,\tau), \quad \rho < 0, & (4.113) \\ Q_0^{(-)}u(-\infty,\tau) = 0, \quad Q_1^{(-)}u(0,\tau) = g_1^{(-)}(\tau), & (4.114) \end{cases}$$

其中

$$g_1^{(-)}(\tau) \equiv -\bar{u}_1(\hat{x}_0(\tau),\tau) + \left[\frac{\partial\varphi_0}{\partial t}(\hat{x}_0(\tau),0) - \varphi_1(\hat{x}_0(\tau),0)\right]\tau \\ + \left[\frac{\partial\varphi_0}{\partial x}(\hat{x}_0(\tau),0) - \frac{\partial\varphi_1}{\partial x}(\hat{x}_0(\tau),0)\right]\hat{x}_1(\tau)$$

$$f_1^{(-)}(\rho,\tau) \equiv -v_1(\tau)\frac{\partial}{\partial\rho}Q_0u(\rho,\tau) + \frac{\partial}{\partial\tau}Q_0u(\rho,\tau) + f_u^0\bar{u}_1^{(-)}(x,\tau) \\ + [\hat{x}_1(\tau)+\rho]\left[f_i^0\frac{\partial\varphi_1}{\partial x}(\hat{x}_0(\tau),0) + f_x^0\right] + f_t^0\tau. \tag{4.115}$$

这里上标为 0 表示导数在点 $(\tilde{Q}_0(\rho,\tau),\hat{x}_0(\tau),0)$ 处取值, 而 $v_1(\tau) = \hat{x}_1'(\tau)$.

类似地可以得到 $Q_1^{(\mp)}u$ 的精确表达式

$$Q_1^{(\mp)}u(\rho,\tau) \\ = g_1^{(\mp)}\frac{\phi(\rho,\tau)}{\phi(0,\tau)} - \phi(\rho,\tau)\int_0^\rho \phi^{-2}(\eta,\tau)\mathrm{e}^{-v_0(\tau)\eta}\int_\eta^{\mp\infty}\phi(\sigma,\tau)\mathrm{e}^{v_0(\tau)\sigma}f_1^{(\mp)}(\sigma,\tau)\mathrm{d}\sigma\mathrm{d}\eta, \tag{4.116}$$

其中

$$\phi(\rho,\tau) = \frac{\partial\tilde{Q}_0}{\partial\rho}(\rho,\tau) > 0.$$

导数连续 (4.108) 的一次条件为

$$\frac{\partial\varphi_1}{\partial x}(\hat{x}_0(\tau),0) + \frac{\partial}{\partial\rho}Q_1^{(-)}u(0,\tau) = \frac{\partial\varphi_2}{\partial x}(\hat{x}_0(\tau),0) + \frac{\partial}{\partial\rho}Q_1^{(+)}u(0,\tau). \tag{4.117}$$

将 (4.116) 代入 (4.117), 利用 (4.114), (4.115) 可以将条件 (4.117) 化为关于 $v_1(\tau)$ 的线性代数方程. 这样, 只要 f 充分光滑, 就能构造任意次的渐近解.

2. 上下解的构造

在 τ 的有限区间上转移层快变化的上下解构造类似于上节的做法.

从 (4.112) 可以看出对于任意给定的 $\hat{x}_0(0) \in (0,1)$, 能确定 $\hat{x}_0(\tau)$. 在条件 H4.18 下, 只要 $\hat{x}_0(\tau)$ 在区间 $[0,1]$ 上, $\hat{x}_0'(\tau)$ 就是正的. 因此, 在光滑性假设下, 存在正数

$\hat{\tau}$, 使得 $\hat{x}_0(\hat{\tau}) > 1$. 令 $\tau^* \in (0, \hat{\tau})$ 使得 $\hat{x}_0(\tau^*) = 1 - \delta_1$, 其中 δ_1 是适当小的正数. 通过 $\hat{x}_0(\tau)$ 在 $0 \leqslant \tau \leqslant \tau^*$ 上构造边值问题 (4.98), (4.99) 的上下解,

$$\alpha(x,\tau,\varepsilon) = \bar{u}_{0\alpha}(x,\tau) + \varepsilon(\bar{u}_1(x,\tau) - \gamma) + Q_{0\alpha}u(\rho_\alpha,\tau)$$
$$+ \varepsilon Q_{1\alpha}u(\rho_\alpha,\tau) - \varepsilon(e^{-\kappa\rho_0} + e^{-\kappa\rho_1}),$$
$$\beta(x,\tau,\varepsilon) = \bar{u}_{0\beta}(x,\tau) + \varepsilon(\bar{u}_1(x,\tau) + \gamma) + Q_{0\beta}u(\rho_\beta,\tau)$$
$$+ \varepsilon Q_{1\beta}u(\rho_\beta,\tau) - \varepsilon(e^{-\kappa\rho_0} + e^{-\kappa\rho_1}). \tag{4.118}$$

这里

$$\bar{u}_{0\alpha} = \begin{cases} \varphi_1(x,0), & 0 \leqslant x \leqslant x_\alpha(\tau), \\ \varphi_2(x,0), & x_\alpha(\tau) \leqslant x \leqslant 1, \end{cases}$$

$$\bar{u}_{0\beta} = \begin{cases} \varphi_1(x,0), & 0 \leqslant x \leqslant x_\beta(\tau), \\ \varphi_2(x,0), & x_\beta(\tau) \leqslant x \leqslant 1, \end{cases}$$

其中 $x_\alpha(\tau) = \hat{x}_0(\tau) + \tilde{\delta}$, $x_\beta(\tau) = \hat{x}_0(\tau) - \tilde{\delta}$, $\tilde{\delta}$ 是充分小的正数, 满足 $\hat{x}_0(\tau) + \tilde{\delta} \leqslant 1 - \delta_1$, $0 \leqslant \tau \leqslant \tau^*$.

函数 $Q_{0\beta}u(\rho_\beta,\tau)$ 的确定类似于 (4.110) 的边值问题

$$\begin{cases} \dfrac{d^2}{d\rho_\beta^2}Q_{0\beta}^{(\mp)}u + v_{0\beta}(\tau)\dfrac{d}{d\rho_\beta}Q_{0\beta}^{(\mp)}u = f(\varphi_{1,2}(x_\beta(\tau),0) + Q_{0\beta}^{(\mp)}u, x_\beta(\tau),0), \\ Q_{0\beta}^{(\mp)}u(\mp\infty,\tau) = 0, \quad Q_{0\beta}^{(\mp)}u(0,\tau) = \varphi_0(x_\beta(\tau),0) - \varphi_{1,2}(x_\beta(\tau),0), \end{cases} \tag{4.119}$$

其中

$$v_{0\beta} = I(x_\beta(\tau),0)\Big/\left[\int_{-\infty}^{+\infty}\left(\frac{\partial Q_0 u}{\partial\rho}\right)^2(\rho,x_\beta(\tau))d\rho\right]^{-1} - \delta_v,$$

δ_v 是充分小的常数, 而 $\rho_\beta = (x - x_\beta(\tau))/\varepsilon$. 同样可以定义函数 $Q_{0\alpha}u(\rho_\alpha,\tau)$, 只要将 (4.119) 中的 $x_\beta(\tau),\rho_\beta,v_{0\beta}$ 换为 $x_\alpha(\tau),\rho_\alpha = (x - x_\alpha(\tau))/\varepsilon$,

$$v_{0\alpha} = I(x_\alpha(\tau),0)\Big/\left[\int_{-\infty}^{+\infty}\left(\frac{\partial Q_0 u}{\partial\rho}\right)^2(\rho,x_\alpha(\tau))d\rho\right]^{-1} + \delta_v.$$

对于 $Q_{1\beta}u$ 有类似于 (4.113)~(4.115) 的边值问题:

$$\begin{cases} \dfrac{d^2}{d\rho_\beta^2}Q_{1\beta}^{(-)}u + v_0(\tau)\dfrac{d}{d\rho_\beta}Q_{1\beta}^{(-)}u - f_u(\tilde{Q}_{0\beta},x_\beta(\tau),0)Q_{1\beta}^{(-)}u = f_1^{(-)}(\rho_\beta,\tau), \quad \rho_\beta < 0, \\ Q_{1\beta}^{(-)}u(-\infty,\tau) = 0, \quad Q_{1\beta}^{(-)}u(0,\tau) = -\bar{u}_1(x_\beta(\tau),\tau) + \left[\dfrac{\partial\varphi_0}{\partial t}(x_\beta(\tau),0) - \varphi_1(x_\beta(\tau),0)\right]\tau, \end{cases}$$

其中 $\tilde{Q}_{0\beta} = \tilde{Q}_{0\beta}^{(-)} = Q_{0\beta}^{(-)}u + \varphi_1(x_\beta(\tau), 0)$,

$$f_1^{(-)}(\rho_\beta, \tau) = \rho_\beta \left[f_u^0 \frac{\partial \varphi_1}{\partial x}(x_\beta(\tau), 0) + f_x^0 \right] + (f_u^0 - \bar{f}_u)(\bar{u}_1^{(-)} + \gamma) \\ + (f_t^0 - \bar{f}_t)\tau + \frac{\partial Q_0 u}{\partial \tau}(\rho, \tau). \tag{4.120}$$

注意到当 $\hat{x}_1 = 0, v_1 = 0$ 时, (4.120) 中的 $f_1^{(-)}(\rho_\beta, \tau)$ 与 (4.115) 中的 $f_1^{(-)}(\rho, \tau)$ 是不同的. 上标为 0 表示在 $(\tilde{Q}_{0\beta}, x_\beta, 0)$ 处取值, 而 "$-$" 表示在 $(\varphi_1(x_\beta(\tau), 0), x_\beta(\tau), 0)$ 处取值. 同理可以定义 $Q_{1\beta}^{(+)}u$.

注释 4.11 为了证明主要结果 (定理 4.13), 只需要构造 (4.118) 中的上下解即可. 但如果要得到转移层的渐近解, 则上下解 α, β 需要包含 $\hat{x}_1(\tau), v_1(\tau)$.

$Q_{1\alpha}u$ 可以类似定义. 利用 α, β 的表达式, 得到下面不等式:

$$L\beta = \varepsilon^2 \frac{\partial^2 \beta}{\partial x^2} - \varepsilon \frac{\partial \beta}{\partial \tau} - f(\beta, x, \tau) \leqslant 0, \quad L\alpha \geqslant 0, \ 0 < x < 1, \ < \tau < \tau^*.$$

在边界上, 只要令 (4.118) 中的 κ 充分大即可, 并满足相应的不等式 (见 (4.97)). 从 (4.118) 中 Q 函数的指数衰减性质可以得出

$$\alpha(x, \tau, \varepsilon) \leqslant \beta(x, \tau, \varepsilon), \quad x \in [0, 1], \ \tau \in [0, \tau^*].$$

从定义可以看出 α, β 是连续的, 但在 $x = x_\alpha(\tau), x = x_\beta(\tau)$ 处它们不可导.

$$\frac{\partial \beta}{\partial x}(x_\beta(\tau) + 0, \tau, \varepsilon) - \frac{\partial \beta}{\partial x}(x_\beta(\tau) - 0, \tau, \varepsilon) = \frac{1}{\varepsilon} \left(\frac{\partial}{\partial \rho_\beta} Q_{0\beta}^{(+)}u(0, \tau) - \frac{\partial}{\partial \rho_\beta} Q_{0\beta}^{(-)}u(0, \tau) + o(1) \right).$$

为了使

$$\frac{\partial \beta}{\partial x}(x_\beta(\tau) + 0, \tau, \varepsilon) - \frac{\partial \beta}{\partial x}(x_\beta(\tau) - 0, \tau, \varepsilon) < 0, \tag{4.121}$$

需要

$$\frac{\partial}{\partial \rho_\beta} Q_{0\beta}^{(+)}u(0, \tau) - \frac{\partial}{\partial \rho_\beta} Q_{0\beta}^{(-)}u(0, \tau) < 0.$$

为此将 (4.119) 的第一式简写为

$$\frac{\mathrm{d}^2 u}{\mathrm{d}\rho^2} + v \frac{\mathrm{d}u}{\mathrm{d}\rho} = \tilde{f}(u), \tag{4.122}$$

其中

$$u = \begin{cases} \tilde{Q}_{0\beta}^{(-)}, & -\infty < \rho_\beta < 0, \\ \tilde{Q}_{0\beta}^{(+)}, & 0 < \rho_\beta < +\infty. \end{cases}$$

(4.122) 等价于方程组

$$\begin{cases} \dfrac{\mathrm{d}u}{\mathrm{d}\rho} = p, \\[2mm] \dfrac{\mathrm{d}p}{\mathrm{d}\rho} = -vp + f(u). \end{cases} \tag{4.123}$$

容易证明在 $p > 0$ 的半平面上, 由 (4.123) 所定义的向量场的向量当 v 增加时按数学意义上的正方向旋转. 方程组 (4.123) 有两个鞍点 $(\varphi_1, 0), (\varphi_2, 0)$, 当 $v = v_0$ 时, $(\varphi_1, 0)$ 的分界轨道 $p = \sigma_1(u)$ 和 $(\varphi_2, 0)$ 的分界轨道 $p = \sigma_2(u)$ 在 $p > 0$ 的半平面上构成一个异宿轨道. 由于 (4.123) 是旋转向量场, 可以得到对 $v < v_0$,

$$\sigma_2(\varphi_0) - \sigma_1(\varphi_0) < 0,$$

因此条件 (4.121) 满足.

同样可以说明在 $x_\alpha(\tau)$ 处有

$$\frac{\partial \alpha}{\partial x}(x_\alpha(\tau) + 0, \tau, \varepsilon) - \frac{\partial \alpha}{\partial x}(x_\alpha(\tau) - 0, \tau, \varepsilon) > 0.$$

再给出下面条件:

H 4.23   假设初始函数 $u^0(x, \varepsilon)$ 具有阶梯状结构, 且满足

$$\alpha(x, 0, \varepsilon) \leqslant u^0(x, \varepsilon) \leqslant \beta(x, 0, \varepsilon).$$

则有如下结果.

定理 4.14   如果条件 H4.16~H4.18, H4.22, H4.23 成立. 则对充分小的 $\varepsilon > 0$, 初边值问题 (4.79)~(4.81) 在 $t \in (0, \varepsilon\tau^*)$ 上有唯一解 $u(x, t, \varepsilon)$ 满足

$$\lim_{\varepsilon \to 0} u(x, \tau, \varepsilon) = \begin{cases} \varphi_1(x, 0), & 0 \leqslant x < \hat{x}_0(\tau), \\ \varphi_2(x, 0), & \hat{x}_0(\tau) < x \leqslant 1. \end{cases}$$

3. 到纯边界层解的快转移

为了证明在定理 4.14 中存在的空间对照结构解变化为纯边界层解, 我们将模仿定理 4.13 的方法.

首先我们将初边值问题 (4.79)~(4.81) 的解延拓到 $[0, \tilde{\tau}]$, 其中 $x_0(\tau)$ 越过边界 $x = 1$, 即 $x_0(\tilde{\tau}) > 1$. 为了说明解变化为纯边界层解, 取下解 $\tilde{\alpha}$ 为

$$\tilde{\alpha}(x, \tau, \varepsilon) = \varphi_1(x, 0) - \gamma\varepsilon - \varepsilon(\mathrm{e}^{-\kappa p_0} + \mathrm{e}^{-\kappa p_1}).$$

上解仍然使用 (4.118) 中的 $\beta(x, \tau, \varepsilon)$. 运用和 4.5.1 小节一样的方法可以得到下面结果.

定理 4.15 如果条件 H4.16~ H4.18, H4.22, H4.23 成立, 则存在有限时间 $\tau = \tilde{\tau}$ 使得在 $t = \tilde{\tau}\varepsilon$ 时, 初边值问题 (4.79)~(4.81) 的解在周期边界层解的吸引域内, 并在 $t = \tilde{\tau}\varepsilon$ 时刻, 空间对照结构解变化为纯边界层解, 即有

$$\lim_{t\to\infty}[u(x,t,\varepsilon) - u_1(x,t,\varepsilon)] = 0,$$

其中 $u_1(x,t,\varepsilon)$ 是问题 (4.79), (4.81) 的周期边界层解.

4.5.3 从阶梯状空间对照结构到纯边界层解的快-慢转移

在假设 H4.16~H4.19 下考虑初边值问题 (4.79)~(4.81). 同时假定初始函数 $u^0(x,\varepsilon)$ 有阶梯状空间对照结构, 并在 $\tilde{x}_0$ 处有转移层. 但不同于条件 H4.22, 我们假设 $\tilde{x}_0$ 不在 $x_0(0)$ 附近. 在这种情况下, 数值结果表明, 初始时刻的阶梯状空间对照结构快速地移动到 $x_0(0)$ 的邻域, 然后同 $x_0(t)$ 一起缓慢的移动到边界, 即解从阶梯状空间对照结构变为纯边界层解.

为了得到下面分析的结果, 引进下面的假设.

H 4.24 为确定起见, 假设 $\tilde{x}_0 < x_0(0)$, $u^0(x,\varepsilon)$ 是转移点 $\tilde{x}_0$ 在 $\hat{x}_0(0)$ 附近的阶梯状函数, 且有

$$\alpha(\hat{x}_0(0), 0, \varepsilon) \leqslant u^0(x,\varepsilon) \leqslant \beta(\hat{x}_0(0), 0, \varepsilon),$$

其中 α, β 由 (4.118) 定义.

从假设 H4.20 有,

$$I(x,0) \begin{cases} > 0, & x < x_0(0), \\ < 0, & x > x_0(0). \end{cases}$$

取 δ_1 与 ε 无关, 使得 $\delta_1 < \delta$ (δ 为在构造 (4.95),(4.96) 上下解时的常数). 在上面的假设下, 在时间区间 $0 \leqslant t \leqslant \varepsilon\tau_0^*$ 上运用定理 4.14, 其中 τ_0^* 为使得伸缩变换 $\hat{x}_0(\tau) = x_0(0) - \delta_1$ 成立的时刻. 根据定理 4.14 的结论, $\hat{x}_0(\tau)$ 朝 $x_0(0)$ 移动. 从由 (4.114) 定义的上下解的结构, 在时刻 $t = \varepsilon\tau_0^*$ 时, 问题 (4.79),(4.80) 的解满足条件 H4.21. 因此从这个时刻开始我们可以应用定理 4.13 来描述阶梯状空间对照结构的运动和到纯边界层解得变化, 因此可以总结为下面定理.

定理 4.16 如果条件 H4.17~ H4.20 和 H4.24 成立, 对充分小的正数 ε, 问题 (4.79)~(4.81) 存在唯一解 $u(x,t,\varepsilon)$. 任给 $t \in [0,t_0)$, $u(x,t,\varepsilon)$ 为内部层 ($x_0(t_0) = 1$) 解, 它在 $0 \leqslant t \leqslant \varepsilon\tau_0^*$ 上是快变化, 在 $\nu \leqslant t < t_0$ 上是慢变化, 其中 ν 是任意小的正数. 对任意固定的 $t > t_0$, $u(x,t,\varepsilon)$ 为纯边界层解, 且有

$$\lim_{t\to\infty}[u(x,t,\varepsilon) - u_1(x,t,\varepsilon)] = 0.$$

注释 4.12 我们没有讨论在时间区间 $[\varepsilon\tau_0^*, \nu]$ 上从快变化到慢变化的转移.

参 考 文 献

[1] Нефедов Н. Н. Давыдова М. А. Периодическиеконтрастные структурывсистемах типа реакция-диффузия-адвекциях [J]. Дифф. Уравнения, 2010, 46(9):1300-1310.

[2] Васильева А. Б. Двухточечная краевая задача для сингулярно возмущенного уравнения при наличии кратных корней вырожденног оуравнения [J]. Ж. вычисл. матем. иматем. физики, 2009, 49(6): 1067-1079.

[3] Ни Минь Кань. Асимптотика контрастной структуры типа ступеньки для некоторого класса вариационной задачи [J]. Автоматика и Телемеханика, 2008, 4: 176-183.

[4] Долбеева С. Ф., Чиж Е. А. Асимптотика решения дифференциального уравнения второго порядка с малым параметром в случае двух решений предельного уравнения [J]. Ж. вычисл. матем. и матем. физики, 2008, 48(1): 33-45.

[5] Пятницкий А. Л, Чечкин Г. А., Шамаев А. С. Усреднение методы и приложения [M], Новосибирск Тамара Рожковская, 2007.

[6] Ни Минь Кань, Васильева А Б, Дмитриев М Г. Эквивалентность двух множеств точек перехода, отвечаюцих решениям с внутренними переходными слоями [J]. Математические заметки, 2006, 79(1): 120-126.

[7] Васильева А. Б, Пантелеева О. И, Система сингулярно возмущенных квазилинейных обыкновенных дифференциальных уравнений второго порядка в критических случаях [J]. Ж. вычисл. матем. и матем. физики, 2006, 46(4): 593-604.

[8] Волков В. Т., Нефедов Н. Н. Развитие асимптотического метода дифференциальных неравенств для исс ледования периодических контрастных структур в уравнениях реакция-диффузия [J]. Ж. вычисл. матем. и матем. физики, 2006, 46(4): 615-623.

[9] Ни Минь Кань, Васильева А. Б, Пантелеева О. И, О системе двух сингулярно возмущенных квазилинейных уравнений второго порядка в критическом случае [J]. Ж. Вычисл. Матем. И матем. Физики, 2005, 45(10):1818-1825.

[10] Бутузов В. Н, Нефедов Н. Н., Шнайдер К. Р. О формировании и распространении резких переходных слоев в параболических задачах [J]. Вестник Московского университета. Серия 3. Физика. Астрономия, 2005, 1:9-13.

[11] Бутузов В. Ф., Кряжимский С. А., Неделько И. В. О глобальной области влияния контрастной структуры типа ступеньки в критическом случае [J]. Ж. вычисл. матем. и матем. физики, 2004, 44(8): 1410-1431.

[12] Ни Минь Кань и др. О контрастной структуре типа ступеньки для задачи вариационного исчисления [J]. Ж. вычисл. матем. и мат е м. Физики, 2004, 44(7): 1269-1278.

[13] Васильева А . Б , О системах двух сингулярно возмущенных квазилинейных уравнений второго порядка [J]. Ж. Вычисл. Матем. И матем. Физики, 2004, 44(4):677-689.

[14] Букжалев Е. Е. Контрастные структуры типа ступеньки, растянутые переме нные которых зависят от различных степеней параметра возмущения [J]. Ж. в ычисл. матем. и матем. физики, 2004, 44(4): 662-675.

[15] Васильева А . Б., Омельченко О. Е. Контрастные структуры переменного ти па в сингулярно возмущенных квазилинейных уравнениях [J]. ДНА, 2003, 390(3): 298-300.

[16] Васильева А . Б, Внутрений слой в краевой задаче для системы двух сингул ярно возмущенных уравнений второго порядка с одинаковым порядком сингул- ярности [J]. Ж. вычисл. матем. и матем. физики, 2001, 41(7): 1067-1077.

[17] Васильева А . Б, Контрастные структуры в системах трех сингулярно возм ущенных уравнений [J]. Ж. вычисл. матем. и матем. физики, 1999, 39(12): 2007-2018.

[18] Васильева А . Б, Давыдова М. А, О контрастной структуре типа ступеньки д ля одного класса нелинейных сингулярно возмущенных уравнений второго по рядка [J]. Ж. Вычисл. Матем. И матем. Физики, 1998, 38(6): 938-947.

[19] Ни Минь Кань, М. Г. Дмитриев, Контрастные структуры в простейшей векто рной вариационной задаче и их асимптотика [J]. Автоматика и телемеханика, 1998, 5:41-52.

[20] Ни Минь Кань, М. Г. Дмитриев, Асимптотика контрастных экстремалей в пр остейшей векторной вариационной задаче [J]. Фундаментальная и Прикладная Математика, 1998, 4(4):1165-1178.

[21] Васильева А . Б, К вопросу о контрастных структурах для системы сингулярно возмущенных уравнений [J]. Ж. вычис. матем. и матем. Физики, 1997,37(1): 74-84.

[22] Васильева А . Б, Бутузов В. Ф, Нефедов Н. Н, Контрастные структуры в син гулярно возмущенных задачах [J]. Фундаментальная и прикладная математика, 1998, 4(3):799-851.

[23] Васильева А . Б., Нефедов Н. Н., Радченко И. В., Сингулярно возмущенная з адача с внутренним переходным слоем [J]. Ж. вычис. матем. и матем. Физики, 1996, 36(9):105-111.

[24] Васильева А . Б, Авдеев А. С. О контрастной структуре типа ступеньки дл я системы двух сингулярно возмущенных уравнений второго порядка [J]. Ж. в ычис. матем. и матем. Физики. 1996, 36(5):75-89.

[25] Бутузов В. Ф., Нефедов Н. Н., Пространственно-периодические контрастные структуры в сингулярно возмущенных эллиптических задачах [J]. Докл. АН,

1996, 351(6):1-4.

[26] Нефедов Н. Н, Двумерные контрастные структуры типа ступеньки: асимптот ика, существование, устойчивость [J], Док. РАН, 1996, 349(5):603-605.

[27] Нефедов Н. Н, Метод дифференциальных неравенств для нелинейных сингуля рно возмущенных задач с контрастными структурами типа ступеньки в критич еском случае [J], Дифференц. Уравнения, 1996, 32(11):1-9.

[28] Васильева А. Б, Контрастные структуры типа ступеньки для сингулярно воз мущенного дифференциального уравнения второго порядка, линейного относ ительно производных [J]. Ж. вычис. матем. и матем. Физики, 1995, 35(4):520- 531.

[29] Нефедов Н. Н, Метод дифференциальных неравенств для некоторых классов нелинейных сингулярно возмущенных задач с внутренними слоями [J]. Диффере- нц. Уравнения, 1995, 31(7):1132-1139.

[30] Нефедов Н. Н, Метод дифференциальных неравенств для некоторых сингулярно возмущенных задач в частных производных [J]. Дифференц. Уравнения, 1995. 31(4):719-722.

[31] Васильева А. Б, О решениях сингулярно возмущенных задач, имеющих контра стную структуру типа всплеска [J]. Фундамент. И прикладн. Матем., 1995, 1(1): 109-122.

[32] Васильева А. Б, О контрастных структурах типа ступеньки для системы син гулярно возмущенных уравнений [J]. Ж. Вычисл. Матем. и матем. физики, 1994, 34(10): 1401-1411.

[33] Васильева А. Б, О контрастных структурах в системах сингулярно возмущен ных уравнений [J]. Ж. вычис. матем. и матем. Физики, 1994, 34(8-9): 1168-1178.

[34] ВасильеваА. Б, Контрастные структуры с двумя переходными слоями типа ступеньки и их устойчивости [J]. Ж. вычис. матем. и матем. Физики, 1992, 32(10):1582-1593.

[35] Васильева А. Б, Бутузов В. Ф, Асимптотические методы в теории сингулярных возмущений [M], Москва: Высшая школа, 1990.

[36] БутузовВ. Ф, Васильева А. Б, Об асимптотике решения типа контрастной ст руктуры [J]. Матем. заметки, 1987, 42(6): 831-841.

[37] Васильева А. Б., Бутузов В. Ф, Сингулярно возмущенные уравнен и яв крити- ческих случаях [M]. Москва: Изд-во МГУ, 1978.

索　　引

《奇异摄动丛书》书目